U0296513

现代农业生物技术应用的经济影响与风险研究

崔宁波　张正岩　著

科学出版社

北京

内 容 简 介

本书共分为三篇十一章。其中,第一篇系统梳理和详述全球转基因技术研究、应用与政策现状;第二篇以转基因大豆为例,从种植意愿、种植效益对比、经济福利等诸多方面论述了转基因作物商业化的经济影响;第三篇则介绍了技术商业化的风险评判方法,并以转基因玉米为例进行了具体的实证预判。本书最大的特色在于聚焦当前社会关注的热点问题,分别从微观和宏观层面对转基因作物的经济与风险进行系统性研究,内容由浅及深、层层深入,对了解转基因作物的发展现状、把握转基因的发展态势与发展环境具有重要的借鉴意义和参考价值。

本书主要面向转基因研究学者及科研工作人员,亦可作为转基因的宣传读本使用,对于一些对转基因感兴趣的人,本书也可作为参考读物。

图书在版编目(CIP)数据

现代农业生物技术应用的经济影响与风险研究/ 崔宁波, 张正岩著. —北京:科学出版社,2019.10
ISBN 978-7-03-062241-9

Ⅰ. ①现… Ⅱ. ①崔… ②张… Ⅲ. ①农业生物工程 Ⅳ. ①S188

中国版本图书馆 CIP 数据核字(2019)第 199145 号

责任编辑:李秀伟/责任校对:郑金红
责任印制:赵 博/封面设计:无极书装

科学出版社 出版
北京东黄城根北街 16 号
邮政编码:100717
http://www.sciencep.com

北京凌奇印刷有限责任公司印刷
科学出版社发行 各地新华书店经销
*
2019 年 10 月第 一 版 开本:787×1092 1/16
2025 年 1 月第二次印刷 印张:15 1/4
字数:360 000
定价:128.00 元
(如有印装质量问题,我社负责调换)

作 者 简 介

崔宁波（1980—），女，黑龙江依安人，东北农业大学经济管理学院教授、博士生导师，管理学博士，作物学博士后，俄罗斯远东联邦大学访问学者，研究方向为农业经济理论与政策。先后主持国家自然科学基金青年科学基金、国家自然科学基金国际合作与交流项目、中国博士后科学基金、黑龙江省社会科学基金等各类课题 20 余项，发表学术论文（著作）40 多篇（部），获黑龙江省社会科学优秀成果奖一等奖 1 项（第一名），二等奖 1 项（第一名）。

张正岩（1991—），男，山东潍坊人，中国人民大学农业与农村发展学院博士研究生，研究方向为转基因、农业经济理论与政策、产业经济等。在《商业研究》《宏观质量研究》《西北农业学报》等核心期刊发表论文 10 余篇，主持及参与多项国家级课题。

前　言

　　转基因技术是一种将人工分离和修饰过的基因导入到生物体基因组中，由导入基因表达而引起生物体性状产生可遗传性改变的技术。通过转基因技术培育出的作物对改善生态环境、提高作物品质、减少农业损失都具有重要的现实意义。转基因技术在我国起步较晚，但国家高度重视转基因技术的发展，中央一号文件曾连续7次提及转基因问题，2016年4月农业部明确给出了我国推进转基因作物产业化路线图。2016年7月28日，国务院印发《"十三五"国家科技创新规划》，将转基因生物新品种培育列为国家科技重大专项之一，提出推进转基因抗虫玉米、抗除草剂大豆等重大产品的产业化。虽然我国发展转基因技术的态度很坚决，然而，时下转基因作物产业化发展之路却显露艰难，表现出"道阻且长"的态势。实际上，转基因的发展是经济、风险、政治等多种元素间的混合博弈，但更主要的是经济与风险的较量。因此，本书在阐述全球转基因技术研究、应用与政策等相关内容的基础上，将着重从经济与风险两个层面入手，分别以大豆和玉米为例对转基因作物商业化种植的经济影响及风险进行前瞻性的客观评估，以求为国家相关部门及广大学术工作者提供有益借鉴。

　　本书共分三篇。首先，第一篇为全球转基因技术研究、应用与政策，共分成四章十二节。其中，第一章主要从认识转基因作物、转基因作物产业化环境、育种及应用三个小节对全球转基因作物研究及应用概况进行了论述。具体来看，"认识转基因作物"作为全书的先导部分，意在使广大读者能对转基因作物有一个概念上的再认识，内容包括转基因作物的定义、转基因育种与传统育种的区别及加快转基因作物育种研发的意义三个方面；转基因作物产业化的环境是当下转基因作物发展的大背景，很大程度上决定着转基因作物产业化进程顺利与否。因此，本书主要分析了文化、制度、研发及经济四大环境动态；虽然我国目前只放开了转基因棉花、番木瓜的商业化种植，但在大豆、水稻、小麦等作物上也有了一定的技术储备，而这也正是转基因作物产业化的首要前提，于是本章增加了第三节，即全球转基因作物育种与应用概况。第二章为全球转基因食品与消费，将转基因作物上升到食品层面。诚然如此，无论是以转基因作物为原料的加工性产品还是以转基因作物饲料为食的禽畜类产品，最终都会以食品的形式为人类所消费，而涉及食品就不得不触及食品的安全性问题。食品的安全性会影响到消费市场的潜力，继而影响到转基因作物产业化的成败。本章主要从转基因食品发展概述、全球转基因食品消费情况、转基因食品的消费行为及转基因食品社会许可四个小节进行相关阐述。具体目的是通过世界各国对转基因作物的食用与消费情况来表征社会的许可度并对转基因食品社会许可进行正确的策略引导。除食品消费外，转基因作物涉及的另一重要问题是进出口贸易。截至目前，有效期内我国批准进口的转基因作物产品共涉及50个转基因品种或品种组合，为满足国内消费需求，我国每年都要进口几千万吨的大豆。而且，我国转基因作物产业化后对其他相关部门与行业也会产生关联性影响。因此，分析转基因农产品进出口贸易也颇具必要性。第三章拟从全球主要国家转基因农产品进出口贸易、中国转基因农产品进出口贸易、转基因大豆商业化种植对我国进出口贸易的影响三节内容来展开。第四章为全球转基因作物产业化发展政策，主要是通过世界其他国家的一些做法，为我国转基因作物产业化发展政策和风险管理提供一定的经验与启示。

其次，本书第二篇为转基因大豆商业化的经济影响，共分为四章十三节。该部分主要是从转基因大豆研发与种植现状、种植意愿、经济效益估算、经济福利和风险四个板块逐一进行阐述和论证。其中，在第五章转基因大豆研发与种植现状中又着重说明了四方面内容：一是国外转基因大豆研发现状及发展趋势；二是国外转基因大豆商业化种植现状及发展趋势；三是我国转基因大豆研发现状及商业化趋势；四是我国转基因大豆研发及商业化种植面临的问题。对于所面临的问题，书中将技术研发体系、审批程序、自主知识产权、安全管理与配套技术作为陈述重点。第六章为农户转基因大豆的种植意愿及影响因素分析。本章介绍了样本选择与基本情况、农户对转基因大豆的认知情况和农户转基因大豆种植意愿及影响因素；接下来，农户种植转基因大豆的经济效益估算为本书第七章。第七章首先对我国目前非转基因大豆的生产成本及收益进行了分析，随后利用试验田数据将转基因大豆与非转基因大豆在成本与收益方面进行了对比分析，并就收益差异的原因给予了总结。最后一节是转基因大豆商业化发展目标、发展策略的选择与定位。第八章为转基因大豆商业化的经济福利与风险分析，这是谈及经济影响必然要触碰的一个问题。本章内容一方面用 DREAM 模型对经济福利进行了估计，另一方面阐释了转基因大豆商业化所隐含的生产风险、销售风险与知识产权风险。

最后，本书第三篇以转基因玉米为例对转基因作物商业化的风险进行了预判。之所以选择转基因玉米，主要原因有三：一是由于玉米本身既是经济作物又是饲料作物，遵循转基因技术推广路线图的开展步骤；二是玉米不同于大豆，转基因商业化后基本都是用作非食用用途，消费者易接受；三是当下畜牧产业的发展对玉米的供给提出了更高的要求，玉米供给应是保质保量。第九章为转基因玉米技术商业化风险概述，主要涵盖了转基因技术商业化风险的理论和中国转基因玉米技术发展两方面内容。其中，前者对风险内涵、风险划分与风险测度方法进行了相关辨析和探讨，后者则通过呈现转基因玉米技术研发与应用的问题为后续章节风险的分类提供理论基础。第十章为转基因玉米技术商业化风险识别与成因分析。在识别之前，本书先对风险进行恰当分类，并将风险最终框定为技术风险、交易风险、生产风险、市场风险、投入风险、管理风险及环境风险七类风险。之所以进行成因分析，主要考虑到成因分析不仅是风险识别的重要内容，还可以在后期从源头上对风险进行更好地管控。第十一章亦是本书的最后一章，即为转基因玉米技术商业化风险预判。书中在建立指标体系的基础上，通过访谈各个领域专家收集数据，以弥补数据信息的不足，同时赋予专家以不同权重来保证数据的科学性。最终通过改进的风险矩阵方法预判出转基因玉米技术商业化的风险水平。

本书是国家自然科学基金项目"我国转基因抗除草剂大豆商业化种植的经济影响研究（71303038）""农业生产中观体系合理结构的理论基础与经济数学模型构建（71511130048）"、黑龙江省社会科学基金项目"黑龙江省玉米供给侧结构性改革：影响因素、收入效应与实现路径研究(17JYB080)""贸易摩擦背景下我国大豆进口来源布局多元化的影响因素与优化对策(19JYB022)"的部分研究成果。在研究撰写过程中得到了黑龙江省委宣传部"六个一批"青年理论人才计划、黑龙江省教育厅普通本科高等学校青年创新人才培养计划，东北农业大学"学术骨干"项目的支持。本书的出版特别感谢东北农业大学经济管理学院、东北农业大学现代农业发展研究中心、东北农业大学农业经济理论与政策学科团队的资助。感谢课题项目组成员宋秀娟、刘望、郑雪梅、于尊、姜兴睿、王欣媛等，为课题研究和本书撰写所做出的贡献。感谢所有参考文献的作者，他们的研究给了我们很多启发，书中引用的标注若有遗漏，还望海涵。由于本书所研究问题的复杂性，加之自身能力的局限，尚有诸多不足之处，敬请同行专家和读者批评指正，并提出宝贵意见。

　　最后，在本书出版之际，衷心感谢对本书顺利出版给予大力支持和帮助的科学出版社！

崔宁波　张正岩

2019 年 6 月

目　录

第二篇　转基因大豆商业化的经济影响

第一篇
全球转基因技术研究、应用与政策

第一章 全球转基因作物研究及应用

第一节 认识转基因作物

一、转基因作物的定义

转基因作物(genetically modified crop)是使用转基因技术培育的作物,将某些生物的基因转移到目的作物中,使其具有人们所需要的特质,如营养品质提高等,使作物显现出良好的竞争优势。转基因作物从表面上看似乎与普通作物没有任何区别,但是它却多了不同于普通作物的特殊功能基因。与普通作物相比,转基因作物具有以下特征:首先,转基因作物的种子是经过转基因技术处理的;其次,由于转基因作物种子具有不可繁育性,其从技术到种子到特定农药都已被申请了专利,可形成垄断。

转基因作物的发展历史虽然很短,但是种类繁多,不仅有粮食类作物,如水稻、大豆等,还有果蔬和花卉类作物。根据转入传统作物的外源基因的功能分类,转基因作物主要可以分为两类:第一,改良农艺性状的作物,使作物具有抗虫、抗病、抗旱及耐盐等功能,从而达到提高产量的目的;第二,改良品质的作物,通过提高作物的维生素、蛋白质含量等改善作物的营养品质。这是目前应用范围最广泛的两种转基因作物。另外还有一种就是将转基因作物直接作为生物反应器使用,用来生产生物制药或化学制品等(洪琳,2015)。

二、转基因育种与传统育种的区别

转基因作物与传统育种的区别可分为五个方面,即开始种植的时间不同、进行培育的条件不同、进行培育的原理不同、进行培育的范围不同、危险程度不同。

(一)开始种植时间不同

传统育种的种植时间较长,欧洲开始于公元前 6500～公元前 3500 年;东南亚开始于公元前 6800～公元前 4000 年;在中美洲和秘鲁,大约开始于公元前 2500 年;转基因作物从研制到大面积种植的时间还很短,以 1983 年世界第一例转基因作物——转基因烟草问世为起点,人类开展转基因技术研究的历程刚刚经历 36 年,转基因作物商业化种植也仅仅走过了 14 个年头,并且期间曾经陷入过低谷、徘徊阶段。虽然经历时间较短,但是发展迅速,大规模普遍耕种已经成为事实,到 2008 年全球转基因作物耕种面积已由最初的 170 万 hm^2 倍增至 1 亿 hm^2 以上。

(二)培育条件不同

传统育种是在自然条件下进行的基因选择,或者利用同种生物间的杂交进行有限的人工干预，将优良基因在同一生物上累积。人工干预程度是比较低的，如果不考虑发生的概率，其选择的结果在自然条件下也是可以自然产生的。

而转基因作物对基因背景进行了改写，其产生条件是非自然的，这种基因的转移和基因背景的改写在自然条件下是不可能产生的，这是人类对作物性状的强大干预和选择。

(三)培育原理不同

传统育种是通过自然选择或者杂交培育成的，只能在一定程度上满足人类对其改良的需要。而转基因作物是通过改变遗传背景形成的，可以在不同种类的生物间进行基因的转移来改良生物性状，它可以更大程度地满足人们对作物各种特征的改变。比如，传统育种中的优良棉花品种或许比稍差的品种具有更好的抗虫性，但是仍然需要配合施用农药等田间管理来解决虫害问题，而转基因防虫害的 Bt 棉花则可以省去农药施用环节，在虫害发生前就将其消除。

(四)培育范围不同

传统农作物的培育改良的范围并不准确，缺乏针对性，不能够对个别的某一基因进行选择和转移，所以传统农作物培育出的优良品种的优势往往并不明显。而转基因作物改良目标性强，范围也更加明确，可以针对作物的某一性状所对应的基因进行改良或转移，而且可以在不同种类的生物之间进行基因转移，因此被转移基因的功能特点是比较明确的，如转基因作物所具有的抗虫害性、抗倒伏性等特性。

(五)危险程度不同

传统育种是在自然条件下进行的杂交和选择，其培育结果也完全可以在自然条件下产生，其中并没有包含过多的人类干预痕迹，并且经过数千年的人类栽培与食用，传统育种对人类和自然的危险已经在可控制的范围内。各种作物的生物学特性及其对环境的影响还有相应的对策，我们都已经基本掌握。而对于新生的转基因作物，人类干预了它天然的基因背景，新导入的基因与旧有基因间的关系如何，转基因生物与周边环境的关系如何，这都是尚待人类研究的领域，其潜在的危险性是传统育种所没有的，也是不可忽视的(刘加顺，2002)。

三、加快转基因作物育种研发的意义

(一)改善环境、保护耕地

全球每年由虫害引起的农业损失高达 20%～30%。减少虫害成为保持作物高产、稳产的主要途径。转基因抗虫作物的种植可以有效地控制害虫数量，在提高产量的同时，还因减少化学防治而保护了农业生态环境。近年来，转基因抗虫作物的研究取得了长足的发展。有效抗虫基因不断被挖潜，作物的抗虫性能也在不断提升中。目前转基因抗虫大豆、棉花及玉米已经在多个国家大面积商业化种植(纪逸媚，2014)。

美国和英国的调查表明转基因玉米、棉花等一系列的转基因作物种植以来，农业人员已经将剧毒杀虫剂的使用量减少约80%。减少农药的使用量，对环境的改善有极大的好处，也对人们的健康有利，减少化肥使用量、降低土壤中化肥残留物对提高土壤的可耕作能力有巨大作用(杨春燕，2016)。

(二)减少种植成本、增加农户收益

转基因作物可以通过降低生产成本，发挥其保障粮食安全的作用。据国际农业生物技术应用服务组织(ISAAA)统计，1996~2008年转基因作物的经济收入中，50.4%是由于生产成本降低获得的。转抗除草剂基因作物不仅能够提高除草效率，而且可以促进免耕技术的应用，减少除草和耕耘的劳动投入。转基因抗虫作物能够减少杀虫剂的使用，增加农业收益。相关研究表明，Bt水稻将使杀虫剂用量减少80%，相当于每公顷多产17kg水稻。除此之外，转基因在提高氮肥使用效率上已经显现出巨大的效益，相关研究表明，转 *AlaAT* 基因水稻的氮肥利用率提高了 30%，某些品系甚至提高 50%(Shrawat et al.，2008)。

转基因作物为撒哈拉以南的广大非洲国家的粮食生产、出口和就业带来了希望。在土地和水资源短缺的情况下，通过转基因作物的大面积推广增加粮食产量，从而解决我国及印度等国不断增长的人口对食物的需求(景雨诗，2012)。

(三)提高作物品质、增加作物抗逆能力

按照联合国粮食及农业组织(FAO)的定义，除供给安全外，粮食安全还包括质量安全。转基因技术不仅可以通过减少农药、化肥的使用提高农产品质量，还能够直接改良作物品质，增加食品营养。赖氨酸是玉米蛋白质中的限制性氨基酸，含量直接关系到玉米的营养价值。中国农业大学实现了高赖氨酸基因在玉米种子中的特异表达，赖氨酸和总蛋白质含量比常规玉米分别提高53%和90%；浙江大学和香港中文大学合作，利用翼豆的富赖氨酸储藏蛋白基因在水稻中表达，使转基因水稻赖氨酸含量提高了37%以上。另外，北京市农林科学院构建了高效小麦高分子量谷蛋白5+10亚基表达载体，培育出4个优质强筋小麦品系(刘培磊等，2010)。

目前国内外已大面积商品化生产的转基因作物主要是以提高作物抗性(如抗病、抗虫、抗除草剂)和改良作物的性状为主。这些转基因作物的大面积种植其优越性是十分明显的。利用转基因技术来提高农作物的抗病性源于 1986 年美国将烟草花叶病毒(TMV)的外壳蛋白基因转入烟草，从而使转基因烟草及其后代表现出对 TMV 的抗性。目前主要采用反义RNA技术或转基因技术使农作物获得抗病性，现已通过分子生物学技术克隆获得了多种与抗病相关的基因，如水稻矮缩病毒的外壳蛋白基因、抗黄萎病的枯萎几丁质酶基因，研究证实这些基因可直接或间接提高转基因作物对病害胁迫的耐受性(宋小青等，2015)。

(四)可以减少农业损失

从产量的角度看,抗除草剂、抗虫、抗病和抗逆性虽均不能提高作物的潜在单产,但可通过控制杂草和病虫害损失来保证作物的实际单产水平。华中农业大学研发的 Bt 水稻能够通过减少虫害损失将实际单产提高 6%～9%;河南农业大学研发的抗穗发芽小麦,能够减少 20% 的损失。不仅如此,转基因技术和常规育种技术结合,就能充分发挥作物的产量优势,提高潜在单产。美国农业部资料显示,2004～2008 年美国玉米平均单产比 1991～1995 年提高了 28%,单产提高的 3%～4% 归功于转基因 Bt 特性,24%～25% 则归功于 Bt 对传统育种的促进作用(James,2010)。

第二节　转基因作物产业化的环境分析

近年来,转基因技术不断发展,各国对转基因作物产业化也倍加重视。转基因作物产业化是指转基因作物借助产业化与商业化的发展模式而加以推广的现象。国际上转基因作物产业化的情况如下所述。

转基因作物种植面积不断扩大。ISAAA 的数据表明,2017 年全球转基因作物种植面积飙升至创纪录的 23 亿 hm²。2017 年全球转基因作物种植增长的 1.898 亿 hm² 的面积,相当于近 20% 的国土总面积(9.60 亿 hm²)或者 7 倍以上的英国的国土总面积(2441 万 hm²)。

种植转基因作物的国家逐渐增多。截至 2017 年,全球共有 24 个国家,19 个发展中国家和 5 个发达国家种植转基因作物。排名前十的国家,每个国家 2017 年增长都超过 100 万 hm²,美国增长了 7500 万 hm²(占全球的 39.5%),巴西为 5020 万 hm²(26.4%),阿根廷 2360 万 hm²(12.4%),加拿大 1310 万 hm²(6.9%),印度 1140 万 hm²(6.0%),巴拉圭 300 万 hm²(1.6%),巴基斯坦 300 万 hm²(1.6%),中国 280 万 hm²(1.5%),南非 270 万 hm²(1.4%)和玻利维亚 130 万 hm²(0.7%)。

转基因作物主要种类更加丰富。目前全球转基因作物以转基因大豆、玉米、棉花和油菜为主。2010 年转基因大豆、玉米、油菜和棉花的种植面积分别占全球转基因作物种植面积的 50%、31%、14% 和 5%。

转基因作物为社会带来更多经济效益。自 1996 年转基因作物开始商业化种植以来,15 年来全球累计市场价值约为 735 亿美元。全球主要的六个种植转基因作物的经济体,1996～2016 年的 21 年中,在商业化的推动下,所收获的经济效益具体为美国 803 亿美元,阿根廷 237 亿美元,印度 21.1 亿美元,巴西 198 亿美元,中国 19.6 亿美元,加拿大 80 亿美元等。

中国一直是转基因作物种植业的领导者之一。自 1997 年开始种植转基因抗虫棉,以及小区域种植转基因木瓜,最高的记录面积是 2013 年的 420 万 hm²。2017 年,280 万 hm² 的棉花总面积的 95% 为转基因抗虫棉。我国从 1997 年开始商业化种植转基因作物,到

2010 年累计种植面积超过 3500 万 hm^2。其中 2010 年转基因作物种植面积 350 万 hm^2，延续了 2009 年面积减少的趋势。2007 年以后转基因作物的种植面积连年减少，可能与近年来转基因作物的争议愈演愈烈有关。我国对转基因技术一直持谨慎态度，在转基因作物安全性问题还不明朗的情况下，控制转基因技术的急剧扩散是有必要的。但转基因作物产业化势头仍然强劲。在 2016 年中央一号文件的发布和经济全球化的大背景下，我国也即将进行转基因作物产业化，因此我们需要从文化、制度、研发和经济四个方面对我国产业化环境进行分析。

一、文化环境

在我国传统的耕地文化背景下，经济效益依旧是农户选择采用转基因技术考虑的重要方面。相对于常规品种，种植转基因品种能减少农户因防治病虫害在农药和劳动力上的投入，还能在降低病虫害的情况下增加作物产量水平，增加农户农业生产经济效益，因此，农户在常规品种上因病虫害防治用药越多，种植转基因品种可以获得的潜在收益越高，越有动力种植转基因品种。农户的风险偏好程度也明显影响农户采用转基因技术的行为，风险偏好农户接受转基因作物的程度比较高(薛艳等，2014)。此外，由于受教育程度的影响，当前我国农民缺乏转基因技术相关知识，在转基因作物的产量预期、农药化肥投入预期、销售预期及食用安全性预期方面难以做出科学的判断，从而使农民对转基因作物的生产意愿不高。同时，由于受社会伦理和宗教信仰的影响，部分民众对转基因作物具有不同程度的偏见，如担心、疑虑甚至恐惧。我们在对转基因作物进行产业化的同时，也一定要适当地调整相关政策方案。

二、制度环境

近些年来，无论是国家层面还是地方层面，都相继出台了一些对转基因的指引性文件与法规(表 1-1)，表明了对转基因发展的基本态度。

表 1-1 中央一号文件及地方法律规章

年份	文件与法规涉及的转基因内容	内容出处	态度
2007	严格执行转基因食品、液态奶等农产品标识制度	健全农村市场体系，发展适应现代农业要求的物流产业——加强农产品质量安全监管和市场服务	加强标识管理
2008	启动转基因生物新品种培育科技重大专项，加快实施种子工程和畜禽水产良种工程	着力强化农业科技和服务体系基本支撑——加快推进农业科技研发和推广应用	启动研究
2009	加快推进转基因生物新品种培育科技重大专项，整合科研资源，加大研发力度，尽快培育一批抗病虫、抗逆、高产、优质、高效的转基因新品种，并促进产业化	强化现代农业物质支撑和服务体系——加快农业科技创新步伐	加快研究、加快商业化
2010	继续实施转基因生物新品种培育科技重大专项，抓紧开发具有重要应用价值和自主知识产权的功能基因和生物新品种，在科学评估、依法管理基础上，推进转基因新品种产业化	提高现代农业装备水平，促进农业发展方式转变——提高农业科技创新和推广能力	加快研究、加快商业化

续表

年份	文件与法规涉及的转基因内容	内容出处	态度
2011	无转基因相关内容，文件主题是加快水利改革	/	无
2012	继续实施转基因生物新品种培育科技重大专项，加大涉农公益性行业科研专项实施力度	依靠科技创新驱动，引领支撑现代农业建设——改善农业科技创新条件	继续研究
2013	无转基因相关内容，文件主题是加快发展现代农业进一步增强农村发展活力	/	无
2014	加强以分子育种为重点的基础研究和生物技术开发	强化农业支持保护制度——推进农业科技创新	改"转基因"为"分子育种"，低调研发转基因
2015	加强农业转基因生物技术研究、安全管理、科学普及	围绕建设现代农业，加快转变农业发展方式——强化农业科技创新驱动作用	加强研究、科学普及
2016	加强农业转基因技术研发和监管，在确保安全的基础上慎重推广	持续夯实现代农业基础，提高农业质量效益和竞争力——强化现代农业科技创新推广体系建设	慎重推广
2016	严格禁止未经审批的转基因作物种植	《黑龙江省农业转基因作物安全监管办法(试行)》	严禁种植
2018	规范我省农业转基因生物研究、试验活动，坚决打击非法生产、加工、销售转基因种子和非法种植转基因农作物行为	《黑龙江省人民政府办公厅关于进一步加强农业转基因生物安全监管的通知》	规范转基因试验、生产等各种行为

由表 1-1 可以看出，关于转基因作物的问题，中国政府的态度是谨慎的。但是国家对研发和推广转基因作物一直高度重视，提倡科技强农。2016 年农业部有关负责人表示，发展转基因是党中央、国务院做出的重大战略决策。中央对转基因工作要求是明确的，也是一贯的，即研究上要大胆，坚持自主创新；推广上要慎重，做到确保安全；管理上要严格，坚持依法监管。2016 年中央一号文件强调，要"加强农业转基因技术研发和监管，在确保安全的基础上慎重推广"。中国作为农业生产大国，必须在转基因技术上占有一席之地。国务院 2008 年批准设立了转基因生物新品种培育科技重大专项，支持农业转基因技术研发，我国科研人员克隆了 100 多个重要基因，获得 1000 多项专利，取得了抗虫棉、抗虫玉米、耐除草剂大豆等一批重大成果，我国自主基因、自主技术、自主品种的研发能力显著提升。

此外，地方政府也出台了相关政策。例如，2016 年，黑龙江省为加强省内农业转基因生物安全监管工作发布的《黑龙江省农业转基因作物安全监管办法(试行)》。其中第十一条强调：各级农业部门要严格禁止未经审批的转基因作物种植，并加大苗期检测力度，充分利用试纸条等快速检测方法，对玉米、大豆、水稻等农作物种植田进行抽样检测，严查转基因作物非法种植。

三、研发环境

经过 20 多年的努力，我国已经初步形成了从基础研究、应用研究到产品开发的较为完整的技术体系。目前，我国转基因植物研究与国际基本同步，在发展中国家中居领先地位。在国家科技项目的支持与协同攻关下，克隆了一些具有自主知识产权的目标基因，并在多种植物的遗传转化和技术方面取得了重要突破。目前，我国已经构建起以拟南芥、水稻突变体库为代表的功能基因组学研究技术平台，建立了国家转基因棉花、水稻、玉米、大豆中试与产业化基地，基础设施条件得到了进一步改善，为我国农作物功能基因组研究，以及转基因植物产业化提供了先进的基础设施和技术平台（王丽伟，2008）。但是依旧存在着以下几个重要问题。

（一）资金投入数量不足、结构不合理

资金短缺和分散是影响我国转基因作物产业化的重要因素之一。据估算，我国在"八五"和"九五"期间每年平均投入 1 亿～3 亿元，虽然 2005 年增加到 40 亿元，2010 年更高达 100 亿元之多（孙洪武和张锋，2014），但同期国外发达国家的投入均远高于我国的投入。即使这样，仅有的有限资金也并未发挥其应有作用，具体表现为，一是有限的科研经费管理方式较为严格，科研经费使用的灵活度有限。二是科研经费中对团队间协作的支持力度不够，使得各相关单位优势无法充分发挥，无法组成协同攻关的科研团队，也因此降低了转基因作物产业化的发展速度。三是投资渠道少，主要为中央政府，很多省级科研项目指南中没有转基因作物研究的项目，一些地方科研管理部门"谈转色变"。而国外的转基因作物研究领域的投资主要来自于跨国公司，企业通过重组、并购，形成了具有国际竞争力的大型农业科技企业集团，如孟山都公司、陶氏益农公司、杜邦先锋良种国际有限公司等已逐渐占领转基因产业中的大部分市场（毛开云等，2013），其研发经费占总收入的 20%之多（孙洪武和张锋，2014）；而在我国种子企业既小又散，各自为政，尚未形成具有国际影响力的集团，对作物转基因研究及其产业化投资较少。

（二）研发体系不完善、顶层设计不清晰

目前的国家研发体系难以适应农业转基因技术研发的特征。从总体来看，我国目前大型农业企业还难以承担农业科技创新主体的作用，加上国家农业科技投入资源的分配机制，其结果必然造成了我国的农业转基因生物技术研发以政府投入为主导、以公共科研机构为主体的现实。然而，这种研发体系难以适应转基因技术研发的特征，在取得成就的同时也存在一系列问题和挑战。

一是难以形成大规模的分工协作，更难以形成流水线的研发体系。对目前承担国家转基因生物新品种培育科技重大专项农作物研究（不包括承担生物安全、产业化研究）的调查表明，共有来自 147 个研究所和学院（大学以学院为单位）的 378 个课题组承担该专项的研究，从各课题组的原本研究性质看，154 个属于上游（克隆基因）、109 个属于中游（转基因）和 115 个属于下游（育种）的研究。但实际开展研究情况与之相差甚远，有如下几个现象：一是由于基因体现原始创新，有近半数的课题组（185 个）开展了属于上游的克隆基因研究。毫无疑问，获得有育种和市场价值的基因是生物技术研发的关键，但是否需要分布在不同单位的、平均规模不大的 185 个课题组同时开展基因克隆的研究。除154 个属于上游研究的课题组开展克隆基因研究外，还有 31 个本属于中游（12 个）和下游（19 个）的课题组也开展了克隆基因研究。这不难理解，因为他们可能难以获取或者担心难以获取处于其研究之上游的有价值的基因。二是可能由于"巧妇难为无米之炊"或"肥水不流外人田"的缘故，"兼业"现象相当普遍。例如，从事上游基因克隆研究的课题组有近 1/3 要么也开展转基因研究（12 个），要么也同时开展转基因和育种（36 个）的研究；

从事中游转基因研究的课题组有 77%要么也从事基因克隆(9%)，要么也从事育种的研究(68%)；115 个育种课题组中，也有 73 个课题组开展了基因克隆和转基因的研究。三是可能认识到分工协作和流水线研发的重要性或可能也出于利益驱动，"小而全"现象相当普遍。例如，有来自上游、中游和下游研究的 65 个课题组，他们都同时开展了克隆基因、转基因和育种的研究。分工协作和流水线研发本应在全国研发体系内或整个专项研发的范围内开展，但实际情况与理想的设计还存在不少距离，上、中、下游的结合和流水线的研发模式往往是出现在各个课题组的内部(黄季焜等，2014)。

二是产品为导向的研发模式难以形成，研究成果容易与生产需求脱节。调查表明，不管是来自转基因技术研发的上游、中游或下游，都比较关注调控基因旁侧序列相对复杂的抗旱和抗盐碱等性状的研究。当然这些性状很重要，需要加强技术的研发，但访谈时发现，虽然不少科研人员知道在这些领域取得重大的技术创新可能性不大，但容易出些小专利和发表文章以应付每年的项目检查和满足研究生毕业发表论文的要求。同时，由于参与转基因技术研究课题组是来自各地的科研和教学机构，论文和专利的数量导向的激励超过创新质量和产品导向的吸引力，因为创新质量需要时间、重要性状形成的遗传和分子机制需要系统研究，而产品导向则需要不同单位间的长期合作(黄季焜等，2014)。

三是项目初期有较理想的顶层设计，但执行过程缺乏动态的调节机制。这是我国大多数国家级重大项目的通病，包括转基因专项。就转基因专项而言，因为有大量顶级顾问的参与和项目组专家的努力，项目启动初期有理想的顶层设计，近年来专项管理部门也在管理和运行机制等方面做了有益探索，但要根据现实情况的变化和国内外最新的科研动态对专项既有的目标、任务、考核和经费支出等做出适当调整，不是不可能的，但也是相当难的，专项有主管部门，还有跨部门的专项领导小组(黄季焜等，2014)。

(三)审批程序烦琐

审批程序烦琐限制了转基因作物的产业化发展。我国转基因作物审批制度的严格程度与欧盟相似，国际上也将我国与欧盟归为一类。我国转基因作物审批程序复杂，而且我国要求区别对待进口和商业化种植的转基因作物的安全评估及审批；另外，复合性状转基因作物需要重新评估；受社会、经济及政治因素的影响，我国转基因作物商业化审批结果也具有不确定性。即使某种作物获得了安全证书，政府也不一定批准其商业化；我国转基因生物安全管理的理念是"积极又不失谨慎"，安全评估既针对技术又针对产品；在管理模式上充分借鉴了欧盟和美国的做法，安全评估以"科学"为基础，采取分级分阶段的安全评估策略；同时也吸收了欧盟的"预防原则"，建立了转基因产品的可追溯制度(徐丽丽和田志宏，2014)。由于对转基因作物及产品了解不够，政府某些部门在决策和政策导向上延缓或不确定。一是由于立项部门少，科研项目申请经费的渠道少，这就使得一些研究人员很难争取到科研经费；二是对转基因研究试验田要求严苛，再加上一些地方管理部门的"过度解读"，增大了试验的难度；三是转基因品种所需安全性评估的程序过于冗长烦琐，往往使很多科研人员望而却步。无形和有形的压力让不少科研人员失去信心，丧失积极性和主动性(王琴芳，2008)。

（四）科教单位考核机制死板

科教单位考核机制不灵活、不变通也制约了转基因作物产业化的发展。当前，我国初步建立了转基因生物安全评价体系，包括技术标准、评价标准、评价队伍、检测机构等。但是，随着转基因技术的发展和新特点转基因生物的出现，现有的评价体系已经不能完全适应技术和研发带来的挑战，缺少核心的标准研究、验证和符合性测试基地，标准研究能力与国际先进水平有一定的差距。主要表现在：转基因生物环境安全评价研究缺乏系统性，关键评价模型和技术体系缺乏，转基因新性状的研究不足；转基因生物分子特征评价能力不强，食用安全评价自主创新不足；转基因产品检测监测技术方法研究系统性差、标准化程度较低；安全评价科学依据不充分，缺乏系统、动态、科学的技术指标体系及实际的检测验证试验。在监管方面，对农业科研田间试验申报和监管缺乏相关制度；省级农业行政主管部门的权限仅为环境释放、生产性试验和生产应用，而对中间试验缺乏管理。我国农业转基因生物安全管理队伍力量明显不足，对田间生产试验、市场标识、进口产品、违法违规事件、环境安全等监测监控不够（王丽伟，2008）。

四、经济环境

目前我国主要种植的转基因作物品种为转基因抗虫棉花（Bt 棉花）、转基因马铃薯、转基因南瓜，以及抗木瓜环斑病毒转基因番木瓜等，但实现大规模商业化种植的只有抗虫棉和抗病番木瓜。允许作为食品、饲料及加工原料的转基因作物共计 60 种，其中 19 种单一抗性耐除草剂，17 种复合抗性，耐草甘膦的作物共计 15 种。转基因棉花的推广增加了我国棉花的单位产量，大大降低了棉花的生产成本，提高了我国棉花的国际竞争力。据 ISAAA 统计，1999～2012 年，我国累计在国内推广种植转基因抗虫棉 5 亿多亩[①]，为农民增收节支 900 多亿元，累计减少农药施用量 9000 多万 kg，棉农因农药中毒事件减少 70%～80%。

我国批准进口且当前有效的转基因事件或事件组合 46 个，涉及玉米、大豆、棉花、油菜和甜菜；转基因性状有耐除草剂、抗虫、改善品质、耐旱及抗虫+耐除草剂、品质+耐除草剂；转基因技术研发公司有拜耳作物科学公司、先正达公司、杜邦先锋良种国际有限公司、陶氏益农公司、巴斯夫欧洲公司，拜耳作物科学公司占绝对优势。国外转基因研发及产业化呈现向复合性状、品质农艺性状发展的态势。我国大豆进口数量逐年增加，棉花进口逐年减少，玉米年际间波动；大豆、棉花几乎都是转基因产品，玉米主要是非转基因产品。批准的转基因事件玉米最多，达 16 件；其次是大豆 13 件，棉花 9 件，油菜 7 件，甜菜 1 件。涉及的转基因性状，耐除草剂最多，达 29 件，其次是抗虫 17 件，品质 5 件，耐旱 1 件；单一性状 40 件，复合性状 6 件。品质、农艺性状和复合性状呈增多趋势。涉及的研发公司，孟山都公司的事件数最多，18 件，其次是拜耳作物科学公司 14 件，再次是先正达公司 8 件，杜邦先锋良种国际有限公司 4 件（其中 2 件为杜邦先锋良种国际有限公司与陶氏益农公司合作），陶氏益农公司 1 件（不含与杜邦先锋良种国际

---

① 1 亩≈666.67m^2。

有限公司合作 2 件），巴斯夫欧洲公司 1 件。按重组之后的情况分，拜耳作物科学公司 32 件，中国化工先正达公司 8 件，陶氏益农公司、杜邦先锋良种国际有限公司 5 件，巴斯夫欧洲公司 1 件。拜耳作物科学公司都占绝对优势。

根据中国海关的数据，我国进口大豆的数量逐年增加，2016 年比 2013 年增加了 32.35%。大豆的主要进口来源国是巴西、美国、阿根廷、乌拉圭，占 98% 以上，几乎都是转基因大豆。玉米进口量在年际间呈现波动态势，每年在 300 万 t 上下，主要进口来源国是乌克兰和美国，过去以美国为主，2015 年起以乌克兰为主，乌克兰为非转基因玉米，约占 80%。棉花进口数量逐年下降，主要进口来源国是美国、澳大利亚、乌兹别克斯坦、印度、巴西等，除乌兹别克斯坦以外，都是转基因棉花，约占 90%。

由此看出，我国实行转基因商业化刻不容缓。进口的大豆、棉花 90% 以上是转基因产品，进口的玉米现在主要是来自乌克兰的非转基因玉米，约占 80%。2016 年我国进口了 8391 万 t 大豆，98% 以上是转基因大豆，几乎是国内大豆总产的 7 倍。按中国大豆单产水平，种植这些大豆需要 6 亿亩以上的耕地，中国根本没有足够的耕地种植。此外，我国转基因作物产业化止步不前，一是直接导致了外国大公司的转基因产品大规模占领中国市场，二是使中国的转基因作物研究与国外的差距越来越大。比如，国外品质性状、复合转基因性状如抗虫+耐除草剂、改善品质+耐除草剂等产品已在中国长驱直入，而我国仅有抗虫棉花和抗病毒木瓜在商业化，其差距至少是 10 年以上。

我们要强力推进国内转基因技术产业化，把习近平主席关于转基因的论述落到实处，"要大胆创新研究，占领转基因技术制高点，不能把转基因农产品市场都让外国大公司占领了"。若我国研发的转基因技术不能迅速地产业化，其结果将是既不能占领转基因技术的制高点，又不能不让外国大公司占领中国的农产品市场。

第三节　全球转基因作物育种与应用概况

一、我国转基因作物育种与应用概况

（一）我国转基因作物育种概况

1. 粮食作物

（1）水稻

1）目的基因选择

植物转基因育种是利用遗传工程的手段，有目的地将外源基因或 DNA 构建导入植物基因组，通过外源基因的直接表达，或通过对内源基因表达的调控，甚至通过直接调控植物相关生物如病毒的表达，使植物获得新的性状的一种品种改良技术。在植物分子生物学研究的众多材料中，水稻不仅是世界重要粮食作物，而且由于其基因组较小、重复序列较少的优点而成为一种重要的分子遗传学研究的单子叶模式植物，基因组测序已完成。随着基因枪转化技术的建立和根癌农杆菌介导转化法的成功，水稻基因转化技术日益完善。转移目标基因已从报道基因或筛选标记基因进入到改良水稻抗性、适应性，以及改善品质、提高产量等重要基因的利用阶段（王彩芬等，2005）。

在水稻基因组计划完成之前水稻基因的研究技术归纳起来主要有：同源克隆、图位克隆、抑制性消减杂交、减法杂交、差示筛选、cDNA 代表性差异分析、mRNA 差别显示等。这些研究技术主要是一些经典的技术，基本上都适用于少量基因的研究，不适合大规模基因研究的需要(李光远，2007)。

2)转基因技术研发

A. 遗传转化技术

水稻转基因于 20 世纪 80 年代后期获得成功,最初转化均采用原生质体为材料的 PEG 介导法，后来相继发展了电击法、基因枪法及农杆菌介导法等。这些方法各有优缺点。但应用最早的是 PEG 法，最广泛和最成功的是基因枪法，而最有发展前途的是农杆菌介导法。农杆菌介导法转化受体时基因转移是自然发生的行为，整合的拷贝数少，重排程度低，转基因性状在后代遗传较稳定。另外，农杆菌介导法操作简便、费用低廉、安全稳定、转化效率高、重复性好、可以导入大片段 DNA，整合后外源基因结构变异小，而且导入基因一般为单拷贝整合，很少有基因沉默现象发生等优点，因此该法是一种应用前景很好的转化手段。目前，采用该法转化的植株已达 50 多种，水稻农杆菌转化法已不断取得突破，随着该转化体系的不断深入研究和完善，农杆菌介导法在水稻遗传转化上将发挥主导作用。除上述遗传转化方法外，还发展了脂质体介导法、花粉管通道法、生殖细胞浸泡法、胚囊子房注射介导法等(秦代锦等，2008)。

B. 无标记转基因技术

在植物基因转移过程中，标记基因常被用于筛选转化细胞或组织，给转基因工作带来很大方便。但在获得转基因植物之后，筛选标记基因的表达往往对环境及植物体的生长发育产生不良影响，且不利于使用相同标记基因进行多重转化。因此，使转基因植物释放后不带选择标记基因，对从事转基因的工作人员及消费者来说都是极为重要的(倪斌，2007)。

随着转基因技术的不断发展，越来越多转基因优良品种将会被批准商业化种植，转基因水稻中抗性标记的安全性问题迫切需要解决。因此，培育无选择标记的转基因水稻无论是从安全性考虑，还是从转基因技术本身考虑均具有重要意义。目前，培育无选择标记转基因水稻的方法主要有共转化法、位点特异性重组系统、转座子系统和多元自主转化载体系统(叶凌凤等，2012)。

C. 多基因转化技术

多基因转化主要在两个方面的应用具有重要意义。一是在进行经典的基因图位克隆时，最关键的一步就是需要通过遗传转化来确定候选基因片段。当一次可转化的基因数目越多，则转化所需总的工作量就越小，此时多基因转化技术就显得非常重要。二是多基因转化在水稻的转基因育种上也具有重要的意义。目前已经实现商品化的转基因作物中，被导入的外源基因通常都是单个的基因，控制单个的性状，如抗虫、抗病、抗除草剂等。为了改良这些性状，就需要把多个基因同时转入同一种作物中去。多基因转化一般可以采用两个策略：一种策略是将不同的外源基因构建到不同的载体上进行转化。这种策略可通过共转化、重复转化或分别转化获得转基因植株后再杂交等不同的方法实现多基因的聚合。另一种策略就是将多个基因构建到同一个载体上，通过一次转化而将多个基因一起导入受体植物中去。

目前，可进行大片段转化的载体主要有两种：基于细菌人工染色体改造的双元 BAC 载体 BIBAC（binary BAC）及基于 P1 人工染色体改造的可转化人工染色体 TAC（transformation-competent artificial chromosome）。目前，这两种载体均在水稻中成功实现了转化。随着这两种载体转化水稻技术的逐步成熟，多基因转化技术将在未来水稻的转基因育种上具有广阔的应用前景（陈浩等，2009）。

D. 质体转化技术

水稻原生质体转化用化学法，即 PEG 处理将 DNA 转移至原生质体中已先后在双子叶植物和单子叶植物上获得成功，在此阶段也有人试用了电击法。研究结果表明，通过采用电击或 PEG 法（或盐处理）介导的直接 DNA 摄取已实现了水稻原生质体的外源基因转化。

水稻原生质体遗传转化的一个基本困难是外源 DNA 常常以多拷贝进入原生质体，且在吸收和整合过程中发生重排，这种重排现象已知除在另一种单子叶植物中表现外，在双子叶植物中也有出现，但有人却获得了几个由电击转化成功的转基因水稻植株，其中未发现有基因重排和多重插入现象出现，至少在所选择的愈伤系中是这样。这一结果非常有意义，因为单子叶植物的直接 DNA 吸收转化会产生植株不育问题，而这种不育性可能正是在受体基因组中插入了外源 DNA 随机多余片段而导致的。

DNA 直接导入水稻原生质体可通过电击法也可用 PEG 法来达到。到目前为止，水稻原生质体转化中的基因与启动子表达及外源 DNA 片段整合入水稻基因组的过程及途径与双子叶植物中相似。水稻中依靠抗生素选择依然是一个严重的问题，很显然，抗生素会妨碍植株再分化或导致转基因植株表现异常（Thomas et al., 1993）。

E. 定点转化技术及基因组编辑技术

基因组编辑技术对植物基因功能研究和作物遗传改良具有巨大的潜在价值。CRISPR/Cas9 系统是继锌指核酸酶（ZFN）和类转录激活因子效应物核酸酶（TALEN）系统之后的新一代基因组编辑技术系统，具有操作简单和效率高等优点。

水稻是重要的粮食作物，也是单子叶模式植物，对其进行分子生物学研究具有重要的意义。对目标基因的定点编辑能更好地研究新基因的功能。目前报道的水稻基因编辑大部分是对已知功能基因的效果验证，对未知新基因的功能研究的例子还比较少。预计在未来将有大量的利用 CRISPR/Cas9 编辑技术揭示水稻新基因功能的报道（李希陶和刘耀光，2016）。

水稻作为具有重大经济意义的生物，是我国植物分子生物学研究的重点。2013 年 Feng 等将 Cas9 系统成功应用于水稻基因的定点突变，其通过将原核生物的 Cas9 的密码子进行偏好性优化，并用 35S 启动子驱动 Cas9 表达，且在 Cas9 碳端添加核定位信号表达 Cas9。这是首次报道的 CRISPR/Cas9 在水稻基因定点突变中的应用。

F. 叶绿体转化技术

叶绿体转化一般通过基因枪等方法将携带有外源基因的载体质粒发送到叶绿体内。外源基因的两侧带有叶绿体基因组的同源序列，可以通过同源重组的方式整合到叶绿体的基因组中，与普遍采用的细胞核遗传转化技术相比，叶绿体转化具有两个突出的优点。

首先，转入的外源基因拷贝数多，外源基因表达效率高。其次，整合到叶绿体上的外源基因的遗传方式是母系遗传。也就是说，外源基因不会随着转基因植物的花粉向非转基因品种或野生近缘种漂移。因此，通过叶绿体转化进行转基因植物的田间试验或商品化生产时，其环境风险更小，更加安全。

此外，叶绿体转化技术还具有其他的一些优点。比如，外源基因通过同源重组整合，整合位点比较明确，外源基因的表达没有整合的位点效应，不同转化子中外源基因表达的水平基本一致；叶绿体基因组中许多基因都是以操纵子(operon)的形式存在的，即一个启动子可以调控多个基因以多顺反子(polycistron)的方式表达，因而使得多基因的转化更加便利；另外，与细胞核转化技术相反，叶绿体转化尚未发现有转基因沉默的现象。虽然叶绿体转化具有以上诸多的优点，是一种非常有希望的转化技术，但是由于该方法的研究起步相对较晚，在技术上还不够成熟，目前的应用范围远没有细胞核转化那么广泛。目前仅有十多种植物成功实现了叶绿体的转化，在水稻上仅有为数不多的报道(陈浩等，2009)。

3)转基因新品种培育

A. 抗虫转基因水稻研究

目前水稻抗虫性改良的外源基因主要有苏云金杆菌杀虫结晶蛋白基因(*Bt* 基因)、昆虫蛋白酶抑制剂(*PI* 基因)和植物凝集素基因 3 种。其中 *Bt* 基因是水稻上应用最成功的抗虫基因，它可以有效控制水稻鳞翅目昆虫的危害。Ye 等(2009)采用根癌农杆菌介导将绿色组织特异性表达的 *rbcS* 基因启动子驱动下的 *cry1C* 基因导入粳稻品种 '中花 11'，获得了高效抗虫且 Bt 蛋白仅在绿色组织中高效表达的转基因株系。在转基因植株中，Bt 蛋白仅在害虫攻击的绿色组织部位如茎秆和叶片中高效表达，保护水稻不受害虫伤害；而在水稻的食用部位胚乳中几乎不表达。孙小芬等(2001)通过基因枪转化的方法将 *GNA* 基因转入水稻中，并获得了纯合的转基因水稻家系，转基因株系中抗虫蛋白 GNA 高度表达，经褐飞虱接种鉴定，可显著降低褐飞虱存活率和繁殖力，减少褐飞虱的进食量、延缓其发育进度。相对我国水稻育种抗虫资源较为贫乏来说，转基因技术为抗虫育种提供了一条新的途径。

B. 抗病转基因水稻研究

抗病转基因水稻包括转抗病毒基因、抗真菌病害基因和抗细菌病害基因。目前国内外学者已经在这几个领域取得了一定进展。转基因抗真菌病害通常采用的策略是在水稻中过量表达病程相关蛋白，冯道荣等(2001)将水稻碱性几丁质酶基因 *RC24*、*RCH10*，水稻酸性几丁质酶基因 *RAC22* 和苜蓿 β-1,3-葡萄糖酶基因利用基因枪法转化水稻，获得了高抗稻瘟病和纹枯病的转基因株系，菌株的抗性达到 100%。彭昊等(2003)将具有广谱抗病作用的葡萄糖氧化酶基因(*GO*)转入粳稻品种 '日本晴'，抗病性鉴定表明，所得转基因水稻对稻瘟菌具有良好的抗性。翟文学等(2000)采用农杆菌介导法将 *Xa21* 基因转入水稻，获得了对白叶枯病具有抗性的水稻株系 '明恢 63' 和 '珍汕 97B' 等杂交稻恢复系和保持系，结果表明这两个转基因杂交稻具有优良的广谱抗性，抗谱与 *Xa21* 基因供体 IRBB 相同。

C. 抗非生物逆境转基因水稻研究

吴亮其等(2003)将拟南芥的 *δ-OAT* 基因转入水稻品种中,得到 *δ-OAT* 基因过表达的转基因水稻株系,与对照相比,转基因水稻的耐盐能力明显提高。Jang 等(2003)研究了大肠杆菌海藻糖合成基因在转基因水稻中的作用,他们把编码双功能融合蛋白的基因 *TPSP* 转入水稻后发现,由于海藻糖的积累使转基因水稻提高了对干旱、盐和寒冷胁迫的抗性。Hou 等(2009)在水稻中超量表达 *OsSKIPa* 使转基因植株在成株期对干旱胁迫的耐受性比对照增强 2~4 倍,通过对超氧化物歧化酶(SOD)比活力和丙二醛含量的测定,发现 *OsSKIPa* 超量表达可以提高转基因水稻对活性氧的清除能力,干旱胁迫后 *OsSKIPa* 超量表达转基因植株中一些抗逆相关基因的表达量显著高于相同处理条件下的野生型对照。除上述外,转其他基因的水稻研究也较多,包括转抗除草剂基因、转 C4 合成关键酶基因、转叶片衰老延迟基因等,如 Ku 等(2001)发现将玉米 *PEPC* 基因转入水稻,降低了转基因水稻光合作用的光氧化抑制,提高了光合效率。此外利用转基因技术培育出可减少血清胆固醇含量和防止动脉硬化等水稻保健新品种。

D. 抗除草剂转基因水稻育种

杂草危害严重影响水稻的产量和稻谷品质,全国每年因杂草造成稻谷减产 75 亿 kg,损失巨大,特别是近年随轻型种植制度迅速推广,更加重了杂草的危害程度。将抗除草剂基因导入水稻使其产生对除草剂的抗性,有助于田间杂草控制。

在抗除草剂转基因水稻研究中,大多使用的是 *Bar* 基因。1996 年,中国水稻研究所首次用基因枪法将抗除草剂 *Bar* 和 *Cp4* 基因分别导入水稻,成功培育出抗两大除草剂草丁膦和草甘膦的转基因直播稻品系'嘉禾 98'及杂交稻组合'辽优 1046'等。中国农业科学院生物技术研究中心范云六实验室用 CaMV35S 引导的 *Bar* 基因,通过电激法介导实现了光亲和系 02428 的原生质体转化,得到了抗除草剂的转基因植株(朱冰等,1996)。

(2)小麦

1)遗传转化体系构建

A. 标记基因选择

利用现代基因工程技术进行小麦的品种改良是当前小麦育种的一个新方向。其主要手段是利用生物及物理化学等手段,将外源基因导入植物细胞以获得转基因植物。自1983 年 Zambryski 获得世界上第一株转基因植株以来,植物转基因技术迅猛发展,这也使得转基因工程技术育种成为可能(耿立召等,2005)。目前,几乎所有的作物都开展了转基因技术研究,对小麦的遗传转化已发展的方法主要有 PEG 法、电击法、离子束介导法、花粉管通道法、基因枪法及农杆菌介导法等(王顺利等,2008),转化的基因也从最初的报道基因扩展到抗病虫害基因、抗逆基因、抗除草剂基因和品质相关基因等(奚亚军和路明,2002)。

B. 目的基因导入

a. PEG 法与电击法

在小麦遗传转化研究早期阶段,转化多以原生质体为受体进行,依赖于小麦原生质体的植株再生。聚乙二醇诱导的小麦原生质体遗传转化,是通过多聚分子 PEG 在二价阳离子的作用下与裸露的 DNA 形成共沉淀,诱导外源 DNA 进入原生质体,进行遗传转化。

郭光沁等(1993)用分别带有 GUS 和 HPT 基因的 pBI221 及 pBI222 作为载体,转化小麦品种'济南 177'的原生质体,筛选得到抗性体细胞胚和小块愈伤组织,进而获得转基因植株,转化频率达 $2 \times 10^{-5} \sim 3 \times 10^{-5}$。电击介导的小麦原生质体遗传转化,是由 PEG 直接导入法发展而来的。电击介导转化借助高强度电脉冲作用,使原生体质膜产生瞬时可逆穿孔,导致 DNA 分子穿过小孔进入原生质体。

b. 离子束介导法

离子束介导转化是在低能离子束注入植物组织后,对植物细胞产生刻蚀,受刻蚀后的细胞壁产生局部穿孔,细胞膜透性发生变化,从而可为外源 DNA 进入细胞提供多个可自动修复的微通道。另外,带正电的离子在微通道内积累,有助于带负电的外源 DNA 进入细胞。同时,离子注入对靶细胞 DNA 造成一定损伤,由损伤诱导的修复作用可为外源 DNA 在受体基因组上的整合和重组提供便利条件。吴丽芳等(2000)首次通过低能离子束介导法成功地获得了转基因的小麦植株,证明了离子束介导小麦遗传转化的可行性。

c. 花粉管通道法

1993 年,曾君祉等将 GUS 基因通过花粉管通道法转化普通小麦,证实 GUS 整合到小麦基因组中,并能在植物体中表达。还有学者将其他植物的总 DNA 和一些外源基因导入小麦,获得了一批小麦转基因植株。此法操作简单,耗费低廉,不需要经过组织培养和植株再生过程,特别是可以直接将植物的总 DNA 用于遗传转化,使它在中国发展迅速。但此方法受环境条件影响大,对操作者的经验性要求较强,而其外源基因的整合机理也需要更多证据的支持。

d. 基因枪法

基因枪轰击是将外源基因在 Ca^{2+} 或亚精胺等作用下吸附在重金属金或钨粒子表面(直径 1mm 左右)制成 DNA 微弹,用基因枪将微弹高速射入植物受体细胞,释放出的 DNA 分子随机整合到植物基因组中,从而实现遗传转化。自 Vasil 等在世界上首次报道利用基因枪转化技术获得小麦转基因植株至今,由基因枪介导的小麦遗传转化作为改良小麦性状、提高小麦抗性的主要手段之一被广为应用。王小军和刘玉乐(1996)用基因枪将含有 CaMV35S 启动子的 Bxn 基因和 NPTII 基因导入小麦幼胚后,以抗性鉴定和 Southern 杂交分析证明,获得的是转基因植株,转化频率为 1.9%。在随后的几年中,人们又相继以小麦的幼胚、幼穗、盾片及来源于它们的胚性愈伤组织等为靶组织,用基因枪将具有抗逆、抗病、抗虫、抗除草剂及其他优质性状的目的基因导入小麦,由此小麦基因工程研究进入了一个新的阶段。

e. 农杆菌介导法

在植物基因工程的发展中,研究比较清楚和应用比较成功的是根癌农杆菌(Agrobacterium tumefaciens)介导的遗传转化。根癌农杆菌携带的 Ti 质粒上含有一段可以转入植物细胞中的 T-DNA(Transfer DNA),根癌农杆菌介导转化植物的基本原理亦即构建到 T-DNA 上的目标基因可随 T-DNA 导入植物,进而整合到受体植物的染色体上。在小麦上,Mooney 等(1991)用扫描电子显微镜观察证明了农杆菌介导转化小麦的可行性,但未能获得转基因植株。农杆菌介导法转化成功的受体类型主要是以幼胚、幼穗、成熟胚和花药为外植体的离体组织和以茎尖生长点和花器官为受体的整株水平转化。

2) 小麦转基因技术

小麦转基因技术目前还存在很多问题，如小麦组织培养技术不成熟，基因转化的受体比较单一，外源基因转化中的基因沉默与修饰严重等问题限制了小麦转基因技术的发展与应用。与双子叶植物相比，小麦等单子叶禾谷类作物基因转化频率相对较低，为1%～3%，且转化研究只限于一些再生能力强的基因型。更多的优良农业性状基因将被导入和表达，特别是提高面粉营养价值、改良面粉加工性状的品质基因，提高植株抗病性的基因，提高植株抗旱性的基因和促进植株氮的有效利用基因。更高强度的启动子和组织、器官特异性及化学剂可调控启动子将会被普遍利用，随着小麦多种基因转化体系的建立或初步建立，小麦的转基因研究的进展在今后将会更快。其发展的关键是拓宽小麦遗传转化受体范围，建立更高效的植株再生体系，完善转化体系，并将基因工程育种与常规育种相结合，将抗病、抗虫、优质的外源基因导入小麦，有目的地培育出一大批高产、稳产、优质和抗逆能力强的基因工程新品种，满足生产上的需求（葛维德和钮旭光，2007）。

(3) 大豆

1) 大豆遗传转化再生体系

大豆是最早进行转基因品种大面积商业化种植的作物，也是目前转基因品种种植面积最大的作物。水稻、玉米、小麦等禾谷类作物主要以胚为起始外植体，通过脱分化诱导产生愈伤组织，再进一步通过诱导再分化形成再生植株。大豆与此途径不同，大豆的主要再生途径以不定芽器官发生和体细胞胚发生为主，这也决定了在大豆转基因技术体系中使用的外植体（受体系统）与水稻、玉米、小麦等存在较大的差别。

A. 不定芽器官发生再生途径

1980 年，Cheng 等首次报道了以大豆无菌苗的子叶节为外植体，在附加高浓度苄氨基嘌呤(6-BA)的 B5 培养基中诱导出丛生芽，并成功获得了再生植株，奠定了大豆不定芽器官发生(organogenesis)途径再生系统的基础，其后 Barwale 等(1986)采用类似的方法，在未成熟种子子叶中也获得了成功。后续的研究结果发现，利用大豆成熟种子萌发获得的无菌苗子叶、子叶节、上胚轴、茎尖和未成熟种子的子叶、茎尖等多种外植体，均可经不定芽器官发生途径得到再生植株，但不同外植体的再生频率差异较大，其中以子叶节和茎尖的再生频率较高，常用作大豆转基因的受体材料，多用于根癌农杆菌介导的大豆遗传转化。相对于体细胞胚和原生质体再生途径，它具有外植体获取便利、再生周期短、再生植株育性和生长状态较为正常等诸多优点，但也由于其存在再生植株来源于组织器官（非单细胞源）、不同品种再生能力差异较大等不足，在用于遗传转化时也表现出嵌合体频率较高和基因型限制严重等突出问题。

B. 体细胞胚发生再生途径

体细胞胚发生(somatic embryogenesis)是指双倍或单倍体细胞在特定条件下，未经性细胞融合而通过与合子胚胎结合发育出类似合子胚结构（胚状体或体胚）的形态发生过程。1983 年，Christianson 等利用以柠檬酸为氮源的改良 MS 培养基，在胚轴起源的胚性愈伤组织中成功诱导出了胚状体，并获得了再生植株。大豆体细胞胚发生再生途径采用的外植体主要为未成熟子叶、下胚、完整幼胚等。此外，Finer 和 Nagasawa(1988)在此基础上，建立了体细胞胚发生的悬浮培养系统。相对于不定芽器官发生再生途径，它具有外植体体积小、数量大、筛选充分便利、嵌合体稍少的优点，常用于基因枪介导的大豆遗传转化，多采用悬浮培养的方式筛选富集转化细胞，获得再生植株。但也由于其存在悬浮培养时间长、体细胞变异频率较高等不足，在用于遗传转化时也表现出再生植株畸形率较高和变异株较多等突出问题。易产生体细胞变异等原因，在大豆遗传转化中鲜有应用报道。

C. 原生质体再生途径

1988 年，Wei 和 Xu 首次报道了大豆原生质体(protoplast)再生系统，随后，罗希明等(1990)采用类似方法在不同的品种中获得了原生质体再生植株，Zhang 和 Komatsusda (1993)及肖文言和王连铮(1993)也通过培养大豆原生质体幼胚，经胚胎发生途径获得了再生植株。从理论上讲，原生质体再生途径是克服嵌合体问题最具潜力的系统，但原生质体获取困难，工作量大、操作复杂、再生困难、培养周期长(侯文胜等，2014)。

2)遗传转化方法

A. 根癌农杆菌介导的大豆转基因技术体系

由于根癌农杆菌介导的转基因技术体系具有插入基因拷贝数低、遗传稳定、转化过程相对简单、成本相对低廉等诸多优点，一直是植物转基因研究的首选技术，在大豆中亦是如此。自 Hinchee 等于 1988 年建立根癌农杆菌介导的大豆子叶节器官发生转化系统之后，许多实验室以此为基础开展了优化、改进工作和转基因材料创制研究，也使该技术体系成为最为重要的大豆转基因手段。Hinchee 等(1988)在 6 组转化试验中，共处理外植体 1400 个，获得抗性再生植株 128 株，其中 8 株经鉴定为转基因植株，转化效率为 0.3%～2.3%，平均为 0.56%。

后续研究者主要针对根癌农杆菌菌株、大豆受体基因型、外植体选材、筛选剂选用和筛选策略、转化过程中多种添加剂的选用等关键技术环节，对该转化系统进行了优化改良，试图拓宽应用范围和提高转化效率，并收到了一定的效果。利用此技术也创制了一大批具有育种利用价值的转基因新材料。

B. 基因枪介导的大豆转基因技术体系

在根癌农杆菌介导的大豆转基因技术体系建立的同时，基因枪介导的大豆转基因技术体系也获得了成功。尽管基因枪介导的转基因技术体系存在多拷贝插入频率高、断裂的 DNA 片段插入难以避免、转基因后代遗传稳定性较差等缺点，但由于其受基因型限制较小、操作流程相对简单、遗传转化相对较易实现等优点，仍是植物转基因研究的重要手段之一。在大豆遗传转化较为困难的现实条件下，其在大豆中的使用依然较为普遍，特别是在利用转基因大豆材料进行基因功能分析的研究中更为常见。McCabe 等(1988)在 4 组转化试验中，共处理外植体 2400 多个，获得再生苗 9000 多个，其中 156 个检测到了外源基因的表达，转化效率约为 2%。

后续研究者针对该转化系统进行的优化改良工作并不多见，但也对外植体选材、筛选剂选用和筛选策略等关键技术环节进行了一些优化，试图拓宽应用范围和提高转化效率，并收到一定的效果(侯文胜等，2014)。

3) 实用价值基因发掘

实用价值基因主要涵盖了耐除草剂、抗病虫和耐非生物胁迫及提高作物品质三大类别，该部分在本书的第五章第一节中的第二小节"大豆商业化使用的外源基因"中有详细介绍，在此不再赘述。

4) 转基因材料培育

近几年来，我国已经初步建立了主要禾本科粮食作物农杆菌介导的转化体系，但现有遗传转化体系仍然存在周期长、转化率低、稳定性和重复性差、基因型限制等突出问题，转化效果极大地依赖于物种、基因型、外植体及其他一些未知因素。虽然双子叶植物是农杆菌的天然宿主，但是农杆菌介导的大豆转化仍然存在一定程度的基因型特异性，大豆的组织培养再生植株困难及组培受体系统与转化方法匹配的局限性，成为开展大豆转基因育种工作的主要瓶颈。今后，在探索高效、稳定、简易的基因转化新方法，新型无选择标记技术，基因删除技术等安全转基因技术方法，叶绿体等新型转基因技术，新型多基因转基因技术方法；建立并优化简单、高效、稳定的基因转化体系；建立成熟、可靠、高频率的再生体系，提高大豆遗传转化效率；开发新型安全大豆选择标记（包括可视选择标记）等方面，还需进行深入研究（余永亮等，2010）。

（4）玉米

1) 转基因玉米技术体系构建

A. 转基因目的基因及受体材料选择

农杆菌介导的玉米遗传转化受玉米基因型限制，遗传转化所用的玉米受体材料需要具有很好的组培特性。张荣等（2001）对'综 3'、'综 31'、'莱 1029'和'P9-10'等玉米自交系材料的可转化性进行了研究，并确定了不同基因型材料使用 N6 或 LS 培养基为主的一系列培养基。张艳贞等（2002）以玉米自交系'340'和'4112'为受体材料，对培养基和受体状态进行了分析。Yang 等（2006）对玉米自交系'齐 319'和'18-599'的遗传转化性状进行了评价，表明这两个材料可用于农杆菌遗传转化。大北农生物技术中心（现北京大北农生物技术有限公司）利用农杆菌转化方法对国内 50 多种骨干玉米自交系的遗传转化特性进行筛选评估，在评估过程中通过对外植体生长条件进行严格监控，发现温室种植的外植体材料，尤其是温室相对湿度保持在 60% 左右时，玉米幼胚的组织培养特性较好，同时农杆菌侵染效率较高。优良玉米幼胚的稳定性供应对转化效率的稳定和转化苗的定期规模产出异常重要（刘允军等，2014）。

B. 转基因玉米转化途径

a. 农杆菌介导法

农杆菌介导法是目前最主流的植物遗传转化方法，在各个植物转化中广泛应用。相对于基因枪法，农杆菌转化法的优点是节省成本，外源基因多以单拷贝或低拷贝整合到植物基因组中，外源基因不易发生沉默，能稳定遗传表达。

国内利用农杆菌进行玉米转化的研究起步较晚，黄璐和卫志明于 1999 年首次报道用农杆菌转化法获得了杂交种'苏玉 1 号'的转基因玉米。张荣等于 2001 年报道了利用根癌农杆菌 LBA4404 及超级双元载体 pTOK233 转化玉米自交系'综 31'、'综 3'和'P9-10'等，建立了农杆菌介导的玉米遗传转化体系。张艳贞等于 2002 年也报道了利用农杆菌介

导将 *Bt* 杀虫蛋白基因导入优良玉米自交系的研究，表明幼胚预培养后形成新鲜的初始愈伤组织是比较适宜的转化受体，在 22℃下进行共培养可以提高玉米遗传转化效率。目前 20～23℃条件下共培养已成为较共识的操作方法。在农杆菌转化玉米的方法中，添加乙酰丁香酮对转化成功起至关重要的作用，因为乙酰丁香酮作为一种酚类化合物，可以作为一种创伤信号诱导激活农杆菌中 *vir* 的表达，所表达的 Vir 蛋白是 T-DNA 向玉米细胞转移的必需条件之一。魏开发（2009）系统研究了影响玉米胚性愈伤组织诱导、分化的因素，对影响玉米农杆菌转化效率的因素进行了研究，发现隔代添加 2mg/L 脱落酸（ABA）显著增加胚性愈伤诱导率。不同基因型材料共培养基中添加的最佳乙酰丁香酮浓度有所不同，最适共培养温度为 24～25℃，高于或低于此温度都使转化效率下降，29℃时转化率接近零（刘允军等，2014）。

b. 基因枪法

基因枪法是在基因枪击发所产生的推力作用下，包裹有质粒 DNA 的金粉或钨粉等金属颗粒会穿透植物组织的细胞壁及细胞膜，进入植物细胞核，质粒 DNA 在细胞核内整合到植物基因组上，从而实现遗传转化获得转基因植株。轰击受体种类及状态、基因枪轰击参数、愈伤筛选等都影响基因枪法的转化效率。1990 年，Kamm 等和 Fromm 等分别通过基因枪轰击法转化玉米悬浮细胞并获得再生植株，开创了在玉米转化上成功运用基因枪技术的先例。Walters 等（1992）通过基因枪轰击玉米Ⅱ型愈伤将抗潮霉素基因 *HPT* 导入玉米基因组中。Koziel 等（1993）通过基因枪轰击幼胚将来源于苏云金芽孢杆菌的 *Cry1Ab* 导入优良玉米自交系。随后基因枪转化法逐渐成熟并得到更广泛的应用。国内，王国英等于 1995 年首次使用基因枪轰击玉米悬浮细胞、愈伤组织和幼胚，将 *Bt* 转入玉米基因组获得转基因植株。后续许多研究对基因枪轰击的参数等进行了系统研究，并将许多基因通过基因枪法转入玉米获得转基因植株。目前，国内建立了 'P9-10'、'综 3' 和 '综 31' 等玉米优良自交系的基因枪转化技术体系。

基因枪法的主要缺点是操作较烦琐，费用较高，转化的 DNA 片段容易断裂，外源基因容易以多拷贝或不完整片段插入基因组，外源基因容易发生基因沉默，不容易稳定遗传到下一代。这些因素限制了其更大的发展空间。但基因枪法的优点是无宿主限制，受体类型广泛；而且借助基因枪法可以更有效地实现多基因同时转化（刘允军等，2014）。

c. 花粉管通道法

花粉管通道法由我国学者周光宇等创立，其原理是植物受粉后，将外源 DNA 沿着花粉管渗入，经过珠心通道进入胚囊，转化卵细胞或受精细胞的早期胚胎细胞。花粉管通道法作为一种颇具特色的转基因技术，无须建立原生质体和愈伤组织培养体系，无基因型限制和易于实现大规模转化等优点，加之玉米是穗状花序，小花丛生，具有发达的有性繁殖系统，每穗结实粒多，花粉易于采集，体外存活时间长等有利因素，使得花粉管通道法具有便利的条件。Chapman 等（1987）用花粉管通道法转化玉米叶斑病基因得到转基因植株。Ohta（1986）将外源 DNA 溶液与花粉粒混合后立即授粉，获得了高频率的转化。Langridge 等（1992）和 Wang 等（2001）也分别成功地将外源 DNA 导入玉米植株中。研究发现花粉管通道法受 DNA 导入时间、DNA 溶液浓度和抗除草剂筛选浓度等因素的影响。目前，花粉管通道法已应用于棉花、水稻、小麦、大豆和玉米等农作物的改良和育种工作中(尹祥佳等，2010)。

2) 转基因玉米材料培育

A. 抗虫玉米材料

虫害是造成玉米减产的主要因素之一，世界范围内玉米害虫达 350 多种，其中以蛀茎性和食叶性的欧洲玉米螟(ECB, *Ostrinia nubilalis*)和亚洲玉米螟(ACB, *O. furnacalis*)最为严重。在玉米生产中通常使用化学农药来控制虫害，但也带来了一些负面问题：玉米中有农药残留；害虫逐步产生抗药性；化学农药作用方式是非特异性的，杀死害虫的同时也使其天敌受害，从而危及多种生物资源。而抗虫转基因玉米能克服上述农药带来的不利因素。

目前，来源于微生物的抗虫基因是商业化应用最有效的基因之一。近年来，研究人员在尝试克隆植物来源的抗虫转基因代替微生物来源基因，主要涉及的基因有：蛋白酶抑制剂抗虫基因，如豇豆胰蛋白抑制剂基因(*SCK*)和豇豆胰蛋白抑制剂基因(*CpTI*)等。植物外源凝集素基因(*Lectin*)，如雪花莲凝集素基因(*GNA*)和半夏凝集素基因(*pta*)等。另外，开发新型微生物来源的高效抗虫基因已成为目前研究的热点之一，如 Cry 系列的其他基因。

B. 抗除草剂玉米材料

抗除草剂转基因玉米是高效、低成本控制杂草的新途径。目前，国内已经利用转基因技术获得具有潜在利用价值的抗除草剂转基因玉米新材料，其抗除草剂基因主要来源于细菌等微生物。国外已商业化种植了一批抗除草剂转基因玉米品种，其中'NK603'已经在中国获得了 30 项专利保护(中国专利局数据库)。

C. 抗病玉米材料

玉米生长期间常受到病毒性病害(玉米矮花叶病、玉米粗缩病等)、真菌性病害(玉米纹枯病)和细菌性病害等侵袭而使其品质及产量下降。常规育种中由于抗原的缺乏和不同物种间的遗传隔离，抗病育种工作受到了极大的限制，然而，研究抗病转基因玉米可以为玉米抗病育种提供新的种质。目前，玉米抗病转基因研究多为单个抗病基因的转化，挖掘新的抗病基因，利用转基因技术实现多抗病基因的聚合转化，培育多抗玉米材料将成为玉米抗病分子育种的发展趋势。

D. 品质类玉米材料

随着人们生活水平的不断提高和膳食结构的改变，玉米品质改良显得尤为重要。此外，玉米作为饲料和主要工业原料使得特用玉米品质改良逐渐成为关注的焦点。因此，利用转基因技术将外源基因或人工合成的高蛋白基因导入玉米来改良玉米的营养品质将成为研究热点。相关研究表明，玉米淀粉分支酶基因(*sbe2a*)、高赖氨酸蛋白质基因、*O2* 基因、*a-lactalbumin* 基因、*cyMDH* 基因、植酸酶基因(*phy*)等已被用来改良玉米品质。丁明忠等(2001)利用花粉管通道法和减压渗透法将大豆总 DNA 导入玉米，筛选到 8 个高蛋白质材料，玉米种子中蛋白质含量比对照提高 20%。此外，将 *phy* 转入玉米可以降解其体内的磷酸，提高可利用无机磷的含量及玉米的品质。

E. 复合性状类玉米材料

我国水资源紧缺，干旱和半干旱耕地面积大，还有大片的盐渍土壤，因此，培育抗旱、耐盐转基因玉米新品种对提高作物的单位面积产量和扩大种植区域尤为重要。抗旱、耐盐转基因研究大体涉及以下几类基因：①编码渗透调节物质及逆境中保护细胞的基因，如超氧化物歧化酶基因($MnSOD$)、海藻糖合成酶基因($TPS1$)和胆碱脱氢酶基因($betA$)等。②细胞膜上离子排运基因，如 Na^+/H^+反向转运蛋白基因($NHX1$)、液泡膜上焦磷酸酶基因($PPase$)和 $TsVP$ 基因等。Li 等(2008)将 $TsVP$ 基因转入玉米自交系'掖478'，结果表明可以提高玉米的耐旱性。③抗逆相关的调控基因，如 $DREB$ 基因和 $TsCBF1$ 基因等。

玉米转基因研究还涉及雄性不育和生物反应器等方面。Ghosh Biswas 等(2006)用基因枪法将纤维素 1,4-D-葡聚糖内切酶基因转入玉米自交系'HiⅡ'使其能够"生产"出具有生物活性纤维素酶，为实现绿色生物反应器生产廉价和高质量的纤维素酶成为可能。

2. 非粮食作物

(1)棉花

1)转基因棉花技术体系概况

A. 遗传转化方法

目前，在棉花中用于遗传转化的方法主要有农杆菌介导法、基因枪轰击法和花粉管通道法三种。

农杆菌介导法：农杆菌介导转化法可以高效地将外源基因整合到棉花基因组中，外源基因可以稳定遗传和高效表达，它必须以组织培养为基础。自 1987 年，Umbeck 等(1987)和 Firoozabady 等(1987)先后报道了农杆菌介导的棉花遗传转化得到转化植株以来，国内外研究者先后建立了以'珂字棉'等品种为受体的再生体系，并取得巨大进展，为棉花重要基因的功能验证和利用等工作提供了良好的技术平台。此外，棉花体细胞胚发生和再生过程中常伴随着大量的畸形胚和畸形苗，与此相关的研究也有报道。在棉花的组织培养性状等方面已进行了诸多研究：不同类型外植体的体细胞胚能力差别很大，即使在同一品种棉花不同外植体的体细胞胚发生能力也存在很大的差异。体细胞胚发生能力以下胚轴最容易，子叶较差，真叶和茎最差。目前，陆地棉的组织培养主要以下胚轴为外植体，通过脱分化和再分化得到再生植株。

基因枪轰击法：基因枪轰击法是继农杆菌介导法之后在棉花转化中应用最广泛的一项技术。该方法具有受体类型广泛(茎尖、下胚轴、胚性细胞悬浮系等均可以作为转化的受体)、受体无基因型限制(很多的棉花品种已经通过该方法得到了转基因植株，部分的品种已经商业应用)等优点。1987 年，美国康奈尔大学的 Klein 等首次以洋葱表皮细胞为材料，以钨粉为子弹，把 DNA、RNA 导入细胞，且观察到外源基因能表达，证明了基因枪轰击转化方法的可行性。1987 年，Umbeck 等第一次将此技术应用于棉花遗传转化中。影响基因枪转化效率的因素很多，主要分为物理因素、生物因素和培养程序等。随着研究的开展，基因枪的转化率由原来的 0.001%～0.01%提高到 4%左右，其转化周期缩减为 3～4 个月，成功率高达 94.1%。

花粉管通道法：1979 年周光宇等发表的《远缘杂交的分子基础 DNA 片段杂交假设的一个论证》一文，为花粉管导入外源 DNA 的整合奠定了理论基础。1983 年，Zhou 等

在 *Methods in Enzymology* 杂志上报道了棉花花粉管导入外源 DNA 获得成功的文章。这一技术的建立为活体基因的转化开创了新途径。Trolinder 和 Linda(1999)报道的一种原位转化方法并申请了专利。通过子房注射法技术，已将抗虫、抗病、抗除草剂、纤维品质改良等不同基因导入棉花品系，获得了转基因棉株。目前，棉花转化中，通过此方法已得到了多个转基因抗虫棉新品种(品系)，其中部分已经审定并在生产上大面积推广应用。但该方法受环境和人为操作等因素的影响大，转化过程仍带有相当的随机性，转化率比较低，外源基因的插入多拷贝比例较高。随着分子生物学和基因工程的发展，外源 DNA 可通过花粉管通道导入植物胚囊这一事实越来越多地被许多学者所证实，同时也说明 DNA 片段杂交的存在。

至 2005 年，中国农业科学院棉花研究所对棉花转基因技术体系进行多年研究，建立起以农杆菌介导法、花粉管通道法为主，基因枪轰击法为辅的三位一体棉花规模化转基因技术体系。该体系已将双价抗虫基因、反式抗棉蚜基因、棉纤维品质改良基因、雄性不育基因等目的基因导入不同的棉花品种中，并达到了年产转基因植株 2000 株以上的水平。

B. 价值基因开发

棉花是世界上转基因研究与应用最成功的作物之一，在抗棉铃虫、抗除草剂等方面已取得巨大成功。棉花是世界上播种面积居第四位的转基因作物。到 2013 年，转基因抗虫棉在中国占棉花播种总面积的 85%以上。

2)高效规模化转基因体系构建

A. 高效农杆菌介导法转基因技术体系的建立

a. 转基因载体构建及验证

中国农业科学院棉花研究所以 2002 年建立的棉花规模化转基因技术体系为基础，对大量植物转基因载体进行了转基因验证，筛选出三类适宜农杆菌介导转化棉花的高效转化载体：pBI121 类、pCAMBIA2300 类和 pKGWFS7 类，结合不同目的基因的特点，并针对性地加以改良。

b. 转基因受体的筛选与优化

以扩大转基因受体材料基因型为目标，利用筛选出的优良载体，结合已验证功能的目的基因，以 50 余个棉花品种(品系)为转基因受体，同时进行培养体系的适当优化，建立了 27 个品种(品系)的转基因技术体系。为进一步提高这些材料的转化效率，利用建立的棉花叶柄组织培养技术体系，以棉花大田活体材料的叶柄为外植体，进行组织培养，筛选其中的高分化率材料，其中'W12''W13'等 5 个单株的分化率可达 100%，而'W07'等单株在该培养体系中不分化。将分化率达 100%的'W12'自交纯合后，以其为新的转化受体，使转基因过程中转化率提高了约 2.55 倍。张朝军(2008)进一步通过分子标记研究发现，单株间分化率的差异受 2 个分子标记控制。

c. 农杆菌介导法转基因技术体系的优化

虽有少数研究宣称建立了直接发生途径的转化体系，但棉花的农杆菌介导法目前仍然以间接发生为主，需要经过胚性愈伤组织—胚状体的阶段，且该阶段为棉花农杆菌介导法转化的关键步骤。利用选育的高分化率材料，建立了稳定的棉花无菌苗下胚轴组织培养体系。

B. 基因枪轰击转化法的改良

在建立的转基因技术体系中，对棉花基因枪轰击体系进行了大量改良，主要是对外植体的选择、筛选标记的扩展等方面。基因枪轰击转化法的流程基本如下：外植体→质粒 DNA 轰击→恢复培养→筛选培养→嫁接→移栽→分子检测→收获种子进行田间筛选。在此流程中，主要针对其中的部分关键步骤进行了改良。

a. 外植体选择

以棉花组织培养获得的胚性愈伤组织取代了顶端分生组织，使转化规模扩大 2～3 倍。以组织培养获得的'CRI24''CRI12'等材料的胚性愈伤组织为外植体，经过 3mol/L 山梨醇渗透液体振荡培养 1～1.5h，过滤出细沙粒状愈伤组织，滤纸上吸去培养液，晾干后即可进行轰击，一般选择轰击 2～3 次。此方法可加大轰击频率 1～2 倍，以往以采用顶端分生组织为主，需要大量时间在解剖镜下剥离出它们，每人每天只能轰击约 10 个处理，每周只能轰击 2～3 天，采用胚性愈伤组织后，每周可轰击 4 天，每次 15～20 个处理。但此方法只能适用于已建立了组织培养体系的受体材料，尚未建立的材料仍然需要以顶端分生组织为外植体。

b. 筛选标记的扩展

建立了以潮霉素、草甘膦等为筛选标记的基因枪轰击转化体系，以抗虫棉为受体可大量获得转基因材料。棉花对潮霉素和草甘膦都比较敏感，相对于卡那霉素需降低培养基中筛选物资的浓度，目前潮霉素以 5ppm[①]开始筛选，经过 3 次梯度增高至 25～30ppm，即可获得 5%～10%的抗性愈伤组织，其获得的转基因材料约 2/3 为阳性植株。以草甘膦为筛选标记时，其对应浓度分别为 0.5ppm 和 5ppm。由于目前国内的转基因材料在长江流域、黄河流域已大量种植，近年来的天气异常使获得足质足量常规棉为受体的难度日益加大。因此，这些转基因体系的建立具有明显的促进作用，但会加大转基因安全性评价的难度。

c. 降低嵌合体

采取必要的措施降低嵌合体：其一，必要时可对质粒 DNA 进行酶切。其二，加大筛选强度可适当降低嵌合体比例(但会降低转化规模)。其三，转基因植株分子检测后获得的阳性植株需严格自交，尽量分单铃收花，降低因嵌合体产生的后期材料选育的难度。

C. 花粉管通道法的改良

利用花粉管通道法在转基因棉花的研究中主要有 3 种方法，包括子房注射法、真空渗透转化法和柱头滴加法。目前，主要以子房注射法为主。子房注射法(微注射法)：一般方法是在棉花盛开期，选择白花授粉后 24h 左右取自交受精的隔日幼铃(花冠由白色变红色)，抹平花柱，用合适的注射器把外源 DNA 注射进棉花子房即可。棉花花粉管通道法转化已培育了大量转基因棉花新品种，如'CRI41'(2009 年获国家科学技术进步奖二等奖)等。

---

① 1ppm=10⁻⁶。

a. 受体材料选择

受体材料的选择：包括铃的选择、果台的选择、花冠摘除等细节。①开花时幼铃最宽处直径 0.6cm 以上，高度 0.7cm 以上，尤其是直径在 1.0cm 以上的大幼铃适合于花粉管注射，铃不易脱落，而幼铃最宽处直径小于 0.5cm、高度小于 0.6cm 的棉花品种花粉管注射后，铃易脱落。当幼铃的直径大时，其花柱也相对较粗，呈正相关，测量表明，进入幼铃处的花柱直径在 0.07cm 以上，易于注射，幼铃不易脱落，而花柱较细，在 0.07cm以下，尤其是 0.06cm 以下的棉花品种，花粉管注射后，幼铃脱落率较高，影响转化率。②一般从第 2 果台开花到第 5 果台开花期间进行注射最好。注射时，一定要选择生长均匀的标准幼铃，尤其注意伸入幼铃的花柱要垂直，注射损伤小，才能确保较高的成功率。③花冠摘除选择开花 24h 左右，花冠颜色呈浅粉色的花朵，用右手食指与中指夹住花柄靠花的底端，并用拇指、食指及中指固定在花萼部分，使整朵花不会随着用力而被折断，然后用左手指尖部将整个花冠在花柱基部捏住，并与右手同时巧妙反向用力，并稍向上拔，将花冠自子房基部完整拉脱，同时使柱头在子房上部形成一个平整界面。

b. 转化率影响因素

首先掌握棉花的受精过程及其时间规律，是花粉管通道法转化成功的关键因素。棉花珠心孔道开放时间在授粉后 12～28h。因此，一定要掌握导入外源基因的最佳时间。提供外源 DNA 片段纯度对转基因植株的获得及其后代的表型变异有一定的影响。在DNA 纯化过程中，既要保持 DNA 片段的完整性，又要去除杂质 DNA 片段、蛋白质或RNA 的干扰(倪斌，2007)。

3) 转基因棉花品种培育

A. 抗虫转基因棉花

中国抗虫基因的研制起始于 20 世纪 90 年代初期，通过遗传转化方法使棉花获得抗虫功能的基因主要包括三类：来源于苏云金芽孢杆菌的杀虫蛋白基因(*Bt*)、从植物中分离的昆虫蛋白酶抑制剂基因(*PI*)和植物凝集素基因(*Lectin*)。当前，大规模生产应用的国产转基因抗虫棉主要为单价抗虫棉和双价抗虫棉，其遗传转化的抗虫基因为 Bt 杀虫基因*GFMCry1A* 和豇豆胰蛋白酶抑制剂基因 *Cpti*。

B. 抗旱耐盐碱转基因棉花

中国水资源短缺，土壤盐渍化和频繁的极端天气严重影响作物的生产，此外，在有限耕地的前提条件下，粮棉争地的矛盾日益凸显，通过研究抗逆基因提高棉花的抗逆能力，将有效地提高土地利用率，拓展可利用土地资源。近年来，中国在抗旱耐盐碱基因的研究方面取得了一些重要进展。

a. 抗旱转基因棉花

水资源的日益缺乏，全球温室效应的不断加剧，给棉花生产带来了极大挑战，因此，抗旱基因的相关研究对于提高棉花产量及加强盐碱地和干旱地的开发利用具有极其重要的意义(宋晓慧等，2008)。吕素莲(2007)将将来自大肠杆菌的编码胆碱脱氢酶(CDH)基因*betA* 导入棉花，发现该基因能够显著提高转基因棉花的抗旱和耐盐性，通过棉花苗期和蕾期的渗透(干旱)及盐胁迫试验发现来自于盐芥的 *TsVP* 可以提高转基因棉花的抗渗透(干旱)和耐盐能力，该工作一方面为培育抗旱、耐盐棉花新品种创造了优异材料，为中国棉花生产和大面积的盐碱地开发利用做出了力所能及的贡献；另一方面为深入了解棉花抗旱、耐盐的分子机制提供了重要资料，开辟了新的途径。

b. 耐盐碱转基因棉花

棉花是公认的耐盐、抗旱作物，克隆优良耐盐碱基因，导入棉花选育耐盐棉花品种，提高棉花对盐渍环境的适应能力，利用围垦改造的滩涂地，种植转基因耐盐碱棉花，是减轻土壤盐渍化危害及开发利用沿海滩涂等盐渍化土地资源的重要途径之一，是缓解粮棉争地矛盾的重要策略。张慧军等(2007)将克隆自榆钱菠菜(*Atriplex hortensis*)的 *AhCMO* 导入'泗棉 3 号'棉花，盐胁迫试验结果表明，转 *AhCMO* 的棉花耐盐性显著优于对照组棉株，说明 *AhCMO* 提高了转基因棉花对盐胁迫的耐受性。

C. 抗除草剂转基因棉花

草害是影响棉花生产的主要因素之一，棉田杂草种类严重影响棉花的生长。除草剂和抗除草剂棉花的协同使用是棉田杂草防除的重要对策。目前，抗除草剂主要有两种策略：一是引入降解除草剂的酶或酶系统，在除草剂发生作用前将其分解。二是修饰除草剂作用的靶蛋白，使其对除草剂不敏感或促使其过量表达以使作物吸收除草剂后仍能正常代谢。中国科学家针对这两种策略均做了大量研究。

a. 抗草甘膦

草甘膦(glyphosate)是世界上使用最广泛的一种非选择性内吸传导有机膦类除草剂。其机理是竞争性抑制植株中 5-烯醇丙酮莽草酸-3-磷酸合成酶(EPSPS)的活性，阻断芳香族氨基酸的合成，造成芳香族氨基酸缺乏，导致植株死亡。国内对抗草甘膦的基因进行了大量研究，取得了很多可喜的进展。

b. 抗其他除草剂

除草剂 2,4-D 类似植物生长素，前人从土壤细菌 *Alcaligenes eutrophus* 分离到 *tfda*，该基因编码的 2,4-D 单氧化酶能将 2,4-D 降解为 2,4-二氧苯酚，其降解产物对植物的毒性比 2,4-D 弱很多，山西省农业科学院棉花研究所陈志贤等与澳大利亚联邦科学与工业研究组织(CSIRO)及中国农业科学院生物技术研究中心合作，将 *tfda* 导入'晋棉 7 号''冀合 321'等棉花品种，对其后代进行田间抗药性鉴定表明转基因系对 2,4-D 的耐受性超过了大田使用浓度。中国农业科学院棉花研究所与中国科学院上海生命科学研究院植物生理生态研究所合作，将抗除草剂草丁膦的 *bar* 基因导入棉花主栽品种，取得了阶段性成果。

D. 抗病转基因棉花

棉花病害是影响棉花生产的主要因素之一，目前困扰中国棉花产业的主要病害是黄萎病，棉花黄萎病是黄萎病菌经土壤传播、侵染到棉花植株最终引发维管束疾病的一种真菌性病害，具有危害严重、分布范围大、寄主种类多及存活时间长等特点，可造成棉花大量减产甚至绝收，被形象地称为棉花的"癌症"。针对以黄萎病为代表的主要病害，采用传统的防治手段，如通过传统育种的方法培育抗病品种、农药防治等方法收效甚微，而且存在培育周期长、严重污染环境等问题，因此，近年来中国研究人员从生物技术的角度，对抗棉花黄萎病基因开展了大量的研究，并取得了重要进展。

E. 纤维品质改良转基因棉花

棉纤维是棉花产量形成的主要部分，其品质决定经济价值。在生产实践中，高产棉花不优质、优质棉花不高产是限制棉花种植业发展的主要因素之一。随着纺织工业的不断发展，对棉花纤维品质不断提出新的要求，传统的遗传育种技术已经不能解决生产实践中关于棉花产量和品质之间存在的矛盾。利用基因工程技术将棉花纤维发育相关基因导入棉花，提高棉花纤维产量和品质，成为当前棉花增产和品质改良的主要途径。同时，随着高通量基因克隆和表达分析技术的不断发展，大量与棉花纤维产量和品质相关基因及表达调控元件得到了验证，并初步应用于棉花。

F. 其他转基因棉花品种

目前，生产应用的高产、优质棉花品种均具有早衰的特征，限制了高产、优质棉花品种的推广应用。利用基因工程技术延缓棉花生长发育过程中的早衰现象，对具有早衰特性的棉花高产品种的培育和推广应用具有重要意义。李静等(2002)克隆获得了异戊烯基转移酶基因 ipt，该基因编码的蛋白质是细胞分裂素生物合成途径中的关键酶。将该基因导入早衰型陆地棉品种'中棉所 10 号'中，通过对转基因棉花进行叶绿素和细胞分裂素含量的测定及形态观察，发现转基因棉花的早衰性状得到延迟(郭三堆等，2015)。

(2)番木瓜(抗病毒番木瓜)

A. 受体材料

番木瓜可以从原生质体、子叶、叶柄、下胚轴、根、花药和胚珠等再生成植株，用这些外植体的培养物作转化材料，转化成功率低，很少获得转基因的植株。但来源于番木瓜的体胚发生组织，如未成熟胚或成熟胚等比其他组织具有更高的再生潜能，且再生成植株的时间短。因此，番木瓜的转化材料用得最多的是胚性组织，如合子胚、体胚、胚性愈伤组织等。但胚的诱导效率随不同试验、番木瓜品种、所用外植体的龄期和番木瓜基因型的不同而不同。

B. 外源基因选择(外壳蛋白基因、复制酶基因、运动蛋白基因、核酶)

在植物抗病毒基因工程中，抗病基因多数是来自病毒本身的基因，如病毒的外壳蛋白基因(coat protein gene, CP)、复制酶基因、运动蛋白基因、核酶基因等。用得最多的是 CP 基因，番木瓜环斑型花叶病毒基因(PRSV)也不例外。有学者用 PRSV-CP 基因的编码区和非编码区进行转化。饶雪琴和李华平(2004)用 PRSV 的 CP 基因和复制酶基因构建于同一个载体上进行番木瓜的转化。

对植物病毒来说，病原体诱导的抗性(pathogen-derived resistance, PDR)是指在病毒侵染植物的循环中，病毒基因产物在不适宜的时间，以不适宜的数量和方式表达出来，从而干扰病毒的侵染能力。用这些基因所获得的转基因番木瓜植株在抗病毒方面各有优缺点。或是抗性范围广泛但效率不高，或是抗性专一高效但抗性范围狭窄。

a. 外壳蛋白基因(coat protein gene, CP)

自从 1986 年首例转 TMV 外壳蛋白基因(CP)获得抗病性植株报道以来已经有 10 多属 30 余种病毒进行了转 CP 试验。番木瓜也是其中之一。1990 年首例转 PRSV 外壳蛋白基因(coat protein gene, CP)番木瓜终于问世。夏威夷大学一位研究者于 1992 年将 PRSV 一种温和突变体的外壳蛋白基因转入番木瓜，获得抗 PRSV 的转基因植株'SunUp'，并由'SunUp'培育出其 F_1 杂交品种'Rainbow'。这两种抗 PRSV 的转基因番木瓜品种有效地维持了夏威夷的番木瓜产量。周鹏和郑学勤也于 1993 年利用农杆菌共培养法获得转 *PRSVCP* 基因植株。

b. 复制酶基因(replicase gene, *RP*)

继外壳蛋白基因策略的转基因植株能够表达不同程度的抗性后,科学家们开始寻找病毒的其他基因用于抗病毒研究。利用病毒的复制酶基因构建人工抗性基因,转化获得抗病毒转基因植物,是抗病毒植物基因工程的又一重要进展。1990 年 Golemboski 等将 TMV 含有复制酶核心功能团 GDD 的蛋白基因转化烟草,获得了对 TMV 具有高度抗性的转基因烟草,这是首例复制酶介导的抗性。

c. 运动蛋白基因(movement protein gene, *MP*)

研究表明,不同的病毒在细胞间的运动是相似的,这使得运动蛋白介导的抗性成为转基因抗性的一个重要研究目标。在病毒侵染周期中,由病毒基因组正常表达产生细胞间移动蛋白,并促进新合成的病毒颗粒向健康细胞中散布。因此,能表达突变型细胞间移动蛋白的转基因植株可能会扰乱细胞间病毒的传播,这种干扰作用可在胞间连丝水平或病毒 RNA 水平上发生,并具有广谱效应,因而成为研究植物转基因抗性的一个诱人目标。

d. 核酶(ribozyme)

核酶是一类有催化功能的 RNA 分子,可以按顺序专一切割 RNA,依据已知病毒组特定区域的序列设计核酶使它能特异地识别切割病毒基因组,从而破坏病毒的生物功能。Yang 等(1997)成功地利用核酶策略获得了抗马铃薯纺锤块茎类病毒的植株,赵志英等(1998)也利用核酶策略成功获得了转基因番木瓜植株。

(二)我国转基因作物应用概况

目前,我国只有转基因棉花与番木瓜得到了商业化种植,转基因玉米、大豆、油菜等作物仅是通过进口的方式得到应用,并多作加工原料。表 1-2～表 1-5 呈现的便是我国近些年转基因作物的进口情况。

表 1-2　2012 年进口用作加工原料的农业转基因生物审批情况

转基因生物	单位	用途	有效期
抗除草剂大豆'GTS40-3-2'	孟山都远东有限公司	加工原料	2012 年 12 月 20 日～2015 年 12 月 20 日
抗除草剂棉花'MON88913'	孟山都远东有限公司	加工原料	2012 年 12 月 20 日～2017 年 12 月 20 日
抗虫玉米'MON810'	孟山都远东有限公司	加工原料	2012 年 12 月 20 日～2015 年 12 月 20 日
抗虫玉米'MON863'	孟山都远东有限公司	加工原料	2012 年 12 月 20 日～2015 年 12 月 20 日
抗除草剂油菜'GT73'	孟山都远东有限公司	加工原料	2012 年 12 月 20 日～2015 年 12 月 20 日
抗虫玉米'TC1507'	先锋国际良种公司 陶氏益农(中国)有限公司	加工原料	2012 年 12 月 20 日～2015 年 12 月 20 日
抗虫玉米'59122'	先锋国际良种公司 陶氏益农(中国)有限公司	加工原料	2012 年 12 月 20 日～2015 年 12 月 20 日
抗除草剂油菜'Topas19/2'	拜耳作物科学公司	加工原料	2012 年 12 月 20 日～2015 年 12 月 20 日

续表

转基因生物	单位	用途	有效期
抗除草剂油菜'Ms1Rf1'	拜耳作物科学公司	加工原料	2012 年 12 月 20 日~2015 年 12 月 20 日
抗除草剂油菜'Ms1Rf2'	拜耳作物科学公司	加工原料	2012 年 12 月 20 日~2015 年 12 月 20 日
抗虫玉米'Bt11'	先正达农作物保护股份公司	加工原料	2012 年 12 月 20 日~2015 年 12 月 20 日
抗虫玉米'Bt176'	先正达农作物保护股份公司	加工原料	2012 年 12 月 20 日~2015 年 12 月 20 日
抗除草剂棉花'1445'	孟山都远东有限公司	加工原料	2013 年 8 月 28 日~2018 年 8 月 28 日
抗虫棉花'531'	孟山都远东有限公司	加工原料	2013 年 8 月 28 日~2018 年 8 月 28 日
耐旱玉米'MON87460'	孟山都远东有限公司	加工原料	2013 年 5 月 21 日~2016 年 5 月 21 日
品质改良玉米'3272'	先正达农作物保护股份公司	加工原料	2013 年 5 月 21 日~2016 年 5 月 21 日
抗除草剂大豆'CV127'	巴斯夫农化有限公司	加工原料	2013 年 6 月 6 日~2016 年 6 月 6 日
抗虫大豆'MON87701'	孟山都远东有限公司	加工原料	2013 年 6 月 6 日~2016 年 6 月 6 日
抗虫耐除草剂大豆'MON87701×MON89788'	孟山都远东有限公司	加工原料	2013 年 6 月 6 日~2016 年 6 月 6 日

表 1-3　2013 年进口用作加工原料的农业转基因生物审批情况

转基因生物	单位	用途	有效期
抗除草剂大豆'A2704-12'	拜耳作物科学公司	加工原料	2013 年 12 月 31 日~2016 年 12 月 31 日
抗虫耐除草剂玉米'MON88017'	孟山都远东有限公司	加工原料	2013 年 12 月 31 日~2016 年 12 月 31 日
抗虫玉米'MON89034'	孟山都远东有限公司	加工原料	2013 年 12 月 31 日~2016 年 12 月 31 日
抗除草剂玉米'NK603'	孟山都远东有限公司	加工原料	2013 年 12 月 31 日~2016 年 12 月 31 日
抗虫耐除草剂棉花'GHB119'	拜耳作物科学公司	加工原料	2014 年 4 月 10 日~2019 年 4 月 10 日
抗虫耐除草剂棉花'T304-40'	拜耳作物科学公司	加工原料	2014 年 4 月 10 日~2019 年 4 月 10 日
抗除草剂大豆'MON89788'	孟山都远东有限公司	加工原料	2014 年 8 月 29 日~2017 年 8 月 29 日
品质改良大豆'305423'	先锋国际良种公司	加工原料	2014 年 11 月 3 日~2017 年 11 月 3 日
抗除草剂玉米'GA21'	先正达农作物保护股份公司	加工原料	2014 年 8 月 28 日~2017 年 8 月 28 日
抗虫玉米'MIR604'	先正达农作物保护股份公司	加工原料	2014 年 8 月 28 日~2017 年 8 月 28 日

表 1-4　2014 年进口用作加工原料的农业转基因生物审批情况

转基因生物	单位	用途	有效期
抗除草剂甜菜'H7-1'	孟山都远东有限公司 德国卡韦埃斯种子股份有限公司	加工原料	2015 年 5 月 8 日~2018 年 5 月 8 日
抗虫玉米'MIR162'	先正达农作物保护股份公司	加工原料	2014 年 12 月 11 日~2017 年 12 月 11 日
抗虫玉米'MON810'	孟山都远东有限公司	加工原料	2015 年 12 月 20 日~2018 年 12 月 20 日
抗除草剂大豆'GTS40-3-2'	孟山都远东有限公司	加工原料	2015 年 12 月 20 日~2018 年 12 月 20 日
抗除草剂油菜'GT73'	孟山都远东有限公司	加工原料	2015 年 12 月 20 日~2018 年 12 月 20 日
抗除草剂玉米'T25'	拜耳作物科学公司	加工原料	2015 年 5 月 8 日~2018 年 5 月 8 日
抗除草剂棉花'GHB614'	拜耳作物科学公司	加工原料	2015 年 12 月 30 日~2020 年 12 月 30 日

续表

转基因生物	单位	用途	有效期
抗除草剂油菜'Ms8Rf3'	拜耳作物科学公司	加工原料	2015年5月8日～2018年5月8日
抗除草剂油菜'Ms1Rf1'	拜耳作物科学公司	加工原料	2015年12月20日～2018年12月20日
抗除草剂油菜'Ms1Rf2'	拜耳作物科学公司	加工原料	2015年12月20日～2018年12月20日
抗除草剂油菜'Topas19/2'	拜耳作物科学公司	加工原料	2015年12月20日～2018年12月20日
抗除草剂油菜'Oxy-235'	拜耳作物科学公司	加工原料	2015年5月8日～2018年5月8日
抗除草剂油菜'T45'	拜耳作物科学公司	加工原料	2015年5月8日～2018年5月8日
抗虫玉米'Bt176'	先正达农作物保护股份公司	加工原料	2015年12月20日～2018年12月20日
抗虫玉米'Bt11'	先正达农作物保护股份公司	加工原料	2015年12月20日～2018年12月20日
抗虫耐除草剂玉米'Bt11×GA21'	先正达农作物保护股份公司	加工原料	2014年12月11日～2017年12月11日
抗虫玉米'TC1507'	先锋国际良种公司 陶氏益农公司	加工原料	2015年12月20日～2018年12月20日
抗虫玉米'59122'	先锋国际良种公司 陶氏益农公司	加工原料	2015年12月20日～2018年12月20日
抗除草剂大豆'A5547-127'	拜耳作物科学公司	加工原料	2014年12月11日～2017年12月11日
品质改良抗除草剂大豆'305423×GTS40-3-2'	先锋国际良种公司	加工原料	2014年12月11日～2017年12月11日

表1-5　2015年进口用作加工原料的农业转基因生物审批情况

转基因生物	单位	用途	有效期
品质改良玉米'3272'	先正达农作物保护股份公司	加工原料	2015年12月31日～2018年12月31日
抗虫玉米'MIR604'	先正达农作物保护股份公司	加工原料	2015年12月31日～2018年12月31日
耐旱玉米'MON87460'	孟山都远东有限公司	加工原料	2015年12月31日～2018年12月31日
抗虫大豆'MON87701'	孟山都远东有限公司	加工原料	2015年12月31日～2018年12月31日
抗虫耐除草剂大豆'MON87701×MON89788'	孟山都远东有限公司	加工原料	2015年12月31日～2018年12月31日
抗虫棉花'15985'	孟山都远东有限公司	加工原料	2015年12月31日～2020年12月31日
抗除草剂大豆'CV127'	巴斯夫农化有限公司	加工原料	2015年12月31日～2018年12月31日
抗除草剂大豆'A2704-12'	拜耳作物科学公司	加工原料	2015年12月31日～2018年12月31日
抗除草剂棉花'LLCotton25'	拜耳作物科学公司	加工原料	2015年12月31日～2020年12月31日
抗虫耐除草剂玉米'MON88017'	孟山都远东有限公司	加工原料	2015年12月31日～2018年12月31日
抗虫玉米'MON89034'	孟山都远东有限公司	加工原料	2015年12月31日～2018年12月31日
抗除草剂玉米'NK603'	孟山都远东有限公司	加工原料	2015年12月31日～2018年12月31日
品质改良性状大豆'MON87769'	孟山都远东有限公司	加工原料	2015年12月31日～2018年12月31日
耐除草剂大豆'MON87708'	孟山都远东有限公司	加工原料	2015年12月31日～2018年12月31日
抗除草剂玉米'GA21'	先正达农作物保护股份公司	加工原料	2015年12月31日～2018年12月31日
抗虫棉花'COT102'	先正达农作物保护股份公司	加工原料	2015年12月31日～2020年12月31日

二、世界其他国家转基因作物育种与应用概况

(一)转基因作物育种概况

基因主要是通过指导蛋白质的合成来表达自己所携带的遗传信息,从而控制生物个体的性状表现。目前,世界其他国家积极进行基因挖掘并开发出表达耐除草剂、抗虫、抗病毒等单一或复合性状的转基因作物。如表 1-6 呈现的便是当下各国挖掘的所有价值基因、基因出处及基因最终表达的性状。

表 1-6　世界转基因作物基因及功能

基因	基因源	产品	功能
性状: 对 2,4-D 除草剂产生耐受性			
aad-1	Sphingobium herbicidovorans (鞘氨醇单胞菌)	芳氧基链烷酸酯双加氧酶(AAD-1)	降解 2,4-D 的侧链和芳氧基苯氧基丙酸酯类除草剂的右旋异构体
aad-12	Delftia acidovorans (食酸丛毛单胞菌)	芳氧基链烷酸酯双加氧酶(AAD-12)	催化降解 2,4-D 的侧链
性状: 改变木质素产量			
ccomt (inverted repeat)	Medicago sativa (alfalfa) (紫花苜蓿)	通过 RNA 干扰(RNAi)途径抑制内源性 S-腺苷-1-甲硫氨酸;通过 RNA 干扰(RNAi)途径,抑制咖啡酰辅酶 A-3-O-甲基转移酶(CCOMT 基因) RNA 转录水平	降低愈创木基木质素(G)的含量
EgCAld5H	Eucalyptus grandis (巨桉)	松柏醛-5-羟基降解酶	调节紫丁香基木质素单体合成途径
性状: 抗过敏			
7crp	synthetic form of tolerogenic protein from Cryptomeria japonica 以日本柳杉为原料合成的耐受性蛋白	产生含有 7 个主要的人类 T 细胞表位的修饰的 cry j1 和 cry j2 花粉抗原	诱发对雪松花粉过敏源的黏膜免疫耐受性
性状: 抗生素耐药性			
aad	Escherichia coli (大肠杆菌)	氨基糖苷类腺苷酰转移酶	允许选择抗氨基糖苷类抗生素,如大观霉素和链霉素
aph4 (hpt)	Escherichia coli (大肠杆菌)	潮霉素 B 磷酸转移酶(hph)	允许选择对抗生素潮霉素 B 的抗性
bla	Escherichia coli (大肠杆菌)	β-内酰胺酶	分解 β-内酰胺类抗生素,如氨苄青霉
hph	Streptomyces sp. (链霉菌属的一种)	潮霉素转磷酸酶	允许选择对抗生素潮霉素 B 的抗性
nptII	Escherichia coli Tn5 transposon (大肠杆菌 Tn5)	新霉素磷酸转移酶 II	使转化的植物在选择期间代谢新霉素和卡那霉素
Spc	Escherichia coli (大肠杆菌)	大观霉素腺苷转移酶(不在植物组织中表达)	赋予对大观霉素/链霉素抗生素的抗性

基因	基因源	产品	功能
性状：抗鞘翅目虫			
cry34Ab1	Bacillus thuringiensis strain PS149B1 （苏云金芽孢杆菌菌株 PS149B1）	Cry34Ab1δ-内毒素	通过选择性地破坏鞘翅目昆虫尤其是玉米根虫肠衬里而抗虫
cry35Ab1	Bacillus thuringiensis strain PS149B1 （苏云金芽孢杆菌菌株 PS149B1）	Cry35Ab1δ-内毒素	通过选择性地破坏鞘翅目昆虫尤其是玉米根虫肠衬里而抗虫
cry3A	Bacillus thuringiensis subsp. tenebrionis （苏云金芽孢杆菌拟步行甲亚种）	cry3Aδ-内毒素	通过选择性地破坏鞘翅目昆虫肠衬里而抗虫
cry3Bb1	Bacillus thuringiensis subsp. kumamotoensis （苏云金芽孢杆菌熊本亚种）	Cry3Bb1δ-内毒素	通过选择性地破坏鞘翅目昆虫尤其是玉米根虫肠衬里而抗虫
dvsnf7	western corn rootworm （西部玉米根虫）	含有 WCR Snf7 基因的 240bp 片段的双链 RNA 转录物	RNAi 干扰导致靶向 Snf7 基因功能的下调，导致西方玉米根虫死亡
mcry3A	synthetic form of cry3A gene from Bacillus thuringiensis subsp. tenebrionis （来自苏云金芽孢杆菌拟步行甲亚种的 cry3A 基因的合成形式）	改良 Cry3Aδ-内毒素	通过选择性地破坏其中肠内壁，增强对鞘翅目昆虫特别是玉米根虫害虫的抗性
性状：延缓果软化			
pg（sense or antisense）	Lycopersicon esculentum （番茄）	不产生功能性聚半乳糖醛酸酶（内源性酶的转录被基因沉默机制抑制）	抑制能够分解细胞壁中的果胶分子的聚半乳糖醛酸酶的产生，从而导致果实软化延迟
性状：延迟成熟/衰老			
acc（truncated）	Lycopersicon esculentum （番茄）	1-氨基环丙烷-1-甲酸合酶基因的修饰转录	抑制天然 ACC 合酶基因的正常表达，导致乙烯产量降低和果实成熟延迟
acc（truncated）	Dianthus caryophyllus （康乃馨）	1-氨基环丙烷-1-甲酸合酶基因的修饰转录	通过基因沉默机制导致内源乙烯合成减少，从而延缓衰老和延长花的寿命
accd	Pseudomonas chlororaphis （绿针假单胞菌）	1-氨基环丙烷-1-羧酸脱氨酶	代谢果实成熟激素乙烯的前体，导致果实成熟延迟
Anti-efe	Lycopersicon esculentum （番茄）	1-氨基环丙烷-1-羧酸氧化酶（ACO）基因反义 RNA（不产生功能性 ACO 酶）	通过沉默编码乙烯形成酶的 ACO 基因来抑制乙烯的产生，从而导致延迟成熟
sam-k	Escherichia coli bacteriophage T3 （大肠杆菌噬菌体 T3）	S-腺苷甲硫氨酸水解酶	通过减少乙烯生产底物 S-腺苷甲硫氨酸（Sam）导致延迟成熟
性状：麦草畏除草剂耐受性			
Dmo	Stenotrophomonas maltophilia strain DI-6 （嗜麦芽窄食单胞菌 DI-6 菌株）	麦草畏单加氧酶	以麦草畏为底物进行酶促反应，赋予除草剂麦草畏（2-甲氧基-3,6-二氯苯甲酸）耐受性

基因	基因源	产品	功能
性状：干旱胁迫耐受性			
cspB	*Bacillus subtilis*（枯草芽孢杆菌）	冷休克蛋白 B	通过保持 RNA 的稳定性和翻译，在水胁迫条件下维持正常的细胞功能
EcBetA	*Escherichia coli*（大肠杆菌）	胆碱脱氢酶	催化渗透保护剂化合物甘氨酸甜菜碱的产生，使其对水胁迫具有耐受性
Hahb-4	*Helianthus annuus*（向日葵）	编码转录因子 Hahb-4 的分离核酸分子	转录因子 Hahb-4 与植物脱水转录调节区结合
RmBetA	*Rhizobium meliloti*（根瘤菌）	胆碱脱氢酶	催化渗透保护剂化合物甘氨酸甜菜碱的产生，使其对水胁迫具有耐受性
性状：增强光合作用/产量			
bbx32	*Arabidopsis thaliana*（拟南芥）	与一个或多个内源性转录因子相互作用以调节植物昼夜生理过程的蛋白质	调节植物的昼夜生物学，促进生长发育
性状：增强维生素 A 含量			
crtI	*Pantoea ananatis*（菠萝泛菌）	植物烯去饱和酶 CRTI	催化 15-顺式八氢番茄红素转化为全反式番茄红素
psy1	*Zea mays*（玉米）	植物烯合酶 ZMPSY1	将香叶基香叶基二磷酸转化为植物烯，并在类胡萝卜素生物合成途径中作用于 CRTI 上游
性状：育性恢复			
barstar	*Bacillus amyloliquefaciens*（解淀粉样芽孢杆菌）	谷胱甘肽核糖核酸酶抑制剂	抑制谷胱甘肽酶对花药绒毡层细胞的抑制作用，恢复生育能力
ms45	*Zea mays*（玉米）	ms45 蛋白质	通过恢复产生花粉的小孢子细胞壁的发育来恢复生育能力
性状：叶面晚疫病抗性			
Rpi-vnt1	*Solanum venturii*（茄属的一种）	耐晚期枯萎病蛋白	对马铃薯晚疫病有抵抗力
性状：谷胱甘肽除草剂耐受性			
bar	*Streptomyces hygroscopicus*（吸湿链霉菌）	磷酸氯菊酯 N-乙酰基转移酶（PAT）	乙酰化消除了谷胱甘肽（磷酸氯菊酯）除草剂的除草活性
pat	*Streptomyces viridochromogenes*（绿色链霉菌）	磷酸氯菊酯 N-乙酰基转移酶（PAT）	乙酰化消除了谷胱甘肽（磷酸氯菊酯）除草剂的除草活性
pat（syn）	synthetic form of pat gene derived from *Streptomyces viridochromogenes* strain Tu 494（绿色链霉菌 Tu 494 株 PAT 基因的合成）	磷酸氯菊酯 N-乙酰基转移酶（PAT）	乙酰化消除了谷胱甘肽（磷酸氯菊酯）除草剂的除草活性

续表

基因	基因源	产品	功能
性状：草甘膦除草剂耐受性			
2mepsps	*Zea mays* （玉米）	5-烯醇式丙酮酸莽草酸-3-磷酸合酶 （双突变型）	降低对草甘膦的结合亲和力， 从而提高对草甘膦除草剂的 耐受性
cp4 epsps (*aroA:* *CP4*)	*Agrobacterium tumefaciens* strain CP4 （根癌土壤杆菌菌株 CP4）	5-烯醇式丙酮酸盐-3-磷酸合成酶 （EPSPS）的抗除草剂形式	降低对草甘膦的结合亲和力， 从而增强对草甘膦除草剂的 耐受性
epsps (*Ag*)	*Arthrobacter globiformis* （球形节杆菌）	5-烯醇式丙酮酸莽草酸-3-磷酸合酶	赋予对草甘膦除草剂的 耐受性
epsps grg23ace5	synthetic gene; similar to *epsps* *grg23* gene from soil bacterium *Arthrobacter globiformis* （合成基因；类似于球形节杆菌的 *epsps grg23* 基因）	改良的 5-烯醇式丙酮酸盐-3-磷酸 合酶（EPSPS）蛋白或 EPSPS-ACE5 蛋白	赋予对草甘膦除草剂的 耐受性
gat4601	*Bacillus licheniformis* （地衣芽孢杆菌）	草甘膦 *N*-乙酰转移酶	催化草甘膦失活，赋予草甘膦 除草剂耐受性
gat4621	*Bacillus licheniformis* （地衣芽孢杆菌）	草甘膦 *N*-乙酰转移酶	催化草甘膦失活，赋予草甘膦 除草剂耐受性
goxv247	*Ochrobactrum anthropi* strain LBAA （人苍白杆菌应变 LBAA）	草甘膦氧化酶	通过将草甘膦降解成氨基甲基 膦酸（AMPA）和乙醛酸盐来赋 予对草甘膦除草剂的耐受性
mepsps	*Zea mays* （玉米）	修饰的 5-烯醇丙酮莽草酸-3-磷酸 合成酶（EPSPS）	赋予对草甘膦除草剂的 耐受性
性状：生物量增加			
athb17	*Arabidopsis thaliana* （拟南芥）	同源域-亮氨酸拉链（HD-Zip）转录 因子的 II 类家族的蛋白质	调控植物生长发育和 基因表达
性状：除草剂耐受性			
hppdPF W336	*Pseudomonas fluorescens* strain A32 （荧光假单胞菌菌株 A32）	修饰的对羟基苯丙酮酸 双加氧酶（hppd）	通过降低除草剂生物活性成 分的特异性，赋予对 HPPD 抑 制性除草剂（如异噁唑草酮） 的耐受性
性状：鳞翅目抗虫性			
cry1A	*Bacillus thuringiensis* （苏云金芽孢杆菌）	Cry1A δ-内毒素	通过选择性地破坏鳞翅目昆 虫的中肠内壁来增强对鳞翅 目昆虫的抵抗力
cry1A. 105	*Bacillus thuringiensis* subsp. *kumamotoensis* （苏云金芽孢杆菌熊本亚种）	Cry1A.105 蛋白，其包含 Cry1Ab、 Cry1F 和 Cry1Ac 蛋白	通过选择性地破坏鳞翅目昆 虫的中肠内壁来增强对鳞翅 目昆虫的抵抗力
cry1Ab	*Bacillus thuringiensis* subsp. *kurstaki* （苏云金芽孢杆菌库斯塔克亚种）	Cry1Ab δ-内毒素	通过选择性地破坏鳞翅目昆 虫的中肠内壁来增强对鳞翅 目昆虫的抵抗力
cry1Ab (*truncated*)	synthetic form of Cry1Ab from *Bacillus thuringiensis* subsp. *kumamotoensis* （苏云金芽孢杆菌熊本亚种 Cry1Ab 的合成形式）	Cry1Ab δ-内毒素	通过选择性地破坏鳞翅目昆 虫的中肠内壁来增强对鳞翅 目昆虫的抵抗力

续表

基因	基因源	产品	功能
cry1Ab-Ac	synthetic fusion gene derived from *Bacillus thuringiensis* (苏云金芽孢杆菌合成融合基因)	Cry1Ab AC δ-内毒素(融合蛋白)	通过选择性地破坏鳞翅目昆虫的中肠内壁来增强鳞翅目昆虫的抵抗力
cry1Ac	*Bacillus thuringiensis* subsp. *kurstaki* strain HD73 (苏云金芽孢杆菌库斯塔克亚种菌株 HD73)	Cry1Acb δ-内毒素	通过选择性地破坏鳞翅目昆虫的中肠内壁来增强对鳞翅目昆虫的抵抗力
cry1C	synthetic gene derived from *Bacillus thuringiensis* (苏云金芽孢杆菌合成基因)	Cry1C δ-内毒素	赋予对鳞翅目昆虫,特别是斜纹夜蛾的抵抗力
cry1F	*Bacillus thuringiensis* var. *aizawai* (苏云金芽孢杆菌鲇泽变种)	Cry1F δ-内毒素	通过选择性地破坏鳞翅目昆虫的中肠内壁来增强对鳞翅目昆虫的抵抗力
cry1Fa2	synthetic form of cry1F gene derived from *Bacillus thuringiensis* var. *aizawai* (苏云金芽孢杆菌鲇泽变种的 cry1F 基因的合成形式)	修饰 Cry1F 蛋白	通过选择性地破坏鳞翅目昆虫的中肠内壁来增强对鳞翅目昆虫的抵抗力
cry2Ab2	*Bacillus thuringiensis* subsp. *kumamotoensis* (苏云金芽孢杆菌熊本亚种)	Cry2Ab δ-内毒素	通过选择性地破坏鳞翅目昆虫的中肠内壁来增强对鳞翅目昆虫的抵抗力
cry2Ae	*Bacillus thuringiensis* subsp. Dakota (苏云金芽孢杆菌达科他亚种)	Cry2Ae δ-内毒素	通过选择性地破坏鳞翅目昆虫的中肠内壁来增强对鳞翅目昆虫的抵抗力
cry9C	*Bacillus thuringiensis* subsp. *tolworthi* strain BTS02618A (苏云金芽孢杆菌托勒沃提亚种菌株 BTS02618A)	Cry9C δ-内毒素	通过选择性地破坏鳞翅目昆虫的中肠内壁来增强对鳞翅目昆虫的抵抗力
mocry1F	synthetic form of cry1F gene from *Bacillus thuringiensis* var. *aizawai* (苏云金芽孢杆菌鲇泽变种的 cry1F 基因的合成形式)	修饰 Cry1F 蛋白	通过选择性地破坏鳞翅目昆虫的中肠内壁来增强对鳞翅目昆虫的抵抗力
pinII	*Solanum tuberosum* (马铃薯)	蛋白酶抑制剂蛋白	通过降低叶片的消化率和营养质量来增强对昆虫捕食者的防御
vip3A (a)	*Bacillus thuringiensis* strain AB88 (苏云金芽孢杆菌菌株 AB88)	VIP3A 营养杀虫蛋白	通过选择性地破坏鳞翅目昆虫的中肠内壁来增强对鳞翅目昆虫的抵抗力
vip3Aa20	*Bacillus thuringiensis* strain AB88 (苏云金芽孢杆菌菌株 AB88)	营养性杀虫蛋白(vip3Aa 变体)	通过选择性地破坏其中肠,赋予对鳞翅目昆虫引起的摄食损害的抵抗力

性状: 降低游离天冬酰胺

基因	基因源	产品	功能
asn1	*Solanum tuberosum* (马铃薯)	双链 RNA	设计用于生成 dsRNA 以下调 Asn1 转录物,从而降低天冬酰胺的形成

续表

基因	基因源	产品	功能
性状：降低还原糖			
PhL	*Solanum tuberosum* （马铃薯）	双链 RNA	设计用于生成 dsRNA 以下调 PhL 转录物，从而降低还原糖的含量
R1	*Solanum tuberosum* （马铃薯）	双链 RNA	设计用于生成 dsRNA 以下调 R1 转录物，从而降低还原糖
Vlnv	*Solanum tuberosum* （马铃薯）	双链 RNA	设计用于生成降低 VInv 转录本，从而降低还原糖
性状：雄性不育			
barnase	*Bacillus amyloliquefaciens* （解淀粉样芽孢杆菌）	谷胱甘肽核糖核酸酶	通过干扰花药绒毡层细胞中 RNA 的产生导致雄性不育
Dam	*Escherichia coli* （大肠杆菌）	DNA 腺嘌呤甲基酶	通过干扰有功能的花药和花粉的产生而使雄性不育
zm-aa1	*Zea mays* （玉米）	α-淀粉酶	水解淀粉使花粉在未成熟花粉中表达时不育
性状：甘露糖代谢			
Pmi	*Escherichia coli* （大肠杆菌）	磷酸甘露糖异构酶（PMI）	代谢甘露糖，并允许积极选择恢复转化后的植物
性状：甲二胺除草剂耐受性			
avhppd-03	Oat (*Avena sativa*)（燕麦）	对羟基苯丙酮酸双加氧酶	对介素除草剂的耐受性
性状：改性 α-淀粉酶			
amy797E	synthetic gene derived from Thermococcales spp. （从热球菌中提取的合成基因）	热稳定性 α-淀粉酶	通过提高淀粉酶降解中使用的淀粉酶的热稳定性来提高生物乙醇的生产
性状：改性氨基酸			
cordapA	*Corynebacterium glutamicum* （谷氨酸棒状杆菌）	二氨基葡萄糖合酶	增加赖氨酸的产量
性状：改良花色			
5AT	*Torenia* sp. （托雷尼亚）	花青素-5-乙酰基转移酶（5AT）	改变一种名为花翠素的花青素的产生
bp40 (*f3'5'h*)	*Viola wittrockiana* （三色堇）	类黄酮 3', 5'-羟化酶（F3'5'H）酶	催化了蓝色花青素及其衍生物的合成
cytb5	*Petunia* (*Petunia hybrida*) （矮牵牛花）	细胞色素 b5	Cyt b5 蛋白质作为 Cyt P450 酶的电子供体，是细胞插入 P450 酶黄酮 3', 5' 羟基酶在体内的充分活性和产生紫红色/蓝色花的颜色所必需的
dfr	*Petunia hybrida* （矮牵牛花）	二氢黄酮醇-4-还原酶（DFR）羟化酶	催化了蓝色花青素及其衍生物的合成
dfr-diaca	carnation (*Dianthus caryophyllus*) （康乃馨）	二氢黄酮醇-4-还原酶	在康乃馨的粉红色/红色花色素 3-*O*-(6-*O*-甲基葡糖苷)色素的生物合成途径中起作用

续表

基因	基因源	产品	功能
hfl (*f3'5'h*)	*Petunia hybrida*（矮牵牛花）	类黄酮 3′, 5′-羟化酶(F3'5'H) 酶	催化了蓝色花青素及其衍生物的合成
sfl (*f3'5'h*)	sage (*Salvia splendens*)（鼠尾草）	类黄酮 3′, 5′-羟化酶	参与一组称为花翠素的蓝色花青素的生物合成
性状：变性油/脂肪酸			
fad2-1A (*sense and antisense*)	*Glycine max*（甘氨酸）	不产生功能酶(RNA 干扰抑制了 δ-12 去饱和酶的产生)	将 18:1 油酸的饱和度降低到 18:1 亚油酸；增加单不饱和油酸水平，降低种子中饱和亚油酸的含量
fad2.2	*Carthamus tinctorius*（红花）	不产生功能酶(RNA 干扰抑制了 δ-12 去饱和酶的产生)	ad2.2 基因的下调
fatB	*Carthamus tinctorius*（红花）	不产生功能性酶(RNA 干扰抑制脂蛋白 B 酶或酰基载体蛋白硫酯酶的产生)	低调节脂肪 b 基因
fatb1-A (*sense and antisense segments*)	*Glycine max*（甘氨酸）	不产生任何功能酶(脂肪酸激酶或酰基载体蛋白硫酯酶的产生被 RNA 干扰抑制)	减少饱和脂肪酸从质体中的迁移，从而增加其脱盐至 18:1 油酸的可获得性；降低饱和脂肪酸的含量，并增加 18:1 油酸的水平
gm-fad2-1 (*partial sequence*)	*Glycine max*（甘氨酸）	无功能性酶产生(内源性 *FAD2-1* 基因编码 ω-6 去饱和酶的表达被部分 *GM-FAD2-1* 基因片段抑制)	阻止油酸、亚油酸的形成(通过使 *fad2-1* 基因沉默)，并允许油酸在种子中积累
gm-fad2-1 (*silencing locus*)	*Glycine max*（甘氨酸）	无功能酶产生(内源性 δ-12 去饱和酶的产生被基因沉默机制的 *GM-FAD2-1* 基因的额外拷贝抑制)	阻止油酸转化为亚油酸(通过沉默内源性 *fad2-1* 基因)，并允许单不饱和油酸在种子中积累
Lackl-delta12D	*Lachancea kluyveri*（克鲁弗酵母菌）	δ-12 去饱和酶	将油酸转化为亚油酸
Micpu-delta-6D	*Micromonas pusilla*（水母）	δ-6 去饱和酶	将亚麻酸转化为硬脂酸
Nc Fad3	*Neurospora crassa*（粗糙链孢霉）	δ-15 去饱和酶蛋白	脱盐某些内源性脂肪酸，导致硬脂酸(SDA)的产生，这是一种 ω-3 脂肪酸
Pavsa-delta-4D	*Pavlova salina*（盐生巴夫藻）	δ-4 去饱和酶	将十二碳丙酸转化为十二碳六烯酸
Pavsa-delta-5D	*Pavlova salina*（盐生巴夫藻）	δ-5 去饱和酶	将乙酸乙二烯酸转化为乙酸
Picpa-omega-3D	*Pichia pastoris*（毕赤酵母）	δ-15-/ω-3 去饱和酶	将亚油酸转化为亚麻酸
pj.D6D	*Primula juliae*（报春花）	δ-6 去饱和酶蛋白	使某些内源性脂肪酸，如 ω-3 脂肪酸去饱合，以促使硬脂酸(SDA)的产生
Pyrco-delta-5E	*Pyramimonas cordata*（塔胞藻植物）	δ-5 延伸酶	将异环烯酸转化为十二碳五烯酸
Pyrco-delta-6E	*Pyramimonas cordata*（塔胞藻植物）	δ-6 延伸酶	将硬脂酸转化为乙二烯酸

续表

基因	基因源	产品	功能
te	*Umbellularia californica* (bay leaf) (月桂叶)	12:0 ACP 硫酯酶	增加含有酯化月桂酸(12:0)的甘油三酸酯的水平
性状：变性淀粉/碳水化合物			
gbss (*antisense fragment*)	*Solanum tuberosum* (马铃薯)	不产生功能性颗粒结合淀粉合成酶(GBSS)，基因沉默机制抑制了GBSS 酶的产生	降低淀粉颗粒中直链淀粉含量，增加支链淀粉含量
性状：多种抗虫性			
Api	*Sagittaria sagittifolia* (慈菇)	慈菇蛋白酶抑制剂蛋白 A 或 B	对各种害虫具有抵抗力
CpTI	*Vigna unguiculata* (豇豆)	胰蛋白酶抑制剂	对各种害虫具有抵抗力
ecry3.1Ab	synthetic form of *Cry3A* gene and *Cry1Ab* gene from *Bacillus thuringiensis* (来自苏云金芽孢杆菌的 *Cry3A* 基因和 *Cry1Ab* 基因的合成形式)	嵌合(Cry3a-Cry1ab)δ-内毒素蛋白	通过选择性地破坏鞘翅目和鳞翅目昆虫的肠衬里而抗虫
性状：尼古丁减少			
NtQPT1 (*antisense*)	*Nicotiana tabacum* (烟草)	喹啉酸磷酸核糖转移酶(QPTase)基因的反义 RNA；没有产生功能性QPT 酶	抑制 QPTase 基因的转录，从而减少烟酸的产生，烟酸是尼古丁的前体
性状：非褐变表型			
PGAS PPO suppression gene	*Malus domestica* (苹果)	双链 RNA (dsRNA)	双链 RNA (dsRNA) 从抑制转录处理成小干扰 RNAs (siRNAs)，通过序列互补来指导目标 mRNA 的裂解，并抑制 PPO 导致具有非褐变表型的苹果
性状：硝酸盐合成			
Nos	*Agrobacterium tumefaciens* strain CP4 (农杆菌肿瘤菌株 CP4)	丙基合成酶	催化了丙氨酸的合成，从而能够识别转化后的植物胚胎
性状：羟胺除草剂耐受性			
bxn	*Klebsiella pneumoniae* subsp. *ozaenae* (肺炎克雷伯氏菌臭鼻亚种)	硝基酶	消除氧除草剂的除草活性(如溴氧基)
性状：植酸酶产生			
phyA	*Aspergillus niger* var. *niger* (黑曲霉变种)	3-植酸酶	增加植物的分解，结合磷，并使后者提供给单胃动物
phyA2	*Aspergillus niger* strain 963 (黑曲霉 963 株)	植酸酶	将种子中的植物磷降解为无机磷酸盐，供动物在用作饲料时使用

基因	基因源	产品	功能
性状：减少黑点			
Ppo5	*Solanum verrucosum*（龙葵）	双链 RNA	目的是产生 dsRNA 来下调 *Ppo5* 转录，从而限制黑斑病的发展
性状：磺酰脲类除草剂耐受性			
Als	*Arabidopsis thaliana*（拟南芥）	抗除草剂酶乙酰乳酸合酶（类）	允许在磺酰脲类除草剂存在的情况下合成必需氨基酸
csr1-2	*Arabidopsis thaliana*（拟南芥）	改性乙酰羟基酸合成酶大亚单位（ATHASL）	对咪唑啉酮除草剂具有耐受性
gm-hra	*Glycine max*（大豆）	改性乙酰乳酸酶（ALS）	对磺酰脲基除草剂的应用具有耐受性
S4-HrA	*Nicotiana tabacum* cv. Xanthi（烟草）	抗除草剂乙酰乳酸合酶（ALS）	允许植物在磺酰脲类除草剂存在的情况下合成必需的氨基酸
surB	*Nicotiana tabacum*（烟草）	抗除草剂乙酰乳酸合酶（ALS）	耐受磺酰脲类除草剂和其他乙酰乳酸合酶(ALS)抑制除草剂
zm-hra	*Zea mays*（玉米）	抗除草剂乙酰乳酸酶（类）	耐受乙酰乳酸合成酶抑制除草剂，如磺酰脲和咪唑酮
性状：抗病毒性			
ac1 (*sense and antisense*)	bean golden mosaic virus（BGMV）（豆金花叶病毒）	病毒复制蛋白(Rep)的感觉和反义 RNA；不产生功能性病毒复制蛋白	抑制豆金花病毒(BGMV)复制蛋白的合成，从而赋予对 BGMV 的抵抗力
cmv_cp	cucumber mosaic cucumovirus（CMV）（黄瓜花叶病毒）	黄瓜花叶病毒(CMV)的外壳蛋白	通过"病原体抗性"机制对黄瓜花叶病毒(CMV)产生耐药性
plrv_orf1	potato leaf roll virus（PLRV）（马铃薯叶卷病毒）	马铃薯叶卷病毒(PLRV)的假定复制酶域	通过基因沉默机制对马铃薯叶卷病毒(PLRV)产生耐药性
plrv_orf2	potato leaf roll virus（PLRV）（马铃薯叶卷病毒）	马铃薯叶卷病毒(PLRV)的推入螺旋酶域	通过基因沉默机制对马铃薯叶卷病毒(PLRV)产生耐药性
ppv_cp	plum pox virus（PPV）（梅痘病毒）	梅痘病毒(PPV)的外壳蛋白	通过"病原体源性耐药"机制对梅痘病毒(PPV)产生耐药性
prsv_cp	papaya ringspot virus（PRSV）（木瓜环斑病毒）	木瓜环斑病毒(PRSV)的外壳蛋白（CP）	通过"病原体源性抵抗"机制对木瓜环斑病毒(PRSV)产生耐药性
prsv_rep	papaya ringspot virus（PRSV）（木瓜环斑病毒）	木瓜环斑病毒(PRSV)的复制域	通过基因沉默机制对木瓜环斑病毒(PRSV)产生耐药性
pvy_cp	potato virus Y（PVY）（马铃薯病毒 Y）	马铃薯病毒 Y（PVY）的涂层蛋白	通过"病原学体衍生的耐药性"机制对马铃薯病毒 Y（PVY)产生耐药性
wmv_cp	watermelon mosaic potyvirus 2（WMV2）（西瓜花叶病毒 2）	西瓜花叶病毒 2(WMV2)的涂层蛋白	通过"病原体衍生抗性"机制对西瓜花叶病毒 2(WMV2)产生抗性

基因	基因源	产品	功能
zymv_cp	zucchini yellow mosaic potyvirus (ZYMV)（南瓜黄花叶病毒）	南瓜黄花叶病毒(ZYMV)的涂层蛋白	通过"病原源抗性"机制赋予其对南瓜黄花叶病毒(ZYMV)的抗性
性状：视觉标记			
dsRed2	*Discosoma* sp.（香菇珊瑚）	红色荧光蛋白	在转化后的组织上产生红色染色，从而实现视觉选择
uidA	*Escherichia coli*（大肠杆菌）	β-D-葡萄糖醛酸酶	在经过处理的转化组织上产生蓝色染色，从而实现视觉选择
性状：体积木材增加			
cell	*Arabidopsis thaliana*（拟南芥）	CEL1 重组蛋白	促进更快地增长

(二)转基因作物应用概况

以美国种植的转基因玉米为例，美国是世界上最大的转基因玉米种植国，2016 年转基因玉米种植面积已达到 3505 万 hm^2，占美国玉米总播种面积的 92%，其中 76% 为复合性状转基因玉米。具体其他各年份种植情况见表 1-7。

表 1-7　美国 2000～2016 年转基因玉米种植面积及占有率

年份	种植面积/($\times 10^6 hm^2$)		占有率/%			
	玉米	转基因玉米	转基因玉米	BT 玉米	HT 玉米	复合性状玉米
2000	32.19	8.05	25	18	6	1
2001	30.64	7.97	26	18	7	1
2002	31.93	10.86	33	22	9	2
2003	31.81	12.72	40	25	11	4
2004	32.75	15.39	47	27	14	6
2005	33.09	17.21	52	26	17	9
2006	31.70	19.34	61	25	21	15
2007	37.85	27.63	73	21	24	28
2008	34.80	27.84	80	17	23	40
2009	34.96	29.72	85	17	22	46
2010	35.69	30.69	86	16	23	47
2011	37.21	32.74	88	16	23	49
2012	39.37	34.65	88	15	21	52
2013	38.59	34.73	90	5	14	71
2014	36.66	34.09	93	4	13	76
2015	35.61	32.76	92	4	12	76
2016	38.10	35.05	92	3	13	76

参 考 文 献

陈浩, 林拥军, 张启发. 2009. 转基因水稻研究的回顾与展望. 科学通报, 54(18): 2699-2717.

崔宁波, 张正岩. 2016. 转基因大豆研究及应用进展. 西北农业学报, 25(8): 1111-1124.

丁明忠, 潘光堂, 荣廷昭, 等. 2001. 大豆总DNA直接导入法培育优质高蛋白玉米材料的研究. 西南农业学报, (01): 8-12.

冯道荣, 许新萍, 范钦, 等. 2001. 获得抗稻瘟病和纹枯病的转多基因水稻. 作物学报, (3): 293-300, 409.

葛维德, 钮旭光. 2007. 小麦转基因技术研究进展. 辽宁农业科学, (2): 40-43.

耿立召, 刘传亮, 李付广. 2005. 农杆菌介导法与基因枪轰击法结合在植物遗传转化上的应用. 西北植物学报, 25(1): 205-210.

郭光沁, 许智宏, 卫志明, 等. 1993. 用PEG法向小麦原生质体导入外源基因获得转基因植株. 科学通报, 38(13): 1227-1231.

郭三堆, 王远, 孙国清, 等. 2015. 中国转基因棉花研发应用二十年. 中国农业科学, 48(17): 3372-3387.

洪琳. 2015. 对转基因作物问题的哲学思考. 成都理工大学硕士学位论文.

侯文胜, 林抗雪, 陈普, 等. 2014. 大豆规模化转基因技术体系的构建及其应用. 中国农业科学, 47(21): 4198-4210.

黄季焜, 胡瑞法, 王晓兵, 等. 2014. 农业转基因技术研发模式与科技改革的政策建议. 农业技术经济, (1): 4-10.

黄璐, 卫志明. 1999. 农杆菌介导的玉米遗传转化. 实验生物学报, 32(4): 381-389.

纪逸媚. 2014. 转基因抗虫作物的安全性研究. 福建农林大学硕士学位论文.

景雨诗. 2012. 我国三大粮食作物转基因研发对策分析. 吉林大学硕士学位论文.

李光远. 2007. 水稻基因克隆技术及其应用. 安徽农学通报, (1): 46-47.

李静, 沈法富, 于海东, 等. 2002. 转基因抗早衰棉的获得. 西北植物学报, 24(8): 1419-1423.

李希陶, 刘耀光. 2016. 基因组编辑技术在水稻功能基因组和遗传改良中的应用. 生命科学, 28(10): 1243-1249.

刘加顺. 2002. 转基因作物社会效益评价的客观标准问题研究. 武汉理工大学硕士学位论文.

刘培磊, 赵永国, 李宁, 等. 2010. 转基因技术对粮食安全的影响及对策. 中国农业科技导报, 12(4): 1-5.

刘允军, 贾志伟, 刘艳, 等. 2014. 玉米规模化转基因技术体系构建及其应用. 中国农业科学, 47(21): 4172-4182.

吕素莲. 2007. 转 betA 和 TsVP 基因提高棉花耐盐、抗旱性的研究. 山东大学博士学位论文.

罗希明, 赵桂兰, 简玉瑜. 1990. 大豆原生质体的植株再生. 植物学报, 37: 616-621.

毛开云, 陈大明, 江洪波. 2013. 农作物生物育种产业化情况及发展趋势. 生物产业技术, (2): 51-57.

倪斌. 2007. 植物无选择标记转基因技术的研究进展. 安徽农学通报, (16): 35-37.

彭昊, 王志兴, 窦道龙, 等. 2003. 由根癌农杆菌介导将葡萄糖氧化酶基因转入水稻. 农业生物技术学报, 11(1): 16-19.

秦代锦, 陈德西, 胡晓, 等. 2008. 水稻遗传转化研究进展. 生物学杂志, (5): 5-9, 27.

饶雪琴, 李华平. 2004. 转基因番木瓜研究进展. 中国生物工程杂志, (6): 38-42.

宋小青, 刘颖慧, 魏会平, 等. 2015. 转基因技术与农业发展. 农业与技术, 35(15): 1-2, 4.

宋晓慧, 孙继峰, 李春光, 等. 2008. 水稻转基因育种研究进展. 种子世界, (6): 30-31.

孙洪武, 张锋. 2014. 中国转基因作物知识产权战略分析. 农业经济问题, 35(2): 11-16+110.

孙小芬, 唐克轩, 万丙良, 等. 2001. 表达雪花莲凝集素(GNA)的转基因水稻纯系抗褐飞虱. 科学通报, 46(13): 1108-1113.

王彩芳, 安永平, 韩国敏, 等. 2005. 水稻转基因育种研究进展. 宁夏农林科技, (6): 55-57, 54.

王国英, 杜天兵, 张宏, 等. 1995. 用基因枪将Bt毒蛋白基因转入玉米及转基因植株再生. 中国科学: 化学, 25(1): 71-76.

王丽伟. 2008. 我国转基因粮食作物研发现状与发展对策分析. 中国农业科学院硕士学位论文.

王琴芳. 2008. 转基因作物生物安全性评价与监管体系的分析与对策. 中国农业科学院博士学位论文.

王顺利, 王轲, 韩晓峰, 等. 2008. 小麦遗传转化方法研究进展. 首都师范大学学报: 自然科学版, 29(6): 52-58.

王小军, 刘玉乐. 1996. 可育的抗除草剂溴苯腈转基因小麦. 植物学报, 38(12): 942-948.

魏开发. 2009. 农杆菌介导的高效玉米遗传转化体系的建立. 遗传, 31(11): 1158-1170.

吴丽芳, 李红, 宋道君, 等. 2000. 建立低能离子束介导小麦转基因方法并获得转GUS基因植株. 遗传学报, 27(11): 982-991.

吴亮其, 范战民, 郭蕾. 2003. 通过转 δ-OAT 基因获得抗盐抗旱水稻. 科学通报, 48(19): 2050-2056.

奚亚军, 路明. 2002. 小麦转基因技术的研究现状及在育种上的应用. 中国农学通报, 18(3): 55-57.

肖文言, 王连铮. 1993. 大豆原生质体培养经胚胎发生高频率再生植株. 大豆科学, 12: 249-251.

徐丽丽, 田志宏. 2014. 欧盟转基因作物审批制度及其对我国的启示. 中国农业大学学报, 19(3): 1-10.

薛艳, 郭淑静, 徐志刚. 2014. 经济效益、风险态度与农户转基因作物种植意愿——对中国五省 723 户农户的实地调查. 南京农业大学学报(社会科学版), 14(4): 25-31.

杨春燕. 2016. 浅谈转基因作物的利弊与展望. 农技服务, 33(7): 174, 172.

叶凌凤, 王映皓, 贺舒雅, 等. 2012. 无选择标记的植物转基因方法研究技术进展. 中国农业大学学报, 17(2): 1-7.

尹祥佳, 翁建峰, 谢传晓, 等. 2010. 玉米转基因技术研究及其应用. 作物杂志, (6): 1-9.

余永亮, 梁慧珍, 王树峰, 等. 2010. 中国转基因大豆的研究进展及其产业化. 大豆科学, 29(1): 143-150.

曾君杜, 王东江, 吴有强, 等. 1993. 用花粉管途径获得小麦转基因植株. 中国科学(B 辑), 23(3): 256-262.

翟文学, 李晓冰, 朱立煌, 等. 2000. 由农杆菌介导将白叶枯病抗性基因 Xa21 转入我国的 5 个水稻品种. 中国科学(C 辑), 30(2): 200-206.

张朝军. 2008. 棉花叶柄高效再生体系的建立与遗传分析. 中国农业科学院博士学位论文.

张慧军, 董合忠, 石跃进, 等. 2007. 山菠菜胆碱单加氧酶基因对棉花的遗传转化和耐盐性表达. 作物学报, 33(7): 1073-1078.

张荣, 王国英, 张晓红, 等. 2001. 根癌农杆菌介导的玉米遗传转化体系的建立. 农业生物技术学报, 9(1): 45-48.

张艳贞, 王罡, 胡汉桥, 等. 2002. 农杆菌介导将 Bt 杀虫蛋白基因导入优良玉米自交系的研究. 遗传, 24(1): 35-39.

赵志英, 周鹏, 曾宪松, 等. 1998. 核酶基因转化番木瓜的研究. 热带作物学报, 19(2): 20-26.

周光宇, 龚蓁蓁, 王自芬. 1979. 远缘杂交的分子基础——DNA 片段杂交假设的一个论证. 遗传学报: (4): 405-413.

周鹏, 郑学勤. 1993. 根癌农杆菌介导的环斑病毒外壳蛋白基因转化番木瓜的研究. 热带作物学报, 14(2): 71-77.

朱冰, 黄大年, 杨炜, 等. 1996. 利用基因枪法获得可遗传的抗除草剂转基因水稻植株. 中国农业科学, (06): 16-21.

Barwale U B, Kerns H R, Widholm J M. 1986. Plant regeneration from callus cultures of several soybean genotypes via embryogenesis and organogenesis. Planta, 167: 473-481.

Chapman G P, Mantell S H, Daniels R W, et al. 1987. The experimental manipulation of ovule tissues. Plant Growth Regulation, 5(1): 67-68.

Cheng T Y, Saka H, Voqui-Dinh T H. 1980. Plant regeneration from soybean cotyledonary node segments in culture. Plant Science Letters, 19: 91-99.

Christianson M L, Warnick D A, Carlson P S. 1983. A morpho-genetically competent soybean suspension culture. Science, 222: 632-634.

Feng Z, Zhang B, Ding W, et al. 2013. Efficient genome editing in plants using a CRISPR/ Cas system. Cell Research, 23(10): 1229-1232.

Finer J J, Nagasawa A. 1988. Development of an embryogenic suspension culture of soybean (*Glycine max* Merrill.). Plant Cell, Tissue and Organ Culture, 15: 125-136.

Firoozabady E, DeBoer D L, Merlo D J, et al. 1987. Transformation of cotton (*Gossypium hirsutum* L.) by *Agrobacterium tumefaciens* and regeneration of transgenic plants. Plant Molecular Biology, 10: 105-116.

Fromm M E, Morrish F, Armstrong C, et al. 1990. Inheritance and expression of chimeric genes in the progeny of transgenic maize plants. Biotechnology, 8: 833-839.

Ghosh Biswas G C, Ransom C, Sticklen M. 2006. Expression of biologically active *Acidothermus cellulolyticus* endoglucanase in transgenic maize plants. Plant Science, 171(5): 617-623.

Golemboski D B, Lomonossoff G P, Zaitlin M. 1990. Plants transformed with a tobacco mosaic virus nonstructural gene sequence are resistant to the virus. Proceedings of the National Academy of Sciences, 87(16): 6311-6315.

Hinchee M A W, Connor-Ward D V, Newell C A, et al. 1988. Production of transgenic soybean plants using *Agrobacterium*-mediated DNA transfer. Nature Biotechnology, 6: 915-922.

Hou X, Xie K, Yao J, et al. 2009. A homolog of human ski-interacting protein in rice positively regulates cell viability and stress tolerance. Proceedings of the National Academy of Sciences, 106(15): 6410-6415.

James C. 2010. 2009 年全球生物技术/转基因作物商业化发展态势. 中国生物工程杂志, 30(2): 1-22.

Jang I C, Oh S J, Seo J S, et al. 2003. Expression of a bifunctional fusion of the *Escherichia coli* genes for trehalose-6-phosphate synthase and trehalose-6-phosphate phosphatase in transgenic rice plants increases trehalose accumulation and abiotic stress tolerance without stunting growth. Plant Physiology, 131(2): 516-524.

Kamm G W J, Spencer T M, Mangano M L, et al. 1990. Transformation of maize cells and regeneration of fertile transgenic plants. The Plant Cell, 2: 603-618.

Klein T M, Wolf E D, Wu R, et al. 1987. High-velocity microprojectiles for delivering nucleic acids into living cells. Nature, 327(6117): 70-73.

Koziel M G, Beland G L, Bowman C, et al. 1993. Field performance of elite transgenic maize plants expressing an insecticidal protein derived from Bacillus thuringiensis. Nature Biotechnology, 11: 194-200.

Ku M S, Cho D, Li X, et al. 2001. Introduction of genes encoding C4 photosynthesis enzymes into rice plants: physiological consequences. Novartis Foundation Symposium, 23(6): 100-111.

Langridge P, Brettschneider R, Lazzeri P, et al. 1992. Transformation of cereals via *Agrobacterium* and the pollen pathway:a critical assessment. The Plant Journal, 2(4): 631-638.

Li B, Wei A Y, Song C X, et al. 2008. Heterologous expression of the TsVP gene improves the drought resistance of maize. Plant Biotechnology Journal, (6): 146-159.

McCabe D E, Swain W F, Martinell B J, et al. 1988. Stable transformation of soybean (*Glycine max*) by particle acceleration. Nature Biotechnology, 6: 923-926.

Mooney P A, Good P B, Dennis E S, et al. 1991. *Agrobacterium tumefaciens*-gene transfer into wheat tissues. Plant Cell Tissue Organ Culture, (25): 209-218.

Ohta Y. 1986. High-efficiency genetic transformation of maize by a mixture of pollen and exogenous DNA. Proceedings of the National Academy of Sciences of the United States of America, 83: 715-719.

Shrawat A K, Carroll R T, DePauw M, et al. 2008. Genetic engineering of improved nitrogen use efficiency in rice by the tissue-specific expression of alanine aminotransferase. Plant Biotechnology Journal, 6(7): 722-732.

Thomas K H, Leszek A L, David S K, et al. 1993. 水稻原生质体的转化与再分化. 生物技术通报, (11): 1-4.

Trolinder N L, Linda K. 1999. In-planta method for the production of transgenic plants: U.S., US5994624 A.

Umbeck P, Johnson G, Barton K, et al. 1987. Genetically transformed cotton (*Gossypium hirsutum* L.) plants. Nature Biotechnology, 5: 263-266.

Walters D A, Vetsch C S, Potts D E, et al. 1992. Transformation and inheritance of a hygromycin phosphotransferase gene in maize plants. Plant Molecular Biology, 18: 189-200.

Wang J X, Sun Y, Cui G M, et al. 2001. Transgenic maize plants obtained by pollen-mediated transformation. Acta Botanica Sinica, 43: 275-279.

Wei Z M, Xu Z H. 1988. Plant regeneration from protoplasts of soybean (*Glycine max* L.). Plant Cell Reports, 7: 348-351.

Yang A, He C, Zhang K. 2006. Improvement of *Agrobacterium*-mediated transformation of embryogenic calluses from maize elite inbred lines. In Vitro Cellular & Developmental Biology-Plant, 42(3): 215-219.

Yang X, Yie Y, Zhu F, et al. 1997. Ribozyme-mediated high resistance against potato spindle tuber viroid in transgenic potatoes. Proceedings of the National Academy of Sciences of the United States of America, 94(10): 4861-4865.

Ye R, Huang H, Zou Y, et al. 2009. Development of insect-resistant transgenic rice with Cry1C*-free endosperm. Pest Manag Sci, 65: 2015-2020.

Zhang X Z, Komatsusda T. 1993. Plant regeneration from soybean (*Glycine max* L.) protoplasts via somatic embryogenesis. Science in China: Series B, 36: 1476-1481.

Zhou G Y, Weng J, Zheng Y S, et al. 1983. Introduction of exogenous DNA into cotton embryos. Methods in Enzymol, 101: 433-481.

第二章　全球转基因食品与消费

第一节　转基因食品发展概述

一、转基因食品的起源

1982 年，Palmiter 和 Brinster 成功地将人的生长激素基因导入小鼠受精卵的"细胞核"中，在获得整合及表达这个外源 DNA 的超级转基因"硕鼠"后，相似的转基因动物也被培育出来。1985 年培育出转基因猪，1986 年培育出转基因鱼，1991 年培育出转基因山羊，1994 年培育出转基因鸡。在植物转基因食品研究方面，利用转基因技术获得了第一例转基因植物——转基因烟草（1983 年问世）。1994 年，经美国农业部（USDA）与美国食品和药物管理局（FDA）批准，转基因延熟保鲜番茄从实验室走向市场，成为世界第一例成功产业化的转基因植物食品。随后，转基因马铃薯、油菜等植物食品相继问世，转基因食品研究和商品化生产得到了蓬勃发展。

世界卫生组织（WHO）在 2005 年时对转基因食品进行了分类：①活的转基因动物或完整的转基因植物果实或种子，如番茄、玉米等；②经过加工作为食物中的一种成分或添加剂的转基因植物，如面粉、豆类和油脂等；③作为食物或食物添加剂的转基因微生物，如维生素、各种必需氨基酸；④由遗传改造的微生物所生产的酶制剂加工的食物，如重组葡萄糖异构酶水解玉米淀粉所得到的高果糖玉米浆（沈孝宙，2008）。我国卫生部在 2002 年 4 月 8 日颁布的《转基因食品卫生管理办法》中第二条规定：本办法所称转基因食品，系指利用基因工程技术改变基因组构成的动物、植物和微生物生产的食品和食品添加剂，包括：①转基因动植物、微生物产品；②转基因动植物、微生物直接加工品；③以转基因动植物、微生物或者其直接加工品为原料生产的食品和食品添加剂。这是我国法律关于转基因食品的最早的规定。还有学者依据 2009 年国际食品法典委员会的有关建议而主张：转基因食品，既包括作为食品的改性活生物体，也包括经过加工后的已经不再存活的改性生物体，还包括在食品成分中运用了转基因原材料的食品（付文佚和王长林，2010）。

二、转基因食品的概念

转基因食品（genetically modified food, GMF）又称为基因改性食品，是一类转基因生物或其产物。转基因生物可以定义为利用分子生物学技术，将某些供体生物（包括动物、植物及微生物）的一种或几种外源性基因转移到其他的受体生物物种中，从而改造生物的遗传物质，使其有效地表达相应的目的产物（多肽或蛋白质），并出现原物种不具有的性状或产物。从狭义上说，这里所指的"外源性基因"，通常是指在受体生物中原本没有的，通过基因工程技术导入这种外源基因到受体生物体，使其产生原来不存在的多肽或蛋白质，并且表现新的生物学特性，从而产生了新的表现型。从广义上说，也可对生物体本身的基因进行修饰，使原先不表达的沉默基因启动表达，或改变部分表达元件，也能够产生新的表现型，虽然没有转入外源性基因，原先基因结构或者功能已经发生改变，最终使生物学特性发生变化，在效果上等同于转基因，这也归于转基因生物范围。从世界上最早的转基因作物(烟草于 1983 年问世)到 1994 年延熟保鲜转基因番茄由美国孟山都公司研制成功并批准上市，以及我国转基因杂交水稻 1999 年由中国水稻研究所研制成功并且通过专家鉴定，转基因食品的发展迅速而广泛，基因工程在各个领域逐渐崭露头角，产品品种和产量都有所增长，在食品领域更是产生深刻的技术变革(侯婧，2013)。

转基因食品与非转基因食品的不同之处在于转基因食品含有特异 DNA(插入的基因)和由插入基因产生的物质(蛋白质等)。从根本上讲，运用转基因技术培育出来的生物体与用常规方法培育出来的生物体没有什么不同，大都是在原有生物的基础上对某些生物特性进行修饰，或增加新的性状，或消除不利性状。因此转基因食品的主要营养构成与非转基因食品并没有区别，都是由蛋白质、糖类和脂肪等物质组成，与其他非转基因食品一样，供给人们日常营养和能量。转基因食品这一餐桌上的"新朋友"使人们对食品营养有了新的观念(陈福生，2004)。

三、转基因食品的分类

根据来源，我们把转基因食品分为转基因植物食品、转基因动物食品和转基因微生物食品。目前常见的转基因食品是植物性的转基因产品。

1)转基因植物食品，即以植物部分基因作原料的食品。利用基因重组或细胞融合技术，培育出的抗软化、抗衰老、易储藏等性状优良的植物。涉及的食品或食品原料包括转基因大豆、转基因玉米、转基因番茄、转基因油菜、转基因马铃薯、转基因木瓜等。多数都是经过高度加工的产物，而非直接以原植株状态供食用。比如，转基因玉米被用于以下领域：①玉米粉、油、淀粉、面筋和糖浆；②甜味剂，如果糖、葡萄糖；③改性淀粉。转基因大豆被用于以下领域：①大豆粉、卵磷脂、蛋白质和异黄酮；②植物油和植物蛋白。转基因油菜主要用于生产转基因菜籽油。

2)转基因动物食品，是以转基因动物及其产品为原料加工生产的食品，即以动物部分基因作原料，从身体健康、生长速度和食用口感等方面考量，通过胚胎移植技术培育出高品质的动物或动物制品。美国食品和药物管理局(FDA)2015 年 11 月批准美国水产生技公司培育的基因改造鲑鱼生产且上市，是第一个动物转基因食品的案例。其他未通过的案例，如在牛体内转入某些具有特定功能的人的基因，就可以利用牛乳生产基因工程药物，用于人类疾病的治疗。

3)转基因微生物食品，利用转基因技术改良曲霉、酵母等微生物品种，发酵生产食品添加剂和加工助剂、酱油、奶制品等，达到提高产量或改善风味等目的(Palmiter and Brinster, 1982)。国内外将转基因微生物用于食品和药品的生产和加工已较为普遍，如用转基因酵母生产乙肝疫苗。澳大利亚已开始尝试批准用于制作超级面包的酶进入市场应用(徐俊锋等，2009)。

四、转基因食品的特点

自从 1994 年美国卡尔金(Calgene)公司研制的延长成熟期的转基因番茄作为第一个商业化生产的转基因作物大规模种植以来，世界各国充分认识到了转基因食品较传统食品特有的优点。

1)增加食物产量。据统计，利用转基因技术生产转基因食品的成本(规模生产后的成本)是传统产品的 60%～80%，而产量增加 5%～20%，有的可能增加几倍甚至几十倍(翟晓梅和邱仁宗，2005)。例如，我国培育的首例转基因试管牛"陶陶"的年产奶量高达10 000kg。

2)改善食物品质。通过不同品种间基因重组技术，培育出新的转基因食品，使其营养成分的配比、组成更加合理，能够使食物中的不良成分种类减少，含量降低，使食品从色、香、味等方面满足消费者日益增长的物质生活需要，还可以在很大程度上提高食品的抗腐败、耐储藏等性能。

3)控制成熟期，适应市场需要。通过转移、修饰与控制成熟期有关的基因，可以使转基因生物的成熟期延长或缩短，以适应市场需求。例如，延熟的番茄、早熟的西瓜等。

4)生产食品配料，发展功能食品。转基因作物可以用于生产食品配料成分，如蛋白质、酶、稳定剂、增稠剂、乳化剂、甜味剂、防腐剂、着色剂和调味剂等。有些转基因食品不仅含有营养成分，而且含有功能性成分，如抗氧化剂、低胆固醇油或聚不饱和脂肪酸油、类黄酮、果聚糖、维生素、胡萝卜素、番茄红素等。有的成熟后就能立即食用的热带作物如香蕉，通过生物工程技术可生产出用作疫苗的蛋白质，如肝炎、狂犬病、痢疾、霍乱、腹泻及其他肠道传染病等的疫苗。这些具有预防疾病、减轻症状、提高生活质量、减缓衰老的功能食品在 21 世纪将会有很好的发展前景。

5)抗病、抗虫、抗除草剂，保护环境。利用转基因技术定向改造作物，可以加速优良作物的筛选及培育的过程，更有效地获得人类预想的作物和食品。一批具有抗除草剂、抗昆虫、抗真菌、抗病毒、抗重金属、抗盐及能够固氮等转基因作物的涌现，可以减少因使用农药、化肥等造成的环境污染，实现现代农业可持续发展的战略方针。

五、全球转基因食品发展概况

(一)食用生物安全许可占全球转基因生物安全许可近半数

从 1996～2017 年，全球有 40 个国家批准了 1995 份转基因作物食用安全许可、1338份转基因作物饲料安全许可和 800 份转基因作物环境释放批准安全许可，其中转基因作物安全许可占全部安全许可的 48.3%。日本批准了 12 种作物用于进口食用、饲料加工和种植，是全球通过转基因食用生物安全审批数量最多(也是通过转基因生物安全审批数量最多)的国家。

(二)用于食用的转基因作物主要有玉米、大豆、油菜与棉籽

2017 年，4 种转基因作物(大豆、玉米、棉花和油菜)种植面积较大(表 2-1)，转基因

大豆、转基因玉米、转基因棉(棉籽油)及转基因油菜成为当前直接进入人类食物链条最主要的 4 种转基因作物。

表 2-1　2016 和 2017 年生物技术作物全球面积　　　(单位：$\times 10^2$ 万 hm²)

作物	2016 年	比例/%	2017 年	比例/%	2017 年相对于 2016 年面积变化
大豆	91.4	50	94.1	50	+2.7
玉米	60.6	33	59.7	31	−0.9
棉花	22.3	12	24.1	13	+1.8
油菜籽	8.6	5	10.2	5	+1.6
苜蓿	1.2	<1	1.2	<1	+<1
甜菜	0.5	<1	0.50	<1	−<1
番木瓜	<1	<1	<1	<1	−<1
其他	<1	<1	<1	<1	+<1
总计	185.1	100	189.8	100	4.7

资料来源：ISAAA, 2017

（三）"输出性状"成为食用转基因作物的研发趋势

抗草甘膦与抗虫性等"输入性状"是食用转基因作物最主要的两种性状(图 2-1)。与此同时，富含胡萝卜素(维生素 A 前体)的"金色大米"正在菲律宾、孟加拉国和印度等国家进行试验与合法化。以改良品质和增加营养等"输出性状"为特点的第三代转基因产品正在成为转基因食用作物研发的重要内容与趋势。

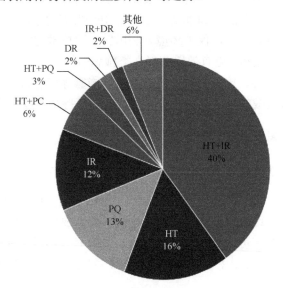

图 2-1　批准事件中的性状分布

注：HT. 除草剂耐受；IR. 昆虫抗性；PQ. 产品质量；PC. 授粉控制；DR. 抗病性

资料来源：ISAAA, 2017

（四）南北美四国是全球食用转基因作物的主要种植与输出国

2017 年，食用转基因作物的主要种植与出口国为北美的美国与加拿大，南美的巴西、阿根廷四国，其主要食用转基因作物种植面积（除棉花外）占全球总面积的 90% 以上，产品出口量均占全球出口总量的 60% 以上（表 2-2 和表 2-3）。

表 2-2　2017 年食用转基因作物主要种植国的种植情况　　　　（单位：$\times 10^2$ 万 hm^2）

国家	转基因作物种植总面积	转基因大豆	转基因玉米	转基因棉花	转基因油菜
美国	72.9	31.84	35.05	3.7	0.62
巴西	49.1	32.69	15.67	0.79	—
阿根廷	23.8	18.7	4.74	0.38	—
加拿大	11.1	6	1.49	—	7.53
总计	—	89.23	56.95	4.87	8.15
占该种转基因作物的全球比重	—	97.6%	94.0%	21.7%	94.8%

资料来源：ISAAA, 2017

表 2-3　2017 年食用转基因作物主要种植国的出口情况　　　　（单位：$\times 10^2$ 万 t）

国家	大豆	豆粕	豆油	玉米	油菜籽粕	油菜籽	油菜籽油
美国	59.2	10.5	1.2	18.3	—	—	—
巴西	63.1	13.8	1.2	26.0	—	—	—
阿根廷	7.0	31.3	5.4	22.8	—	—	—
加拿大	4.6	0.3	0.2	1.8	4.7	11.0	3.1
占全球出口总额的比重	90.1%	86.7%	70.8%	68.6%	77.6%	69.8%	69.2%

数据来源：USDA-FAS, 2017

（五）亚洲是全球食用转基因作物的主要输入区

亚洲是全球人口最多、人口密度最大的大洲，受人口增长、收入提高、城镇化和饮食习惯变化等因素影响。近年来亚洲国家对食物，特别是植物油的需求持续强劲增长（OECD, 2017）。2017 年，印度是全球最大的转基因植物（油）进口国，占比 20.6%；中国是第三大转基因植物（油）进口国，占比 10.7%。中国是全球最大的大豆进口国，大豆进口量占全球大豆进口总量的 64.8%，绝大多数为转基因大豆。日本则是全球人均进口转基因作物最多的国家（表 2-4）。

表 2-4　2017 年亚洲食用转基因作物主要种植国的进口情况　　　　（单位：$\times 10^2$ 万 t）

国家	大豆	豆油	油菜籽	油菜籽油
中国	93.5	0.7	4.3	0.8
日本	3.2	0.005	2.4	0.02
印度	—	3.5	—	0.3
占全球进口总额的比重	67.0%	40.2%	42.5%	25.8%

数据来源：USDA-FAS, 2017

第二节　全球转基因食品消费情况

一、种植并主要食用本国转基因作物的国家

(一)美国

美国是全球转基因生物食用安全许可覆盖作物种植最多的国家,共有 19 种作物通过转基因生物食用安全审批,其中 9 种实现了商业化种植,转基因玉米和转基因大豆是美国最主要的两种食用转基因作物。

2017 年转基因玉米的种植面积为玉米总种植面积的 88.5%,转基因玉米采用率为 93.4%(ISAAA, 2017)。2017 年玉米总产量为 15 148 百万蒲式耳①(MBu),加上上年库存,2017 年玉米总供应量为 16 885MBu。其中,20%用于出口;国内消耗 12 356MBu,占当年总供应量的 73.20%;用于食品及工业的有 6854MBu,占 55%;饲料及其他用途为 5472MBu,占 44.3%;还有大约 0.2%留种(Seth, 2018)。

玉米主要用于生产燃料酒精,消耗 5431.95MB,占食品及工业用途的 79.25%。再除去生产高糖糖浆(6.77%)、葡萄糖(5.38%)、玉米淀粉(3.42%)及食用酒精(2.12%)后,用于玉米麦片等食品(cereals and other product)生产的量为 204.30MBu,占食品及工业用途的 2.98%,占 2017 年玉米年总供应量的 1.21%。由这些数据可知,美国只需要很小面积比例的玉米种植,就可以满足美国人日常生活中食用的玉米麦片等玉米食品(Thomas, 2018)。

美国是世界领先的大豆生产国和第二大出口国,2017 年转基因大豆种植面积为大豆总种植面积的 94%,转基因大豆的采用率为 94%,加工的大豆是世界上最大的动物蛋白饲料来源和植物油的第二大来源(Thomas, 2018)。2017 年,美国国内共消费食用大豆油 953 万 t,大豆油占美国油类消费量的 90%左右,而其他油籽(包括花生、葵花籽、油菜和亚麻)占余下的 10%左右(Mark, 2018)。

(二)加拿大

转基因油菜、转基因大豆与转基因玉米是加拿大种植的三种主要转基因作物,转基因油菜种植面积占油菜总种植面积的 95%,采用率为 95%;转基因大豆种植面积占大豆总种植面积的 85%,采用率为 94%;转基因玉米种植面积占玉米总种植面积的 92%,采用率为 100%(ISAAA, 2017)。2017 年,加拿大国内食用了油菜籽油 65 万 t、大豆油 23 万 t、玉米 560 万 t。同时,作为全球重要的油菜产地,加拿大国内种植油菜及其成品的 85%以上用于出口,国内消费仅占 15%,美国和中国是其最重要的两大出口国(Erin, 2018; Lina, 2018)。

(三)巴西

巴西是全球第二大转基因作物种植国,2017 年共种植转基因作物 5020 万 hm²,包括转基因大豆、转基因玉米和转基因棉花,这三种转基因作物的采用率分别为 97%、90%

_____

① 1 蒲式耳 = 27.216kg。

和84%(ISAAA, 2017)。同年，巴西国内食用大豆油690万t、棉籽油20万t，食用玉米6050万t(Katherine, 2018; Nicolas, 2018)。

虽然巴西每年食用大量的转基因作物，但是食品加工企业因担心产品受到欧盟抵制，对转基因作物的接受程度较低，巴西大型的食品零售商甚至不愿意接受转基因产品，特别是法国独资的大型超市，而且消费者对食用转基因作物并不完全知情。

(四)阿根廷

阿根廷是仅次于美国、巴西之后全球第三大转基因作物种植国，其种植结构与巴西十分相似，国内大豆与玉米种植的转基因采用率为100%和97%(ISAAA, 2017)。2017年，阿根廷国内消费大豆油292.5万t，约为其全年产出的36.8%；消费玉米370万t，约为其全年产出的10.1%(Ken, 2018; Lazaro, 2018)。

二、种植但主要食用进口转基因作物的国家

(一)中国

2017年，农业部揭示了转基因作物商业化的路线图，其中优先考虑了非粮食使用的转基因作物(如棉花)，然后转基因作物用于间接食用(如大豆和玉米)，最后是转基因食用作物(如大米和小麦)。中国主要种植的两种转基因作物——棉花与木瓜，2017年中国共种植280万hm^{2}的转基因棉花和7130hm^{2}的转基因木瓜。

中国主要进口三种转基因作物——大豆、玉米和油菜，是全球重要的转基因作物进口国。2017年中国的大豆进口量再创新高，达到9350万t，吸收了全球出口总量的62.6%和美国大豆出口总量的61.2%，从美国、巴西与阿根廷分别进口大豆3366万t、3804万t与801万t，从乌克兰和美国分别进口玉米200万t与22万t，从加拿大进口330万t油菜籽(The staff of FAS, 2017)。同年，中国还进口大豆油55万t、油菜籽油60万t(Clever, 2017)。

(二)印度

印度是亚洲最大的转基因作物种植国，转基因棉花是其唯一批准种植的转基因作物，其中棉籽油是获得印度国内转基因食用生物安全审批，可以食用的转基因产品，转基因棉花的采用率为93%，批准进口到印度的转基因食品是转基因大豆和转基因菜籽油。2017年，印度进口390万t大豆油，来自阿根廷(310万t)、巴西(60万t)和巴拉圭(20万t)及从加拿大进口少量菜籽油(Scott, 2017)。

三、限制种植但食用进口转基因作物的国家

日本是世界上最大的人均使用转基因技术生产的食品和饲料的进口国，截至2017年，日本国内除种植一种转基因玫瑰以外，并没有开展转基因作物的商业化种植。日本进口几乎100%的玉米供应和95%的大豆供应。日本进口了1520万t的玉米，主要进口国为美国(69.7%，1060万t)、巴西(29.6%，450万t)、阿根廷、乌克兰、俄罗斯等(供应量

不到 1%）。在日本进口的 1520 万 t 玉米中，约有 1/3 用于食用（Suguru, 2018）。转基因大豆和转基因油菜是日本进口的主要油料作物，其中，转基因大豆主要进口自美国，年进口量约为 195 万 t，进口转基因大豆中约有 50 万 t 用于直接食用、约有 145 万 t 用于压榨大豆油；转基因油菜主要进口自加拿大，年进口量约为 220 万 t，几乎全部用于压榨油菜籽油，转基因部分消费量约为 200 万 t（Daisuke, 2018）。

四、种植或消费转基因作物主要用于非食用用途的国家

截至 2017 年，欧盟只有西班牙和葡萄牙进行转基因玉米的商业化种植，西班牙占 2017 年总面积的 91%，葡萄牙占 8%。西班牙种植了 131 535hm^2 的转基因玉米，占其常规玉米种植面积的 1.53%，转基因玉米年产量约 85 万 t，这些转基因玉米用作当地动物饲料和用于沼气生产。

欧盟不出口任何转基因产品，但欧盟成员国是大豆、豆粕、玉米和油菜籽转基因产品的主要进口国。大豆和豆粕进口量为 330 万 t，玉米进口量为 700 万 t，还进口超过 250 万 t 的油菜籽产品（The Group of FAS Biotechnology Specialists in the European Union, 2017）。转基因产品在欧盟进口总额中的份额为大豆 92%、豆粕 95%、玉米仅 20% 以上、油菜籽不到 20%。这些产品主要用作畜禽业的饲料。欧盟进口的多数转基因作物只是用于饲料与燃料加工，直接食用的转基因作物数量非常有限（Roswitha, 2018）。

第三节　转基因食品的消费行为

目前，国际社会对转基因生物的安全性问题有很多争论。转基因食品是否会对人体和生物产生危害，尚无定论。在转基因食品的发展过程中，政府对转基因食品的授权、评估和商业化生产政策主导了各国转基因食品的发展方向。世界贸易组织对转基因产品问题没有统一的规定，而非政府组织对转基因食品的态度也难以整齐划一。

一、各国政府及非政府组织对转基因食品的态度

（一）各国政府对转基因食品的态度

美国国家科学院在 2016 年 5 月 17 日发布一份大型报告，该报告称转基因食品是安全的，不会给人类健康带来威胁，可放心食用。报告也指出转基因技术的应用对全球粮食的增产没有特别的作用（Elizabeth, 2016）。美国政府认为，转基因食品并未给农产品的天然品质带来根本的改变，转基因食品只要符合"实质等同性原则"，就是安全的。欧洲各国政府对转基因食品的安全性表示忧虑，因此对其非常谨慎。亚洲发展中国家对转基因食品的安全性问题表示忧虑，对其发展与否也摇摆不定。总之，政府决策者对转基因食品的评价依赖于各国的社会环境状况。随着转基因技术的不断发展，各国对转基因食品的态度也在不断变化。

1. 美国

美国对转基因食品持积极支持的态度。1986 年美国白宫科技政策办公室颁布了生物

工程产品管理框架性文件，主要内容包括：转基因作物或产品与非转基因作物或传统产品并没有本质上的区别，经过严格的安全评价审批程序进入市场的转基因食品与传统食品具有实质等同性，不会对人类健康造成意外风险。安全管理应主要针对产品本身而不是其生产过程，管理应该以最终产品和个案分析为基础。美国在转基因农业管理方面建立了分散式的监管体系，为美国转基因农业研究的发展提供了宽松的政策环境和稳定的制度保障。美国并未将转基因作物与传统作物割裂开来，而是按照以科学研究为基础的实质性等同原则，通过原有监管渠道监管（连丽霞和王永佳，2010；周小宁，2013）。

2. 欧盟

在欧洲，转基因生物被定义为无法通过自然交配或重组而产生的具有基因物质的生物体。它不是通过自然选择，而是人为制造的产物。欧盟坚持认为，科学存在局限性，无论研究方法如何科学，结果总具有不确定性。因此，欧盟法规明确向世界宣布它对转基因产品是不欢迎的，同时，欧盟在国际上极力主张对转基因产品采取"预先预防态度"。欧盟食品工业要经政府主管部门审批，管理严格，在没有得到官方授权的情况下，转基因产品不能投放到欧盟市场（王岩东，2011）。

3. 中国

尽管我国转基因技术的研究起步较晚，但已在烟草、蔬菜、棉花、鱼类和畜禽等方面取得了重大进展。1997 年转基因耐储存番茄率先获准商品化生产，我国还从美国、巴西等美洲国家进口大量转基因大豆，可以说转基因产品已和我们息息相关。但与美国这样的转基因技术发达、推广应用范围广的国家相比较，中国无论在转基因技术的水平上，还是在转基因技术的推广应用上，都还有不小的差距。再加上政府和相应的科研单位、推广应用单位及教育部门，对转基因技术和转基因产品的宣传还缺乏力度，故而广大民众尽管事实上已经消费过转基因产品，但是对转基因产品所知甚少。中国政府对转基因技术的发展持"加快研究、推进应用、规范管理、科学发展"的政策。2002 年 9 月开始启动的"国家生物安全框架"实施示范项目，其中的目标和主要任务就是围绕转基因生物安全，建立和完善中国生物安全管理的政策与法规体系，起草中国转基因生物风险评估和风险管理技术指南，开发转基因生物环境影响监测的技术与方法，建设国家生物安全信息交换所和数据库系统，开展生物安全宣传教育和人力资源国内外培训（中华人民共和国环境保护部，2008）。2016 年中央一号文件强调，要"加强农业转基因技术研发和监管，在确保安全的基础上慎重推广"。

(二)非政府组织对转基因食品的态度

非政府组织，如联合国粮食及农业组织（FAO）、联合国环境规划署（UENP）、经济合作与发展组织（OECD）、《生物多样性公约》缔约方组织（CBD）、国际农业生物技术应用服务组织（ISAAA）、绿色和平组织等在转基因食品发展过程中发挥了不可忽视的作用。非政府组织出于自身的宗旨，对转基因食品持支持、反对或中立的态度。非政府组织具有非营利性特征，往往通过出版物、网站、社会舆论等途径影响政府公职人员的决策意向和消费者对转基因食品的选择，进而影响各国对转基因食品的管理政策和国际贸易的发展。

1. 支持的非政府组织——国际农业生物技术应用服务组织(ISAAA)

ISAAA 认为,转基因技术的应用,特别是转基因作物的种植,可以帮助发展中国家的农民。将 10 亿人从饥饿中解救出来的诺曼·博洛格博士因其在半矮秆小麦技术方面的影响而荣获诺贝尔和平奖。诺曼·博洛格是 ISAAA 的发起人,也是全球范围内转基因技术/转基因作物的最伟大的倡导者,他认为:"在十年前我们见证了植物转基因技术的成功,这一技术帮助全世界的农民在减少杀虫剂和水土流失的同时获得了更高的产量。具有全球一半人口的国家证实了这种转基因技术的收益和安全性,我们需要那些农民们仍然别无选择地使用陈旧、低效的方法进行种植的国家的领导人拿出勇气,绿色革命和现在的植物转基因技术正帮助我们在为下一代保护环境的同时满足对粮食生产的需求。"ISAAA 创始人和现任主席 Clive James 对中国农业部批准两种转基因主粮安全证书的行为给予了高度评价:"中国政府批准转基因水稻和玉米是一项里程碑式的决策。"ISAAA的主要任务,一是无偿分享转基因技术,尤其是生物作物,但是尊重他人的决定;二是使发展中国家通过这些转基因技术解决贫困和饥饿问题。ISAAA 强调转基因技术是可持续发展的最佳途径。

2. 反对的非政府组织

(1) 绿色和平组织

以"绿色和平组织"为代表的环保主义势力近年来在欧洲政坛崛起,在政府和议会中的势力不断扩大,对决策过程施加着越来越大的影响。在科研或科技发明方面,绿色和平组织把环境保护作为自己的宗旨,宣称自己的使命是"保护地球、环境及各种生物的安全与持续性发展,并以行动做出积极的改变"。对于违反环境保护的行为,绿色和平组织会尽力阻止,对转基因食品的发展也是如此。绿色和平组织的科学家认为,人类现在对基因的了解还非常有限,盲目将其投入环境,转基因作物产生的基因漂移可能会对全球的农作物品种多样化产生影响。绿色和平组织不定期对市面上的加工食品和对超市销售的生鲜产品进行转基因成分检测,并通过各种平台将相关情况提供给消费者。2004年以来,绿色和平组织每年都会出版《避免转基因食品指南》,影响人们对转基因食品的消费选择。绿色和平组织和其他一些组织已经在游说政府不要再签发转基因食品的许可证,直到转基因食品的长期影响问题得以解决。消费者和环保主义势力对转基因食品的态度必然对政府的决策产生影响。

(2) 国际有机农业运动联盟(IFOAM)

欧洲实行不允许普通作物种子中偶然混入转基因物质的"零容忍"政策。为保持非转基因食品的信誉,"零容忍"对于种子生产和供应是十分重要的。国际有机农业运动联盟认为种子纯度对保持不同种植体系的共存和为消费者提供选择等方面具有深远的影响,并强调超过"零容忍"而在标签中标注转基因物质的最高限量值的做法是为受转基因物质污染的种子提供永久的避难所。此组织支持欧盟的强制性安全管理政策。

3. 中立的非政府组织——联合国粮食及农业组织(FAO)、联合国环境规划署(UENP)、经济合作与发展组织(OECD)、《生物多样性公约》缔约方组织(CBD)

多数非政府组织对转基因食品持中立的态度，如 FAO、UENP、OECD、CBD 等。一般说来，消费者认为已食用上千年的传统食品通常是安全的。转基因食品开发和商业化生产的时间非常短。第一例转基因食品问世至今不过短短 20 多年的时间，是否有负面的影响利用现在的科学技术难以排除。许多非政府组织利用自身科学技术方面的优势，对转基因食品开展食用安全、环境风险和生态安全等研究，对转基因食品的发展和安全性认识的提高起到积极的推动作用。这些组织不强制性要求各国必须达成统一的转基因食品安全管理政策。

二、国外转基因食品消费行为

自 1996 年以来，转基因作物的商业化种植经历了 20 多年的突飞猛进，转基因食品安全与否的争论自其被端上餐桌时起就从未止息。国外关于转基因食品的研究起步较早，研究的主要内容集中在消费者对转基因食品的认知水平、购买意愿，对转基因标识制度的态度和对转基因产业发展的建议等方面。

(一)国外消费者对转基因食品的认知与态度

根据各国消费者对转基因食品的认知程度和接受程度，将典型代表国家分为两类：一类是美国和加拿大等接受转基因食品的国家，他们正在消费大量的转基因食品，消费者对转基因食品是默认接受的态度。相比于美国、加拿大等国的宽松政策，欧洲和日本等地区和国家的消费者对转基因食品就比较抵触(Burton et al., 2001; Magnusson and Hursti, 2002; McCluskey et al., 2003)。

2006 年美国"The Pew Initiative on Food and Biotechnology"研究组织对公众进行第五次关于转基因食品态度的调查，在 1000 名美国被访消费者中，34%的消费者认为转基因产品是安全的，可放心食用，有超过 29%的认为转基因食品并不安全，剩余 37%的消费者处于观望态度，没有明确表态(华静，2017)。

与美国人相比，欧洲人对转基因食品持比较谨慎的态度。根据 Bredahl 的调查，丹麦、德国、英国和意大利这四个欧洲国家的消费者对转基因食品的支持率很低，丹麦和德国的消费者对转基因食品的悲观态度尤其明显；表示完全不接受转基因食品的消费者占所调查人群的比例具体为，丹麦 25.4%，德国 16.7%，英国 8.9%，意大利 4.3%。表示完全接受转基因食品的消费者微乎其微，丹麦、德国、英国和意大利的比例依次是 0.8%、1.4%、0.6%和 1%(Bredahl, 2001)。一般情况下，欧洲消费者不会考虑购买消费转基因食品，只有在转基因食品的价格折扣不低于至少 50%时才会选择购买转基因食品。据有关研究显示，日本消费者同样反对转基因食品的发展，有 80%的被调研者即使在转基因食品价格很低的状况下也不愿意购买(McCluskey et al., 2003)。

(二)消费者购买意愿

McCluskey 等(2003)认为价格是影响消费者购买意愿的重要原因，挪威和日本的消费者在转基因食品价格较非转基因食品价格低 50%左右时才会选择购买转基因食品。Marieke 等(2006)对 3261 位年龄在 15~60 岁的志愿者进行了问卷调查。研究结果表明，自然科学教育和强大的食品健康理念很好地预示了消费者对转基因食品的态度，这两者连接了思维方式的影响。另外，消费者对有机食品积极的态度，更直接地是与诸如思维方式和价值观等个体差异有关。除此之外，调研中还发现，与转基因食品相比较，有机食品更加深入地根植于基本的个体因素，这使得有机食品的行为模式更加复杂但更加稳定。Font 和 Gil(2009)以西班牙、意大利和希腊的消费者为研究对象，构建结构方程模型。研究发现，基于对科学和公共部门的信任形成了消费者对转基因食品的态度，并最终决定了消费者最后的购买决策。在态度形成过程中三个国家之间显著的差异，导致了三个国家中的消费者对转基因食品的接受程度存在不同。Poveda 等(2009)以西班牙消费者为研究对象，发现消费者的接受程度很大程度是由消费者从消费转基因食品中感受到的风险控制的。Kikulwe 等(2011)以乌干达消费香蕉的家庭为对象，对乌干达 421 个消费香蕉的家庭进行了调研。研究结果表明，这些家庭对转基因香蕉表达了较高的购买意愿。在不同地区，社会经济特征有显著的差异。消费者特征和观念因素影响着消费者对转基因香蕉的购买意愿。Prati 等(2012)对 1009 位意大利的当地居民进行了电话调查。在他们的研究中一个重要的发现是，当控制风险感知和计划行为理论的其他组成成分时，感知收益与消费者对转基因食品的购买意愿之间存在显著且强烈的关系。

三、中国转基因食品消费行为

国内对转基因食品研究最早的是罗天强(2001)发表的《公众接受转基因食品吗》，文章中提到他在校内所做的问卷访查，高达 65%的受访者拒绝接受由转基因技术衍生的转基因农作物、转基因动物及转基因食品的任何生产。我国学者对转基因食品研究的重点主要集中在包括消费者认知水平、接受意愿、购买行为、支付意愿等。近些年，逐渐引申到转基因食品标签管理制度、政策制定等。

(一)消费者对转基因食品的认知与态度

对消费者关于转基因食品认知水平方面的研究，我国于 2002 年开始研究公众对转基因食品的认识处在哪种阶段。最初的调研地点在北京、上海、深圳等大城市，后来由一线城市过渡到中小城市，如昆明、吉林等。调查方法主要采取了入户调查、街头问卷调查等方法(杨叶娜，2017)。钟甫宁和丁玉莲(2004)采用问卷调查方法调查了南京公众对转基因食品的认识处在什么水平，并探究了消费者可能持有的态度。柳鹏程等(2006)采用问卷调查方式，通过对湖北武汉地区 600 多名公众的调查，初步总结了消费者对转基因食品安全监管的态度。马琳和顾海英(2011)在我国东、西、中部城市进行深入调查研究，得出我国在市场经济不够完善、法制不够健全的环境下，强制转基因食品贴标制度能够起到保护消费者合法权益的目的。

我国消费者对转基因食品的态度是复杂且不统一的。Li 等(2002)研究表明，我国北京的消费者愿意为转基因大米多支付高达 38%的溢价。Greenpeace(2004)在我国广州、上海和北京所做的调研显示，大部分的中国消费者不接受转基因食品。由此可见，上述两项研究的结论是完全相反的，这也说明了中国消费者对转基因食品的态度存在不确定性。而且，针对我国不同省份和地区消费者的研究，所得出的结论仍存在不同程度的差异。钟甫宁和丁玉莲(2004)对南京市消费者的调研结果显示，只有不到50%的被调查者听说过转基因食品，而且绝大多数消费者对转基因食品不了解。Huang 等(2006)对我国5 省 11 市消费者的调研结果显示，2/3 的被调查者听说过转基因食品，而且这 11 个城市的被调查者对转基因食品的接受程度较高，接受转基因食品的被调查者占比为 57%。Ho 等(2006)针对北京、石家庄共 1000 个消费者的调研，其也证明了中国消费者对转基因食品的认知和接受程度是比较高的。研究显示，表示听说过转基因食品的被调查者高达 70%，其中 40%的消费者愿意购买转基因食品。邓郁琼等(2008)对广州市消费者的调查结果显示，仅有 22%的被调查者愿意购买转基因食品，更有 28%的被调查者表示不论在任何价格条件下都不愿意购买转基因食品。周梅华和刘馨桃(2009)以长沙市消费者为研究对象，研究结果表明，在对转基因食品的态度上，消费者容易受到外界信息直接或间接的影响，并且在给予相关信息的前后，消费者的态度有所差异，而不同媒体发布的信息，对消费者的接受程度有不同程度的影响。王丽珍和徐家鹏(2010)对国内外近年的关于消费者对转基因食品的态度及其影响因素进行研究发现，存在以下的一致结论：普遍地，消费者对转基因技术的认知水平不高，不管是在发达国家还是在发展中国家；在认知水平普遍偏低的时候，消费者态度和意愿出现了不一致的情况。齐振宏和王瑞懂(2010)将国内外消费者对转基因食品的态度进行对比。研究结果预示着，不同地区的消费者，他们的态度是有很大差异的。研究中还发现消费者的个体特征和社会经济特征会对其认知产生影响。

(二)消费者对转基因食品的购买意愿

殷志扬等(2012)研究发现，影响消费者对转基因食品购买意愿的因素主要包括：消费者对转基因食品的态度、主观规范、知觉行为控制和情感牵连。毛新志等(2011)通过问卷调查法，以武汉、襄阳和黄石三市的消费者为调查对象，以消费者对转基因食品的认知为出发点，研究结论表明，公众对转基因食品认知较低，且认知与购买意愿具有相关性。陈超等(2013)使用多元无序 logistic 模型，对 7 个城市的消费者做了转基因食品购买行为与购买行为的偏差检验。研究表明，性别、个人收入和受教育程度等社会属性，较低的转基因食品价格、转基因食品了解水平和转基因食品标识等基本信息属性是造成两者出现偏差的主要因素。黄建等(2014)对武汉市 384 名消费者进行调查发现消费者对转基因食品感知风险主要有四个维度，即健康风险、经济风险、功能风险和环境风险，其中，健康、经济和环境风险对消费者购买转基因食品有显著影响。张迪和章家清(2014)以南京、无锡和苏州三市的消费者作为调查对象，利用意愿评估法中支付卡引导方式分析了消费者对转基因大豆油购买意愿的影响因素，结果表明，性别、教育程度、年龄与支付意愿有正显著关系。洪丹彤等(2014)对宁夏三所高校 574 名大学生进行了调查，发现大学生对转基因食品的认知程度较高，但是购买意愿不高，充分说明大学生对转基因食品的安全还是不放心，另外，性别、专业及信息源的渠道等因素与他们对转基因食品的认知和选择有显著影响。陈从军等(2015)收集陕西省消费者的一手数据，构建结构方程模型，分析消费者对转基因食品的感知风险及其主要的影响因素，结果表明，消费者社会特征对感知风险有显著差异，男性、年龄较高者、较高教育程度、高收入水平和高健康意识的转基因食品感知风险越高，对生物技术持支持态度、社会认同感强和转基因食品认知水平高的消费者转基因食品风险感知越低。彭勃文和黄季焜(2015)通过问卷调查，分析消费者对转基因相关知识了解程度及对转基因技术观点的变化，并探讨知识认知和观点与其对转基因大豆油和玉米接受程度的关系，研究发现消费者的接受意愿与购买行为不能等同。项高悦等(2016)通过回归分析方法，探讨了消费者对转基因食品风险感知与购买意愿的关系，结果发现，对转基因食品风险感知越高的消费者，购买转基因食品的意愿就越低。此外，教育程度、收入和对转基因食品的了解程度显著影响消费者的风险感知。

第四节　转基因食品社会许可：内涵界定、理论模型与影响因素

　　转基因食品在全球食品供应链中发挥着越来越重要的作用，但对消费者来说仍然是一个备受争议的话题。学者们投入了大量精力来调查消费者对转基因食品的看法和评价。Hess 等(2016)审查了 1991~2012 年 22 年间发表的 214 篇期刊文章和政府报告，发现先前的研究非常强调划分观念、态度、购买意愿和支付意愿之间的关系。Font 等(2008)也认为消费者对转基因食品的态度是影响他们对转基因食品购买意愿的主要因素之一。此外，Font 等(2008)还强调了利益和风险认知对消费者对转基因食品态度形成的重要作用。多数消费者认为风险大于直接利益，对转基因食品持反对态度。从消费者的角度来看，转基因食品的风险包括潜在的健康影响、潜在的环境影响、社会问题和道德问题(Hossain and Onyango, 2004; Zhang et al., 2016)。此外，之前的研究还表明，消费者对转基因食品的态度因国家和地区不同而异。大多数欧盟(EU)国家的消费者拒绝转基因食品，而美国消费者对在某些条件下食用转基因食品持相对中立的观点(Méndez et al., 2012)。在中国，随着转基因技术意识的提高，公众对转基因食品的态度经历了从普遍积极到消极的巨大变化(Ho et al., 2006; Li et al., 2002)。总体而言，上述结果表明，消费者对转基因食品的接受程度因世界各国和地理区域而异，公众对转基因食品的态度可在特定国家内改变。Font 等(2008)建立了一个概念框架，认为消费者对转基因食品态度的国家差异可能受到两个主要因素的影响：消费者对利益和风险的看法及消费者的个人价值观。Font 和 Gil(2009)在之后对西班牙、意大利和希腊三国的消费者态度研究中发现文化在个人的决策过程中发挥作用，但是他们没有解释文化价值观在这一过程中的具体作用。基于 Font 等(2008)及 Font 和 Gil(2009)的研究，我们可以从文化价值观的角度研究消费者对转基因食品的购买意愿。

　　先前的研究多采用随机效用理论来确定消费者对转基因食品的选择、态度和意愿的影响因素，最近研究多采用更复杂的多层行为模型研究消费者对转基因食品接受度，以此理解消费者行为(Hess et al., 2016)。其中，计划行为理论(TPB)模型作为理解消费者行为的最广泛应用的模型之一(Ajzen, 1991)，它表明消费者的行为意向可以通过态度、主观规范和感知行为控制来预测。TPB 模型通常应用于预测食物选择和饮食行为(Ajzen,

2015; McDermott et al., 2015)，它也是以往关于消费者对转基因食品接受度和态度的研究中的流行理论工具(Bredahl, 2001; Chen, 2008; Cook et al., 2002; Prati et al., 2012; Spence and Townsend, 2006)。此外，Ajzen (2015)建议将包括文化在内的一组背景因素添加到计划行为理论模型中以更好地预测消费者的食物消费。由于中国人口多，地域分布广泛，语言、宗教、饮食习惯等文化差异明显，消费者行为存在差异。因此，本研究首次将计划行为理论与文化维度理论相结合来解释中国消费者对转基因食品的接受程度。在本研究中，我们的目的是回答以下研究问题：哪些因素影响消费者对转基因食品的态度、信任、持续接受及购买意愿？哪些文化维度会影响决策过程中与转基因食品购买意愿有关的因素？个体文化价值观在消费者决策过程中的具体作用是什么？

一、转基因食品社会许可的内涵界定

社会许可这一概念于 20 世纪 90 年代首先由加拿大矿业经理 Jim Cooney 提出并应用在矿业领域(Joyce and Thomson, 2000)，随后这一概念逐渐受到重视，进而延伸至社会经济中的其他行业，如林业、海洋产业、电力产业等(王建等，2016)，社会许可已经成为各种社会经济领域的通用术语。许多学者从不同角度对社会许可进行了直接界定：Gunningham 等(2004)把社会许可定义为地方的利益相关者及更广泛的公民群体对公司如何运作的一系列需求和期望。Nelsen 和 Scoble (2007)认为社会许可是一系列概念、价值观、工具和实践的综合，代表了一种行业和利益相关者观察现实的方式。Thomson 和 Boutiler (2011)将社会许可定义为社区对公司的可接受性及其在当地的运作的看法，这意味着当地社区有权授予开发项目的社会许可。Prno 和 Slocombe (2012)从治理和可持续发展角度把社会许可定义为一系列必须遵守的目标、规则和制度。Owen (2016)认为只有民众不许可矿业项目的开发甚至出现反对甚至抗议行为时，社会许可才能有所体现。综上所述，多数学者更认可社会许可是当地利益相关者对当地项目的持续接受和支持程度这一概念。然而对转基因食品社会许可的定义，目前学术界并没有规范明确的说法。因此，为了明确转基因食品社会许可的具体内涵，本节首先从农业领域的社会许可概念入手，将其落实到转基因食品层面，进而得出转基因食品社会许可的内涵。

由于在农业领域，社会许可这一概念因各国、各部门而异，因此很难界定社会许可。加拿大食品安全中心(CCFI, 2016)将社会许可定义为以做正确的事来维持公众信任为基础，在最低限度的正式限制(立法、诉讼、监管或市场授权)下运作的特权，并将公众信任定义为认为活动符合社会期望和社区及其他利益攸关方的价值观。加拿大作物生命协会(CLC, 2017)还将社会许可定义为整个社区及其关键消费者群体给予企业实体或工业部门的公众信任程度。此外，他们对公众信任的定义是认为活动符合社会期望和利益攸关方的价值观，并通过行业参与、经营实践和表达的价值观获得。虽然社会许可建立缓慢，但通过做正确的事情来逐渐赢得公众的信任，Ron (2014)还认为信任是社会许可的核心。由于转基因食品在全球食品供应链中发挥着越来越重要的作用，但对消费者来说仍然是一个备受争议的话题。加之消费者群体的特殊性，需要从不同的消费者视角去了解其对转基因食品及食品生产商的接受、许可和信任程度。基于以上的概念，本节把转基因食品社会许可界定为消费者群体给予转基因食品及其生产商的持续接受、许可和信任程度。

二、转基因食品社会许可的理论模型

本研究的概念框架是基于计划行为理论、态度理论、企业社会责任理论和霍夫斯泰德的文化维度理论，确定行为态度、主观规范、知觉行为控制这三个影响转基因食品的社会许可的主要因素，并从这四个理论对转基因食品的社会许可进行分析并构建模型。

(一)计划行为理论

消费者的食物选择是消费者行为的一个有趣领域。消费者在日常购物时必须自己决定不同的食物选择。为了更好地理解个人的行为和决策，社会学家和心理学家创造了几种模型来解释行为意图和实际行为之间的关系(Ajzen, 1991)。行为意图定义为"一个人在主观概率维度上的位置，涉及他自己与某些行为之间的关系"。因此，态度和主观规范被用作预测一个人在理性行动理论(TRA)模型中参与某种行为的意图的两个因素。尽管消费者的态度并不总是很好地预测消费者的实际行为，但这种模式得到了后续行为研究的支持，并且经常应用于消费者行为研究中(Chen, 2008)。由 Ajzen(1991)开发的计划行为理论(TPB)模型是 TRA 模型的扩展，将知觉行为控制作为解释行为意图和实际行为的第三个变量。具体而言，TPB 模型引入了一个新概念：如果个人认为他们能够成功地行事，他们就更有可能追求某种行为。TPB 模型已成功应用于不同的消费者行为研究中，目前应用在电子商务服务和食品的选择等领域(Pavlou and Fygenson, 2006)。

一些研究表明 TPB 模型同样适用于预测消费者对转基因食品的接受程度。根据英国一项调查结果，Spence 和 Townsend(2006)发现 TPB 模型的三个组成部分都是消费者购买转基因食品意图的重要预测因素。此外，在消费者接受转基因食品的背景下，其他研究扩展了经典的 TPB 模型，把一些新的影响因素纳入研究模型中。Cook 等(2002)把自我认同添加到 TPB 模型中以了解消费者对转基因食品的购买意愿。Font 和 Gil(2009)把科学和转基因技术的态度及对专家(科学家)和监管机构(政府)的信任纳入 TPB 模型中。本研究在借鉴 Ajzen(1991)和 Chen(2008)的研究基础上，认为消费者对转基因食品的购买意愿取决于三个因素：消费者对转基因食品的态度(态度)，消费者从其他相关人员那里了解到购买转基因食品的社会压力程度(主观规范)和消费者对购买转基因食品所感受到的控制程度(知觉行为控制)(Ajzen, 1991; Chen, 2008)。

(二)文化维度理论

消费者行为受到文化共同价值观和信仰的影响(Singh, 2006)。文化被定义为一组价值观、思想、文物和其他有意义的符号，帮助个人作为社会成员进行交流、解释和评价。其他研究人员将文化定义为可以传达并传递给下一代的价值体系的知识。这些不同的价值观构成了在某些特定环境下应该实现的目标。它们会影响推动人们作为个人、家庭和社会团体采取进一步行动的动力(Singh, 2006)。因此，文化不仅影响个人对特定产品的决策，还影响社区内的消费结构。具有共同的政治、伦理或地理特征的人有着相同的偏好和判断标准，这反过来又反映在他们的消费行为中(Soares et al., 2007)。因此，由于不同的价值体系，不同文化之间的消费者行为和交流是不同的(DeMooij, 2015)。在食物选择方面，Pieniak 等(2009)调查了传统食物消费与食物选择动机之间的关系，结果表明不同国家的消费者在做出食物选择时分享相同的因素(如价格、感官吸引力和健康利益)，但以不同顺序对这些因素进行评估。具体来说，体重控制与挪威和波兰对传统食品的总体态度有显著的负相关关系，而来自西班牙的消费者对价格非常敏感(与总体态度呈负相关关系)。Baker 等(2004)重点研究了德国和英国有机食品选择的价值，发现这两个国家的消费者在健康、幸福和生活质量等价值观上有着相同的观点。所有这些证据表明，文化可能对消费者的决策产生不同的调节作用。

关于民族文化的差异，Hofstede(1983)确定了六个维度：个人主义/集体主义、不确定性规避、权力距离、长期取向、男性气质和放纵。这些维度已应用于许多跨文化营销研究中(Soares et al., 2007)。因此，在本研究中，我们仅将个人主义/集体主义和不确定性规避应用于预测消费者在个人层面上对转基因食品的接受程度。

三、转基因食品社会许可的影响因素

(一)基于计划行为理论的转基因食品社会许可影响因素分析

以 TPB 为基础，借鉴转基因社会许可影响因素的相关研究，确定态度、主观规范、知觉行为控制这三个影响转基因食品社会许可的主要因素。因此，本节从这三个方面对转基因社会许可进行分析并构建模型，见图 2-2。

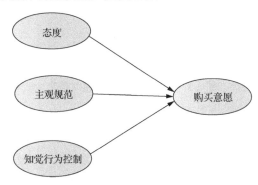

图 2-2　基于计划行为理论的模型框架

1. 态度

消费者态度属于消费者行为研究的范畴，是指消费者在使用和处置所购买的产品和服务之前的心理活动和行为倾向，行为态度指的是个人实行某种特定行为的正向或负向的评价。文献研究表明，态度一直被确认为转基因食品购买意愿的最重要影响因素(Ajzen, 1991; Prati et al., 2012; Spence and Townsend, 2006)。根据最初的 TPB 模型(Ajzen, 1991)，更积极的态度会导致更高行为意图。在不同国家和地区对消费者接受转基因食品的研究支持了相同的结论(Chen and Li, 2007; Rodríguez et al., 2013)。研究人员进行了大量研究，以探讨消费者对转基因食品态度的形成。关于消费者态度形成的最常规理论之一是 Fishbein(1963)多属性模型。该模型表明消费者对特定产品的态度取决于他们对产品的信

念和产品属性的评估(Fishbein, 1963; Font et al., 2008)。基于 Fishbein(1963)的多属性模型，Bredahl 等(1998)开发了一个新的态度模型，认为消费者对转基因食品的态度是由感知风险(不利)和感知利益(有利)决定的。根据 Bredahl(2001)在四个欧盟国家(丹麦、德国、英国和意大利)的研究，感知利益对转基因食品的总体态度具有强烈的积极影响，而感知风险对所有的消费者态度都有负面影响。在不同国家或地区进行的其他几项研究中也发现了类似的结论(Curtis and Moeltner, 2006; Font and Gil, 2009; Moon et al., 2007; Rodríguez et al., 2013)。这些研究表明，消费者对转基因食品的态度是通过对产品属性的正面和负面影响进行总体加权评价而形成的。因此，本研究基于态度理论，从个人利益、行业利益和社会利益这三个与转基因食品属性相关利益方面进行分析。此外，消费者对应用转基因技术和食用转基因食品的风险的看法与以下三个领域的不确定性有关：健康、生态和道德，见图 2-3。

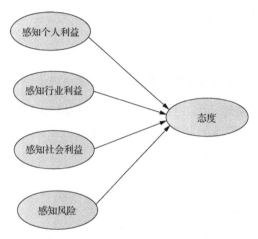

图 2-3　基于态度理论的模型框架

(1)感知个人利益

在所有不同类型的转基因食品的潜在好处中，直接的个人利益可能是消费者开始评估的最基本的考虑因素之一。消费者有充分的理由思考为什么转基因食品是他们自己和家人的最佳选择，但目前转基因食品产品的明显益处的信息仍然非常有限。以前的几项研究支持向消费者提供更直接利益的价值(González et al., 2009; Knight et al., 2005; Méndez et al., 2012)。目前的转基因技术改变作物性状，如产量、化学成分和抗逆性(如抗虫性)。因此，价格折扣、提高营养价值和减少使用化学品(如杀虫剂)现在已成为消费者选择转基因食品的可能个人利益(Hossain and Onyango, 2004; Zhang et al., 2016)。González 等(2009)发现巴西约 75%的受访者支持采用基于转基因的维生素 A 木薯。除了转基因食品可能带来的营养好处外，一些消费者认为，食用转基因食品最重要的好处是减少化学品的使用，消费者如果意识到转基因食品的这种安全好处，就会对某些转基因食品持积极态度。

(2)感知行业利益

转基因食品的行业利益构成了将转基因技术应用于食品和农业的强大动力，

Hess（2016）认为转基因食品感知行业利益与感知个人利益不同。消费者对行业利益的看法取决于他们对公司业务做法的了解和判断，进一步影响他们对公司企业社会责任的看法（Lavorata and Pontier, 2005; Swaen and Chumpitaz, 2008）。消费者对行业利益的看法还会进一步影响消费者对公司产品或服务的态度（Crespo and Bosque, 2005）及他们的购买意向（Creyer and Ross, 1997; Sen and Bhattacharya, 2001）。因此，感知行业利益与企业社会责任有着密不可分的联系，可以把影响企业社会责任的因素作为消费者感知社会利益的影响因素。

企业社会责任是企业继续致力于道德行为和促进经济发展，同时不仅提高雇员及其家庭的生活质量，而且改善当地社区和整个社会的生活质量。Caroll（1979）的四维度模型被广泛用于评估消费者对企业社会责任积极的看法：首先，Caroll（1979）的模型被认为是对企业社会责任知识的开创性贡献；其次，Carroll（1979）的模型代表了自 20 世纪 50 年代以来在以往模型中出现的尺度的简约合成（Aguinis and Glavas, 2012; Carroll, 1999）。再次，各种研究表明该模型的四个维度对消费者有意义（Arli and Lasmono, 2010; Maignan, 2001; Ramasamy et al., 2010）。最后，Carroll 模式中所包含的法律层面可能特别适用于转基因食品，转基因食品生产商应遵守国际监管机构规定的具体标准。Pino（2016）研究了生产者的企业社会责任（CSR）如何影响消费者购买转基因食品的意愿。根据 Carroll（1979）的说法，企业社会责任包含四种责任，即经济、法律、道德和慈善责任。经济责任意味着生产者可以通过生产和销售他们的产品来获得他们业务的利润，法律责任意味着公司需要遵循法律部门执行的要求，而道德责任要求公司向社会提供有关其业务的正确信息。慈善责任包括帮助生产者向当地人分享其产品信息的行为。因此，本研究基于企业社会责任理论，从经济责任、法律责任、慈善责任和道德责任四个方面进行分析，见图 2-4。

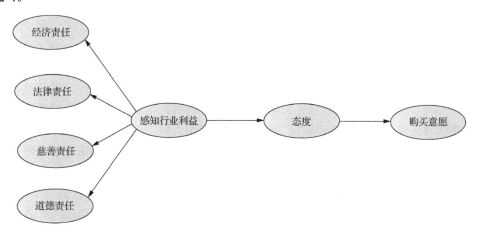

图 2-4　基于企业社会责任理论的模型框架

（3）感知社会利益

转基因食品的社会效益通常与人口增加导致的全球粮食安全潜在问题有关。尽管世界人口的平均增长率在过去几年逐渐放缓，但预计到 2050 年全球人口将达到 97 亿。人口的增加给全球食品供应链带来了重大挑战，人口增长也导致人均农业生产的耕地减少。

因此，转基因作物在增加产量和抗病性等方面的优势，对于确保食品供应链稳定性的行业和政府都至关重要。此外，转基因作物也被认为是一种有效的解决方案，可以减少由于其抗虫性而产生的农业生产对环境的压力（Bawa and Anilakumar，2013）。

与转基因食品的直接个人利益和行业利益相比，转基因食品在食品安全和环境保护方面的社会效益可能更加明显，大多数消费者也更容易理解，即使没有额外的知识。之前的许多研究（新华社，2015）询问了转基因食品的社会效益（如食品供应和环境效益），以衡量消费者的利益感知。这些研究的结果表明了感知社会利益对转基因食品态度的积极影响（Chen and Li，2007；Spence and Townsend，2006；Prati et al.，2012）。

（4）感知风险

公众对转基因技术和转基因食品的担忧与三个主要领域的风险和不确定因素有关：健康、生态和道德。例如，食用转基因食品可能会对人体产生短期和长期的负面影响，如潜在的毒性、过敏源和其他与基因改造有关的后果。除了健康问题之外，转基因食品的另外一个潜在问题是由于转基因植物的耐除草剂和昆虫抗性及随之而来的对环境和其他物种的长期影响（Zhang et al.，2016）。还有些人认为人类应该尊重大自然而不是改变规则。关于转基因食品的其他伦理争论与社会正义问题有关（Knight，2009）。未知的健康和环境影响是消费者对转基因食品的两个最显著的感知风险。从长远来看，消费者对转基因食品有负面印象，因为他们认为应该收集更多的科学证据来识别和解释吃转基因食品可能产生的后果。在其他国家进行的研究也可以找到相同的理由（Hess，2016）。虽然之前关于转基因植物风险评估的研究没有提供转基因食品消费不利影响的实质证据，但数据不足使得得出结论很难（Domingo and Bordonaba，2011）。这种情况可能会进一步增加对转基因食品的关注，并使人们对消极方面的看法受到影响。

2. 主观规范

主观规范是行为意图的决定因素，与对他人规范期望的信念和遵守这些期望的动机相关。它反映了一个人的看法，即对他们重要的人认为他们应该这样做（Ajzen，1991；Mafe et al.，2016）。消费者的食物选择必须考虑到其他人的偏好和反应。当消费者负责为整个家庭准备食物时，更多地会考虑接受他人意见（尹世久等，2014）。同样，对转基因食品的购买决策也会受到其他人的意见和态度的影响。例如，家庭中的食品购物者可能出于特定的原因（额外的健康福利和较低的价格）而愿意购买转基因食品，但最终可能会在市场上选择其他产品。此外，主观规范对消费者购买转基因食品意愿的影响不仅限于家庭成员和朋友，还可能来自一个人的社交圈或市场上的其他消费者和媒体等。当他们听到了其他消费者试图避免转基因产品的消息时，消费者可能会改变购买转基因食品的决定。先前的研究证实了主观规范与转基因食品购买意向之间的重要关系（Cook et al.，2002；Spence and Townsend，2006），认为消费者对转基因食品的主观规范与购买意向之间存在着潜在的正相关关系。

3. 知觉行为控制

知觉行为控制是一个人预期在采取某一特定行为时自己所感受到可以掌握/控制的程度，即一个人对实施某种行为有多容易或有多难的感觉（Ajzen，1991），它与行为态度和主观规范共同影响购买意愿，Ajzen(1991)认为控制更多的人更有可能执行这种行为。在转基因食品消费的背景下，研究转基因食品知觉行为控制的方法是消费者是否购买转基因食品的感知能力(Prati et al., 2012; Spence and Townsend, 2006)。知觉行为控制在探讨转基因食品购买意向方面有其独特之处，一些研究侧重于对转基因食品的规避控制，而另一些研究则侧重于对转基因食品的购买控制。在本节中，我们更侧重消费者在选择购买或避免食用转基因食品时所面临的困难。

(二)基于文化维度理论的转基因食品社会许可影响因素分析

以文化维度理论为基础，借鉴转基因食品社会许可影响因素的相关研究，把个人主义/集体主义和不确定性规避作为调节变量，研究其如何调节 TPB 模型中的各种关系，并构建模型，见图 2-5。

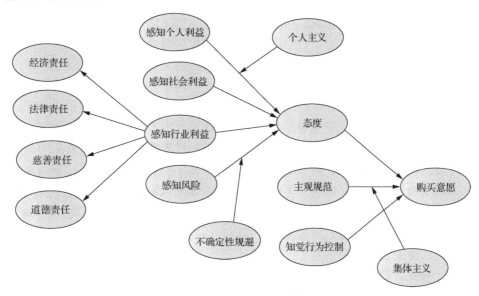

图 2-5　基于文化维度理论的模型框架

1. 个人主义和集体主义

Hofstede 和 Hofstede(2005)将个人主义指数描述为社会成员之间的相互依存程度，它表明了一个人与他或她的同伴之间的关系，以及特定社会中的人喜欢作为个人或群体成员的程度(Singh, 2006)。正如 Hofstede 和 Hofstede(2005)所指出的，个人主义与一个人用"我"或"我们"来定义他或她自己的方式有关。当涉及消费者行为时，个人主义的消费者可能有相对较多的自由和决策空间，做出选择的依据更多的是他们的个人价值观和目标，所以，感知到的个人利益可能会对个人主义的消费者对转基因食品的态度和购买意愿产生更大的影响。与之相反的，集体主义消费者做出决定时可能会更多地考虑群体中其他人的利益和目标，更容易受到该群体的规范或群体其他人的意见的影响。

个人主义与集体主义是一种文化维度，涉及一个人是否只关心他或她自己及他们的直系亲属或社会群体(Hofstede and Hofstede, 2005)。由于转基因食品现在已成为全球社会和道德问题,消费者对转基因食品生产和应用的决策不仅是个人的(基于个人利益和意见的看法),而且也发生在群体层面(涉及同一社会群体中其他人的福利)。在与转基因食品消费相关的决策方面,集体主义者如果更多地考虑社会群体中的其他人,也可能会比更独立思考的个人主义者更认真地考虑他人的观点。

基于上述讨论,我们认为,对于具有个人主义文化价值的消费者而言,对转基因食品消费的个人利益的感知在决策过程中起着更为重要的作用。对于来自集体主义文化的消费者来说,其他人的观点和感受,而不是个人利益,可能成为他们在购买转基因食品时的首要考虑因素。

2. 不确定性规避

不确定性规避指的是一个社会感受到的不确定性和模糊情景的威胁程度。不确定度较低的文化被认为更容易冒险,因为他们理解和接受生活中充满未知和风险。因此,他们通常更愿意接受新事物。相反,具有较高不确定性的文化的人们试图减少他们日常生活中未知的压力和潜在的风险。当他们从所做的决定中感受到任何真正的或潜在的风险时,他们也会感到相对更焦虑。与不确定性规避较强的文化相比,具有较低不确定性规避的文化更有可能进行创新(Singh, 2006)。事实上,由于转基因食品技术的长期未知影响,消费者对生物技术的应用有着不同的担忧(Zhang et al., 2016)。然而,始终保持安全的社会价值将使消费者在决策时对潜在风险更加敏感,而不是对利益更加敏感。因此,在具有较高不确定性规避的文化中,感知风险将在形成消费者对转基因食品的态度方面发挥更重要的作用。Finucane 和 Holup(2005)及 Townsend(2006)认为对转基因食品的客观未知风险的看法取决于人们的文化信仰和期望,未知风险和恐惧风险是公众对转基因食品风险认知的两个重要因素,一些消费者对未知的风险因素比恐惧因素更敏感。因此,我们认为,对这些未知风险的认知与对转基因食品的态度之间的关系,有可能受到个人对不确定性的耐受性的影响。

另外一种探讨消费者对转基因食品行为的不确定性规避影响的方法是愿意支付溢价(或获得折扣),以避免(或接受)具有一定程度未知风险的转基因食品。Noussair 等(2003)研究表明 35%的参与者不愿意购买任何与转基因相关的食品,65%的人愿意在不同条件下购买转基因食品,尤其是在价格明显低于常规食品(非转基因食品)的情况下。这表明,一些消费者可能对未知的损失有零容忍度,但另一些消费者则可能追求与通用食品消费不同的目标,比如一种成本效益高的生活方式。

四、转基因食品社会许可的引导策略

首先,企业要特别注重文化价值差异的重要性。由于我国地域分布广泛,人口之间文化差异明显,不同的文化价值观决定了消费者不同的购买意愿。注重特定的文化价值观(个人/集体主义、不确定性规避等)在塑造消费者接受和购买意图的过程中的调节作用,帮助转基因产品营销人员和产品经理制订更有效的产品开发和沟通策略。此外,营销人员在制订国内和国际市场的沟通策略时应考虑消费者的文化差异,消费者的个人价值体系如何与他们当前生活的环境相互作用。此外,还要注意消费者社交网络(如家人、朋友和同事)的主观规范对消费者对转基因食品态度形成过程的重大影响,深入地了解转基因食品在其特定目标市场中的各种主观规范。

其次,企业要重视消费者对企业社会责任的看法,加强对企业社会责任方面的管理。不同方面的社会责任会对消费者对转基因食品的态度和意图产生不同的影响。转基因食品生产商可以通过遵纪守法、致力于慈善活动等方法改善消费者的态度,加强消费者的购买愿意。具体而言,可以通过帮助解决社会问题(如企业就业机会优先照顾当地,结合产业带动当地发展经济)、对社会事件(体育、音乐等)积极提供赞助或资金支持、遵守可追溯性和安全标准等途径对消费者购买转基因食品的意愿产生积极影响。

最后,政府进一步加强监管立法。目前在政府的支持下,转基因食品行业正在从生产者利益导向型发展战略转变为新的以消费者利益为导向的发展战略。转基因食品监管机构可以考虑提供更加标准化的指导方针,鼓励食品和农业制造商向市场推出更多新一代的转基因产品,并给消费者带来不同的直接利益,只有这样更多消费者才会理解为什么他们应该购买转基因产品而非其他替代品。此外,政府有必要评估转基因食品和技术透明度的必要性,以帮助消费者做出有关转基因食品消费的明智决策。

参 考 文 献

陈超, 石成玉, 展进涛, 等. 2013. 转基因食品陈述性偏好与购买行为的偏差分析——以城市居民食用油消费为例. 农业经济问题, 34(6): 82-88.

陈从军, 孙养学, 刘军弟. 2015. 消费者对转基因食品感知风险影响因素分析. 西北农林科技大学学报(社会科学版), 15(4): 105-110.

陈从军. 2015. 转基因食品消费者感知风险影响因素分析. 西北农林科技大学硕士学位论文.

陈福生. 2004. 食品安全检测与现代生物技术. 北京: 化学工业出版社.

邓郁琼, 钟玉清, 杨晓. 2008. 市场对转基因食品的认知, 接受程度对政府部门在转基因食品安全监管方面的影响分析——对广州市大型超市转基因食品消费情况的调查研究. 食品科技, (5): 198-204.

付文侠, 王长林. 2010. 转基因食品标识的核心法律概念解析. 法学杂志, (11): 113-115.

洪丹彤, 丁亚亚, 马磊, 等. 2014. 某市大学生对转基因食品认知度和购买意愿的调查分析. 赤峰学院学报(自然科学版), 30(8): 72-73.

侯婧. 2013. 转基因食品安全的伦理研究. 武汉理工大学硕士学位论文.

华静. 2017. 农业转基因技术应用的认知水平与社会规制研究. 中国农业大学博士学位论文.

黄建, 齐振宏, 冯良宣, 等. 2014. 消费者对转基因食品感知风险的实证研究——以武汉市为例. 中国农业大学学报, 19(5): 217-226.

连丽霞, 王永佳. 2010. 美国与欧盟各国转基因食品安全管理比较研究. 中国农业科技导报, 12(05): 51-56.

柳鹏程, 马强, 金国荣, 等. 2006. 消费者的转基因食品安全管理期望研究. 科技进步与对策, 23(6): 141-144.

罗天强. 2001. 公众接受转基因食品吗? 武汉科技大学学报, (3): 70-72.

马琳, 顾海英. 2011. 转基因食品信息、标识政策对消费者偏好影响的实验研究. 农业技术经济, (9): 65-73.

毛新志, 王培培, 张萌. 2011. 我国公众对转基因食品社会评价的调查与分析——基于湖北省的问卷调查. 华中农业大学学报(社会科学版), (5): 5-11.

彭勃文, 黄季焜. 2015. 中国消费者对转基因食品的认知和接受程度. 农业经济与管理, (1): 33-39, 63.

齐振宏, 王瑞懂. 2010. 中外转基因食品消费者认知与态度问题研究综述. 国际贸易问题, (12): 115-119.

沈孝宙. 2008. 转基因之争. 北京: 化学工业出版社.

王建, 黄煦, 崔周全, 等. 2016. 矿业领域社会许可的产生与意义. 中国矿业, 25(6): 30-34.

王丽珍, 徐家鹏. 2010. 消费者对转基因食品的态度及其影响因素研究述评. 消费经济, (6): 78-81.

王岩东. 2011. 转基因食品安全立法问题研究. 复旦大学硕士学位论文.

项高悦, 曾智, 沈永健. 2016. 消费者食品安全风险感知及应对策略研究. 社科纵横, 31(8): 48-50.

新华社. 2015. 中共中央国务院关于落实发展新理念加快农业现代化实现全面小康目标的若干意见. http://www.gov.cn/gongbao/2016-02/29/content_5045927.htm [2018-06-25].

徐俊锋, 孙彩霞, 陈笑芸. 2009. 转基因食品现状及贸易措施分析. 中国农学通报, 25(22): 42-46.

杨叶娜. 2017. 商业化背景下转基因食品安全立法问题研究. 武汉工程大学硕士学位论文.

殷志扬, 程培堽, 袁小慧, 等. 2012. 消费者对转基因食品购买意愿的形成: 理论模型与实证检验. 消费经济, (3): 81-84.

尹世久, 许佩佩, 陈默, 等. 2014. 生态食品:消费者的偏好选择及影响因素. 中国人口·资源与环境, 24(4): 71-76.

翟晓梅, 邱仁宗. 2005. 生命伦理学导论. 北京: 清华大学出版社.

张迪, 章家清. 2014. 消费者对转基因大豆油支付意愿调查研究.经济论坛, (8): 156-159.

中华人民共和国环境保护部. 2008. 中国转基因生物安全性研究与风险管理. 北京: 中国环境科学出版社.

钟甫宁, 丁玉莲. 2004. 消费者对转基因食品的认知情况及潜在态度初探——南京市消费者的个案调查. 中国农村观察, (1): 22-27.

周梅华, 刘馨桃. 2009. 长沙市消费者对于转基因食品的认知程度和态度研究. 消费经济, (3): 51-53.

周小宁. 2013. 两类转基因食品安全原则的对立及伦理考量. 前沿, (07): 57-59.

Aguinis H, Glavas A. 2012. What we know and don't know about corporate social responsibility: a review and research agenda. Journal of Management, 38(4): 932-968.

Ajzen I. 1991. The theory of planned behavior. Organizational Behavior and Human Decision Processes, 50(2): 179-211.

Ajzen I. 2015. The theory of planned behaviour is alive and well, and not ready to retire: a commentary on Sniehotta, Presseau, and Araújo-Soares. Health Psychology Review, 9(2): 131-137.

Arli D I, Lasmono H K. 2010. Consumers' perception of corporate social responsibility in a developing country. International Journal of Consumer Studies, 34(1): 46-51.

Baker S, Thompson K E, Engelken J, et al. 2004. Mapping the values driving organic food choice: Germany vs the UK. European Journal of Marketing, 38(8): 995-1012.

Bawa A S, Anilakumar K R. 2013. Genetically modified foods: safety, risks and public concerns—a review. Journal of Food Science and Technology, 50(6): 1035-1046.

Bredahl L, Grunert K G, Frewer L J. 1998. Consumer attitudes and decision-making with regard to genetically engineered food products—a review of the literature and a presentation of models for future research. Journal of Consumer Policy, 21(3): 251-277.

Bredahl L. 2001. Determinants of consumer attitudes and purchase intentions with regard to genetically modified food–results of a cross-national survey. Journal of Consumer Policy, 24(1): 23-61.

Burton M, Rigby D, Young T, et al. 2001. Consumer attitudes to genetically modified organisms in food in the UK. European Review of Agricultural Economics, 28(4): 479-498.

Canadian Centre for Food Integrity (CCFI). 2016. Public trust research-2016. http://www.foodintegrity.ca/research/consumer-trust-research [2018-6-25].

Carroll A B. 1979. A three-dimensional conceptual model of corporate social performance. Academy of Management Review, 4(4): 497-505.

Carroll A B. 1999. Corporate social responsibility. Evolution of a definitional construct. Business and Society, 38(3): 268-295.

Chen M F, Li H L. 2007. The consumer's attitude toward genetically modified foods in Taiwan. Food Quality and Preference, 18(4): 662-674.

Chen M F. 2008. An integrated research framework to understand consumer attitudes and purchase intentions toward genetically modified foods. British Food Journal, 110(6): 559-579.

Clever J. 2017. China oilseeds and products annual. https://gain.fas.usda.gov/Recent%20GAIN%20Publications/Oilseeds%20 and%20Products%20Annual_Beijing_China%20-%20Peoples%20Republic%20of_3-16-2017.pdf [2018-06-25].

Cook A J, Kerr G N, Moore K. 2002. Attitudes and intentions towards purchasing GM food. Journal of Economic Psychology, 23 (5): 557-572.

Crespo A H, Bosque I R. 2005. Influence of corporate social responsibility on loyalty and valuation of services. Journal of Business Ethics, 61 (4): 369-385.

Creyer E H, Ross Jr W T. 1997. Tradeoffs between price and quality: how a value index affects. Journal of Consumer Affairs, 31 (2): 280-302.

Crop Life Canada (CLC). 2017. What does 'Social License' mean for agriculture? http://croplife.ca/what-does-social-license-mean-for-agriculture/ [2018-6-25]

Curtis K R, Moeltner K. 2006. Genetically modified food market participation and consumer risk perceptions: a cross‐country comparison. Canadian Journal of Agricultural Economics/Revue canadienne d'agroeconomie, 54 (2): 289-310.

Daisuke S. 2018. Japan oilseeds and products Annual. https://gain.fas.usda.gov/Recent%20GAIN%20Publications/Oilseeds%20 and%20Products% 20Annual_Tokyo_Japan_4-2-2018.pdf [2018-06-25].

DeMooij M. 2015. Cross-cultural research in international marketing: clearing up some of the confusion. International Marketing Review, 32 (6): 646-662.

Domingo J L, Bordonaba J G. 2011. A literature review on the safety assessment of genetically modified plants. Environment International, 37 (4): 734-742.

Elizabeth W. 2016. Academies of science finds GMOs not harmful to human health. https://www.usatoday.com/story/tech/ 2016/05/ 17/gmos-safe-academies- of-science-report-genetically-modified-food/84458872/ [2018-06-25].

Erin D. 2018. Canada grain and feed annual. https://gain.fas.usda.gov/Recent%20GAIN%20Publications/Grain%20and% 20Feed % 20Annual_Ottawa_Canada_4-13-2018 [2018-06-25].

Finucane M L, Holup J L. 2005. Psychosocial and cultural factors affecting the perceived risk of genetically modified food: an overview of the literature. Social Science & Medicine, 60 (7): 1603-1612.

Fishbein M. 1963. An investigation of the relationships between beliefs about an object and the attitude toward that object. Human Relations, 16 (3): 233-239.

Font C, Gil J M. 2009. Structural equation modelling of consumer acceptance of genetically modified (GM) food in the Mediterranean Europe: A cross country study. Food Quality and Preference, 20 (6): 399-409.

Font C, Gil J, Traill W B. 2008. Consumer acceptance, valuation of and attitudes towards genetically modified food: review and implications for food policy. Food Policy, 33 (2): 99-111.

González C, Johnson N, Qaim M. 2009. Consumer acceptance of second-generation GM foods: the case of biofortified cassava in the Northeast of Brazil. Journal of Agricultural Economics, 60 (3): 604-624.

Greenpeace. 2004. Public's perception of genetically engineered food: summary of report. http://www.greenpeace.org.hk [2018-6-25].

Gunningham N, Kagan R A, Thornton D. 2004. Social license and environmental protection: why businesses go beyond compliance. Law & Social Inquiry, 29 (2): 307-341.

Hess S, Lagerkvist C J, Redekop W, et al. 2016. Consumers' evaluation of biotechnologically modified food products: new evidence from a meta-survey. European Review of Agricultural Economics, 43 (5): 703-736.

Ho P, Vermeer E B, Zhao J H. 2006. Biotechnology and food safety in China: consumers' acceptance or resistance?. Development and Change, 37 (1): 227-254.

Hofstede G, Hofstede G J. 2005. Cultures and Organizations: Software of the Mind. Third Millennium Edition (Revised and expanded 2nd ed.). New York: McGraw-Hill.

Hofstede G. 1983. The cultural relativity of organizational practices and theories. Journal of International Business Studies, 14 (2): 75-89.

Hossain F, Onyango B. 2004. Product attributes and consumer acceptance of nutritionally enhanced genetically modified foods. International Journal of Consumer Studies, 28 (3): 255-267.

Huang J, Qiu H, Bai J, et al. 2006. Awareness, acceptance of and willingness to buy genetically modified foods in Urban China. Appetite, 46 (2): 144-151.

ISAAA. 2017. Brief 53: Global status of commercialized biotech/GM crops: 2017. http://www.isaaa.org/resources/publications/briefs/53/download/isaaa-brief-53-2017 [2018-06-25].

Joyce S, Thomson I. 2000. Earning a social licence to operate:social acceptability and resource development in Latin America. Can Min Metall Bull, 93 (1037): 49-53.

Katherine W. 2018. Brazil grain and feed annual. https://gain.fas.usda.gov/Recent%20GAIN%20Publications/Grain%20and%20Feed%20Annual_Brasilia_Brazil_4-6-2018 [2018-06-25].

Ken J. 2018. Argentina grain and feed annual. https://gain.fas.usda.gov/Recent%20GAIN%20Publications/Grain%20and %20Feed%20Annual_Buenos%20Aires_Argentina_4-30-2018.pdf [2018-06-25].

Kikulwe E, Wesseler J, Zepeda F. 2011. Attitudes, perceptions, and trust. Insights from a consumer survey regarding genetically modified banana in Uganda. Appetite, 57 (2): 401-413.

Knight A J. 2009. Perceptions, knowledge and ethical concerns with GM foods and the GM process. Public Understanding of Science, 18 (2): 177-188.

Knight J G, Mather D W, Holdsworth D K. 2005. Consumer benefits and acceptance of genetically modified food. Journal of Public Affairs: An International Journal, 5 (3-4): 226-235.

Lavorata L, Pontier S. 2005. The success of a retailer's ethical policy: focusing on local actions. Academy of Marketing Science Review.

Lazaro S. 2018. Argentina oilseeds and products annual. https://gain.fas.usda.gov/Recent%20GAIN%20Publications/Oilseeds%20and%20Products%20Annual_Buenos%20Aires_Argentina_5-24-2018.pdf [2018-06-25].

Li Q, Curtis K R, McCluskey J J, et al. 2002. Consumer attitudes toward genetically modified foods in Beijing, China. AgBioForum, 5 (4): 145-152.

Lina U. 2018. Canada oilseeds and products annual. https://gain.fas.usda.gov/Recent%20GAIN%20Publications/Oilseeds%20and%20Products%20Annual_Ottawa_Canada_3-15-2018 [2018-06-25].

Lobb A E, Mazzocchi M, Traill W B. 2007. Modelling risk perception and trust in food safety information within the theory of planned behaviour. Food Quality and Preference, 18 (2): 384-395.

Mafe C R, Tronch J, Blas S S. 2016. The role of emotions and social influences on consumer loyalty towards online travel communities. Journal of Service Theory and Practice, 26 (5): 534-558.

Magnusson M K, Hursti U K K. 2002. Consumer attitudes towards genetically modified foods. Appetite, 39 (1): 9-24.

Maignan I. 2001. Consumers' perception of corporate social responsibility: a cross cultural perception. Journal of Business Ethics, 30 (1): 57-72.

Marieke S, Marjaana L, Ulla-Kaisa K H. 2006. Attitudes towards genetically modified and organic foods. Appetite, 46 (3): 324-331.

Mark A. 2018. Soybean U.S. stocks: on-farm, off-farm, and total by quarter, U.S. soybean acreage planted, harvested, yield, Soybean and soybean meal production, value, price and supply and disappearance, prices 1999/00-2017/18. https://www.ers.usda.gov/data-products/oil-crops-yearbook/oil-crops-yearbook/#Soy%20and%20Soybean%20Products [2018-06-25].

McCluskey J J, Grimsrud K M, Ouchi H, et al. 2003. Consumer response to genetically modified food products in Japan. Agricultural and Resource Economics Review, 32 (2): 222-231.

McDermott M S, Oliver M, Simnadis T, et al. 2015. The theory of planned behaviour and dietary patterns: a systematic review and meta-analysis. Preventive Medicine, 81: 150-156.

Méndez J I, Ahmed S A, Claro-Riethmüller R, et al. 2012. Acceptance of genetically modified foods with health benefits: a study in Germany. Journal of Food Products Marketing, 18 (3): 200-221.

Moon W, Balasubramanian S K, Rimal A. 2007. Willingness to pay (WTP) a premium for non-GM foods versus willingness to accept (WTA) a discount for GM foods. Journal of Agricultural and Resource Economics, 32(2): 363-382.

Nelsen J, Scoble M. 2007. Research Studies on Building Social License within Mineral Exploration. Greece: Heliotopos Publications: 345-349.

Nicolas R. 2018. Brazil oilseeds and products annual. https://gain.fas.usda.gov/Recent%20GAIN%20Publications/Oilseeds%20and %20Products%20Annual_Brasilia_Brazil_3-28-2018 [2018-06-25].

Noussair C, Robin S, Ruffieux B. 2003. Do consumers really refuse to buy genetically modified food?. The Economic Journal, 114(492): 102-120.

OECD. 2017. OECD-FAO agricultural outlook 2017–2026. https://stats.oecd.org/Index.aspx?DataSetCode=HIGH_AGLINK_2017 [2018-6-25].

Owen J R. 2016. Social license and the fear of Mineras Interruptus. Geoforum, 77: 102-105.

Palmiter R D, Brinster R L. 1982. Germ-line transformation of mice. Annual Review of Genetics, 20: 465-499.

Pavlou P A, Fygenson M. 2006. Understanding and predicting electronic commerce adoption: an extension of the theory of planned behavior. MIS Quarterly, 115-143.

Pieniak Z, Verbeke W, Vanhonacker F, et al. 2009. Association between traditional food consumption and motives for food choice in six European countries. Appetite, 53(1): 101-108.

Pino G, Amatulli C, Angelis M, et al. 2016. The influence of corporate social responsibility on consumers' attitudes and intentions toward genetically modified foods: evidence from Italy. Journal of Cleaner Production, 112: 2861-2869.

Poveda M, Bauza M, Gomis F J, et al. 2009. Consumer-perceived risk model for the introduction of genetically modified food in Spain. Food Policy, 34(6): 519-528.

Prati G, Pietrantoni L, Zani B. 2012. The prediction of intention to consume genetically modified food: test of an integrated psychosocial model. Food Quality and Preference, 25(2): 163-170.

Prno J, Slocombe D S. 2012. Exploring the origins of 'social license to operate' in the mining sector: perspectives from governance and sustainability theories. Resources Policy, 37(3): 346-357.

Ramasamy B, Yeung M C H, Au A K M. 2010. Consumer support for Corporate Social Responsibility (CSR). The role of religion and values. Journal of Business Ethics, 91(1): 61-72.

Rodríguez E M, Ordóñez M S, Sayadi S. 2013. Applying partial least squares to model Genetically modified food purchase intentions in southern Spain consumers. Food Policy, 40: 44-53.

Ron C. 2014. Trust is at the heart of social license. https://www.canadiancattlemen.ca/2014/09/29/trust-is-at-the-heart-of-social-licence/ [2018-6-25].

Roswitha K, Lucile L, Leif E R, et al. 2018. EU oilseeds and products annual. https://gain.fas.usda.gov/Recent%20GAIN% 20Publications/Oilseeds%20and%20Products%20Annual_Vienna_EU-28_3-29-2018.pdf [2018-06-25].

Scott S. 2017. India agricultural biotechnology annual. https://gain.fas.usda.gov/Recent%20GAIN%20Publications/Agricultural% 20Biotechnology%20Annual_New%20Delhi_India_11-28-2017.pdf [2018-06-25].

Sen S, Bhattacharya C B. 2001. Does doing good always lead to doing better? Consumer reactions to corporate social responsibility. Journal of Marketing Research, 38(2): 225-243.

Seth J W. 2018. Genetically engineered varieties of corn, upland cotton, and soybeans, by State and for the United States, 2000-17. https://www.ers.usda.gov/data-products/adoption-of-genetically-engineered-crops-in-the-us/ [2018-06-25].

Singh S. 2006. Cultural differences in, and influences on, consumers' propensity to adopt innovations. International Marketing Review, 23(2): 173-191.

Soares A M, Farhangmehr M, Shoham A. 2007. Hofstede's dimensions of culture in international marketing studies. Journal of Business Research, 60(3): 277-284.

Spence A, Townsend E. 2006. Examining consumer behavior toward genetically modified (GM) food in Britain. Risk Analysis, 26(3): 657-670.

Suguru S. 2018. Japan agricultural biotechnology annual. https://gain.fas.usda.gov/Recent%20GAIN%20Publications/Agricultural%20Biotechnology%20Annual_Tokyo_Japan_11-16-2017.pdf [2018-06-25].

Swaen V, Chumpitaz R C. 2008. Impact of corporate social responsibility on consumer trust. Recherche et Applications en Marketing (English Edition), 23 (4): 7-34.

The group of FAS Biotechnology Specialists in the European Union. 2017. EU agricultural biotechnology annual. https://gain.fas.usda.gov/Recent%20GAIN%20Publications/Agricultural%20Biotechnology%20Annual_Paris_EU-28_12-22-2017.pdf [2018-06-25].

The staff of FAS. 2017. China agricultural biotechnology annual. https://gain.fas.usda.gov/Recent%20GAIN%20Publications/Agricultural%20Biotechnology%20Annual_Beijing_China%20-%20Peoples%20Republic%20of_12-29-2017.pdf [2018-06-25].

Thomas C. 2018. Feed grains: yearbook tables. https://www.ers.usda.gov/data-products/feed-grains-database/feed-grains-yearbook-tables.aspx [2018-06-25].

Thomson I, Boutilier R G. 2011. Social license to operate. SME Mining Engineering Hand Book, 1: 1779-1796.

Townsend E. 2006. Affective influences on risk perceptions of, and attitudes toward, genetically modified food. Journal of Risk Research, 9 (2): 125-139.

USDA-FAS (United State Department of Agriculture/Foreign Agricultural Service). 2017. Oilseed and grain: world markets and trade. https: //usda. library.cornell.edu/concern/publications/zs 25X844t? locale=en&page=2#release-items[2018-6-25].

Zhang C, Wohlhueter R, Zhang H. 2016. Genetically modified foods: a critical review of their promise and problems. Food Science and Human Wellness, 5 (3): 116-123.

第三章 全球转基因农产品的进出口贸易

第一节 全球主要国家转基因农产品进出口贸易

一、转基因农产品的贸易种类

(一)转基因大豆

1996 年转基因大豆开始大规模商业化种植，种植面积仅有 50 万 hm²，到 2017 年，全球转基因大豆种植面积已经达到 9410 万 hm²，相当于全球转基因作物种植面积的 50%，占大豆种植面积的 77%。大豆种植面积也由 1998 年的 6300 万 hm² 增加到 2017 年的 1.215 亿 hm²，十几年间几乎翻了一倍。全球大豆产量从 1992 年的 1.17 亿 t 增加到 2017 年的 3.48 亿 t，增幅高达 197%(ISAAA, 2017)。

世界大豆的供给格局高度集中，从国别来看，全球大豆产量最高的国家分别是美国、巴西、阿根廷和中国，产量之和占世界大豆产量的比例为 86.14%，其中，美国是最大的大豆生产国，占比达 33.32%；出口量方面，世界主要三大出口国为巴西、美国和阿根廷，出口量总和占比达 87.65%，其中，巴西占比就达 42.79%，美国占比达 41.10%。

从全球的大豆贸易格局情况来看，美国、巴西和阿根廷作为主要的大豆生产国及出口国，其大豆出口主要流向中国。中国的大豆进口份额在过去十几年来迅速增长，目前占全球贸易总量的 64.78%，而世界其他国家和地区的大豆进口量基本处于平稳状态(张晓平，2013)。

从转基因大豆的主要种植国家可知，美国自 1996 年转基因大豆商业化到 2017 年，转基因大豆面积达到 3622 万 hm²，占大豆总种植面积的 94%；巴西 2017 年种植 3370 万 hm² 转基因大豆，种植率从 2015 年的 94.2%提高到 2017 年的 97%，提高了 2.8%；阿根廷作为世界第三大大豆主产国，该国种植的大豆 100%都是转基因大豆，2017 年种植面积达 1810 万 hm²，比 2016 年的 1870 万 hm² 减少了 60 万 hm²(ISAAA, 2017)。美国、巴西及阿根廷同时作为大豆主要出口国，可知在全球大豆贸易中，转基因大豆占有很高的比重。

(二)转基因玉米

转基因玉米在国际贸易中的数量大量增加，在世界转基因农产品贸易中居于第二位，仅次于大豆。1996 年，全球玉米出口量为 975.81 万 t(孟丹，2011)，而随着转基因玉米 20 年的种植推广和越来越多的种植国加入，到了 2017 年，全球玉米的出口量则达到了 15 028.5 万 t，同年全球玉米的产量也突破了 103 476.9 万 t。转基因玉米 20 年的快速发展使得其不仅在种植面积、种植上发生了突飞猛进的增长，其出口贸易额同样跟随前者的增长而实现了飞跃式增长，全球玉米生产量的增长速度快于出口量的增长速度。截至 2017 年转基因玉米的全球采纳率达 60%，占地 5970 万 hm²，比 2016 年略下降 1%，其中，530 万 hm² 转基因抗虫玉米，630 万 hm² 为转基因抗除草剂玉米，4810 万 hm² 为混合性状的转基因玉米 (ISAAA, 2017)。在 14 个国家种植了生物技术玉米，其中包括美国 3380 万 hm²(93.4%)、巴西 1560 万 hm²(88.9%)、阿根廷 520 万 hm²(100%)、加拿大 150 万 hm²(100%)、南非 190 万 hm² 和种植面积不足 100 万 hm² 的国家包括菲律宾、巴拉圭、乌拉圭等 (ISAAA, 2017)。

从转基因玉米的国际贸易总量上来看，自 1996 年转基因玉米商业化种植以来，数据显示，世界转基因玉米的进口额年均增长明显大于世界转基因玉米的进口量。在转基因玉米世界商业化种植大规模发展的 21 世纪以来，特别是 2006~2015 年的 10 年间，有 10 个年份世界转基因玉米进口额增长为正值，有 9 个年份世界转基因玉米进口量的年均增长为正值，仅仅是在起始年份的 2006 年为逆差，但逆差远小于 2006 年前的规模。

从世界转基因玉米的出口国家来看，主要集中在少数几个国家，主要包括美国、阿根廷和巴西三个国家，并且在出口量上，这三个国家的转基因玉米出口量至 2015 年的最近 15 年间均保持在世界转基因玉米出口总量的 70% 以上。首先，美国作为全球转基因玉米最大的种植国和出口国，其在世界转基因玉米的出口中一直保持着优势地位，但其世界贸易出口占比自 1996 年以来逐年降低，仅在 2006 年有明显回升，但其转基因玉米出口量依旧占到世界转基因玉米出口量的 50% 左右。阿根廷和巴西作为南美洲主要粮食作物种植国和世界转基因玉米的主要种植国，其转基因玉米出口量均占到世界转基因玉米出口量的 10% 左右，其中巴西的转基因玉米的出口量增长速度在近 10 年均稳居世界首位，超过世界任何一个国家或地区 (胡成孜, 2016)。在世界转基因玉米的进口国方面，主要集中在日本、韩国和墨西哥等国，其中日本和韩国作为世界发达国家，较低的人均耕种面积和发达的经济体制使得两国在世界转基因玉米的进口量上占有着极高的比例，基本占世界转基因玉米进口量的一半以上，其中日本是全球最大的转基因玉米进口国，其进口量基本保持在韩国转基因玉米进口量的 2~3 倍，并且进口增速很快。韩国作为世界转基因玉米的第二大进口国，进口量的增速同样非常迅猛，最近几年年均增长均保持在 5% 以上 (表 3-1) (胡成孜, 2016)。

表 3-1 2011~2017 年全球主要国家转基因玉米进/出口量年平均增长比例 （单位：%）

类别	国家	2011 年	2012 年	2013 年	2014 年	2015 年
出口国	美国	2.55	2.68	2.75	3.16	3.88
	巴西	7.84	7.62	8.96	11.2	13.88
	阿根廷	41.1	40.1	33.5	29.6	28.09
进口国	日本	36.05	35.28	37.69	38.52	35.25
	韩国	13.58	12.69	14.25	12.12	13.12
	墨西哥	14.25	14.25	16.36	13.25	14.36
	其他	36.12	37.78	31.70	36.11	37.21

数据来源：世界农产品贸易年报，胡成孜 (2016) 整理

（三）转基因棉花

世界转基因棉花生产经过 20 世纪 90 年代的大发展之后，总供给与总需求保持基本平衡，出口贸易也有所发展。目前，全球每年所生产的接近一半的棉花都输出国外，接近一半的产棉国都参与了世界棉花贸易。2017 年，全球棉花的出口量为 873.7 万 t，美国、乌兹别克斯坦和澳大利亚是主要的棉花输出国，占世界棉花出口总量的一半以上（孟丹，2011）。美国 2017 年种植转基因棉花 23.9 万 hm²，采纳率为 96%，比 2016 年的 93% 增加了 3%。巴西棉花总面积从 2016 年的 100 万 hm² 增加到 2017 年的 110 万 hm²，棉花总面积增加了 10%，其中转基因棉花 94 万 hm²，采纳率为 85.5%。阿根廷的棉花总面积从 2016 年的 40 万 hm² 减少到 2007 年的 25 万 hm²，减少了 38%，采用率从 95% 增加到 100%（ISAAA，2017）。

随着亚洲和拉美国家棉花消费量的提高，进口也逐渐从发达国家转移到发展中国家。近年来，印度尼西亚、泰国、中国台湾和韩国成为世界重要的纺织品生产基地，棉花进口量增长很快，1960 年其棉花进口量不到世界棉花进口总量的 3%，2002 年市场份额达 22%，2006 年为 16.5%，且从全球棉花贸易格局来看，近年棉花的进口量基本保持平稳状态。孟加拉国作为全球第一的棉花进口国，其棉花进口量保持缓慢增长，1986 年仅有 47 245t，2017 年达 161.1 万 t，2014～2017 年进口量连续四年超过 120 万 t。美国、乌兹别克斯坦、法属非洲国家和澳大利亚是主要的棉花出口国，为棉花贸易净出口国，其出口总量占全球棉花出口贸易的 2/3。

（四）转基因油菜

1996 年转基因油菜开始商业化种植，面积为 2 万 hm²，种植国家为加拿大。2011 年转基因油菜种植面积为 820 万 hm²，占全球转基因作物种植面积的 5.13%，相当于油菜种植面积的 26%，比 1996 年增加 410 倍；种植的国家也从 1 个增加到 6 个，包括加拿大、日本、美国、澳大利亚、韩国、智利。而截至 2017 年全球转基因油菜种植面积已经达到了 1020 万 hm²，比 2016 年增长了 19%。值得注意的是，转基因油菜的种植面积增长了两位数的百分比的国家：美国 42%、加拿大 17% 和澳大利亚 10%。而美国转基因油菜技术的采纳率已经从 2016 年的 90% 增长到 2017 年的 100%。另外，已有 10 个国家和地区批准进口转基因油菜籽，包括墨西哥、新西兰、菲律宾、韩国、中国、欧盟、南非、美国、日本、澳大利亚（基因农业网，2013；农业部农业转基因生物安全管理办公室等，2012）。加拿大作为全球最早种植耐草铵膦性状转基因油菜的国家，目前是全球最大的草铵膦消费国。世界转基因油菜籽的出口区域主要集中在美洲和欧洲地区，其中加拿大作为世界第一转基因油菜籽出口大国，2017 年加拿大转基因油菜面积增加了 18.6%，油菜总种植面积从 810 万 hm² 增加到 2017 年的 931 万 hm²，转基因油菜从 2016 年的 753 万 hm² 增加到 2017 年的 893 万 hm²，转基因油菜技术的采纳率占 95%。因此在世界转基因油菜籽贸易中占据着主导地位，而在加拿大国内生产的油菜籽中，10% 是国内消费的，近 90% 是出口的。而世界油菜籽的进口区域主要是亚洲和欧洲，这两个区域的进口量占世界油菜籽进口总量的比重是最高的(孟丹,2011;Danielson, 2018;Urbisci, 2018)。

(五)转基因甜菜

2008 年转基因甜菜大规模商业化种植时,种植国家主要为美国,在加拿大有少量种植。到 2017 年,美国转基因甜菜的种植面积不到 50 万 hm^2,与 2016 年种植情况相比基本保持稳定,转基因甜菜的采纳率达 100%,同时其中 100%是转基因除草剂耐受性。但 2017 年,生物技术甜菜的产量下降了 3%。2017 年,加拿大甜菜商业化的第九年,种植了大约 1.46 万 hm^2 甜菜,采用转基因抗除草剂的性状达到 100%。批准种植的国家也从 1个增加到 3 个,包括美国、加拿大、日本;批准用于食品的国家或组织 9 个,包括日本、澳大利亚、菲律宾、美国、加拿大、韩国、墨西哥、哥伦比亚和欧盟;批准用于饲料的国家或组织 8 个,包括澳大利亚、菲律宾、美国、哥伦比亚、墨西哥、加拿大、日本和欧盟(基因农业网,2013)。而转基因甜菜主要以其制成品的形式进行进出口贸易。据 2017年加拿大农业生物技术年报显示,艾伯塔省约有 400 名甜菜种植者对甜菜进行本土化加工以制成蔗糖,生产能力在 15 万 t 左右,可供当地消费和出口(ISAAA, 2017)。

二、转基因农产品的贸易流向

(一)转基因农产品主要出口国家和地区

转基因产品的国际贸易流向明显,美洲国家成为转基因产品的主要出口国,亚洲和欧洲国家成为主要进口国,如转基因大豆的出口国主要是美国、阿根廷和巴西,而转基因作物的进口地区主要是亚洲和欧洲。日本、韩国、中国和一些其他亚洲国家是转基因玉米和转基因大豆的主要进口国。作为转基因农产品贸易流量最大的国家,美国不但确立了在转基因技术方面的巨大优势,并通过专利技术知识产权的保护措施,努力将这种技术优势转化为市场优势(杨海芳和李哲,2007)。美洲是转基因农作物的主要种植地区,也是转基因农产品的主要出口地区,美国、加拿大、阿根廷、巴西都是世界上的转基因农产品出口大国。其中,美国、巴西、阿根廷和巴拉圭是主要的大豆出口国,2017 年,这些国家的大豆出口量占世界大豆出口量的比例达到了 92.4%,几乎垄断了整个出口市场。转基因棉花出口国主要是美国和印度,2017 年,美国转基因棉花出口量为 3348.4万 t,占世界出口量的 40%,居世界第一;印度位列第二,出口量为 103.4 万 t,占世界的比重为 12%。转基因油菜最大的两个出口国和组织是加拿大和欧盟,2017 年,加拿大的转基因油菜籽出口量高达 1150 万 t,占世界出口量的 69.07%。欧盟位居第二,出口量为 12.5 万 t,与首位的加拿大相差很大。

(二)转基因农产品主要进口国家和地区

欧洲和亚洲是转基因农产品的主要进口地区。中国、墨西哥、日本和欧盟是主要的转基因大豆进口国家和地区,2017 年,这些国家和地区的进口量占当年世界总进口量的77.64%。在世界上大豆种植面积和产量排名前六位的国家中,中国是唯一一个净进口国,并且是世界上最大的大豆进口国。转基因玉米的主要进口国家和组织包括欧盟、日本、韩国及其他亚洲国家。2017 年，欧盟进口玉米 1650 万 t，日本进口玉米 1520 万 t，其中转基因玉米占 27.2%，约为 413.44 万 t；欧盟作为转基因玉米的主要进口地区，并没有批准转基因玉米商业化种植，玉米只能用于制作食品添加剂和饲料。而世界油菜籽的进口区域主要是亚洲和欧洲，这两个区域的进口量占世界油菜籽进口总量的比重是最高的（孟丹，2011）。

中国已成为转基因产品的主要进口国与生产国。我国进口转基因产品的贸易额逐年上升，到 2010 年为止达 250 亿美元。北美洲作为中国农产品最大进口市场，农产品作为中美贸易中的重要产品，2015 年美国向中国出口农产品金额约为 149 亿美元，约占总金额的 13%；2016 年 1～11 月美国向中国出口农产品金额约为 146 亿美元，约占总金额的 15%，其中大豆作为主要贸易产品，进口量为 3285.281 万 t，进口总金额约为 185 亿美元，中国从美国的大豆进口量占其总大豆进口量的比例约为 37%，因此，我国对美国大豆进口的依赖程度较高，美国大豆种植业中转基因大豆技术采纳率已经达到了 94%以上，因此，出口到中国的大豆中绝大部分为转基因大豆。同时，我国成为转基因农产品大国，田间试验和商品化生产面积仅次于美国、加拿大、阿根廷，居世界第四位，一些种类的产品具有较大的出口潜力（杨海芳和李哲，2007）。

第二节　中国转基因农产品进出口贸易

一、中国转基因农产品进口贸易

据统计，2012 年全球 81%的大豆、81%的棉花、35%的玉米、30%的油菜都是转基因作物。而目前中国农产品进口量非常大，几乎不可能不购买转基因产品。从国际农产品进出口数据看，国际农产品贸易市场上转基因产品所占比例非常大，大豆、玉米、油菜籽基本都是转基因的（食品商务网，2013）。我国具体转基因农产品进口贸易情况如下所述。

（一）转基因大豆

我国曾是世界上最大的大豆生产国和出口国，后来逐渐演变成最大的大豆进口国和消费国。我国大豆的贸易政策变化发生在加入世界贸易组织之前，自 1997 年开放国内大豆市场后，大豆成为市场化程度最高的农产品；同时，随着经济的发展和居民膳食结构的调整，国内对食用植物油需求量增加。在这种需求和政策双驱动的背景下，21 世纪以来，国内大豆进口量迅速攀升。根据 FAO 统计数据显示，20 世纪 60 年代以来，我国的大豆贸易主要经历了四个阶段：一是从 20 世纪 60 年代初期到 70 年代中期的净出口阶段；二是从 20 世纪 70 年代中期到 80 年代初期的净进口阶段；三是从 20 世纪 80 年代初期到 90 年代中期的净出口阶段；四是从 20 世纪 90 年代至今的大规模净进口阶段。由于政策放松、国外低价大豆侵入及需求增加等一系列原因，我国大豆进口量迅速增加，中国大豆的贸易形势彻底逆转，我国从大豆净出口国再次转变为大豆净进口国，大豆净进口量从 1996 年的 90.77 万 t 攀升至 2017 年的 9553 万 t。对外依存度也从 1996 年的 7.86%增加到 2017 年的 87%以上。中国成为全球最大的大豆进口国，全球大豆贸易中超过 60%为中国进口（图 3-1）。大豆的主要进口来源国是巴西、美国、阿根廷、加拿大，占 98%

以上,几乎都是转基因大豆。根据海关的数据如表 3-2 所示,2017 年全年中国进口的大豆总计 9552.998 万 t,其中,5092.89 万 t 来自巴西,3285.28 万 t 来自美国,几乎包办了全部的进口数量,而 2017 年我国全年大豆的产量为 1420 万 t,仅占全球大豆产量的 4.2%,总需求量达到 11 079 万 t,较上年增加 4.2%,因此可以看出我国的大豆对外依赖程度很高(柳苏芸,2017;卢昱嘉和韩一君,2018)。同时,根据出口国转基因大豆的采纳率,估计出 2016 年和 2017 年我国转基因大豆进口规模分别达到了 7654.69 万 t 和 8686.60 万 t,即我国从国外进口的大豆几乎为清一色转基因大豆。

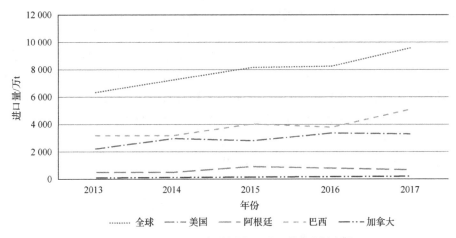

图 3-1　2013~2017 年我国大豆进口趋势(分国别)

数据来源:海关信息网,http://www.haiguan.info/onlinesearch/TradeStat/StatCOMSub.aspx?TID=1.[2019-6-24]

表 3-2　全球主要国家大豆贸易出口到中国情况及转基因大豆的预估值　　(单位:万 t)

	时间	全球	美国	阿根廷	巴西
大豆	2016 年	8322.914	3365.702	801.393	3803.645
	2017 年	9552.998	3285.281	658.335	5092.883
转基因大豆	2016 年	7654.688	3163.759	801.393	3689.536
	2017 年	8686.595	3088.164	658.335	4940.096

数据来源:关于转基因大豆的数据主要采用预估的方法,即转基因大豆的出口量=出口国大豆的出口量×出口国的转基因大豆采纳率;全球大豆出口量数据来源:海关总署(布瑞克数据库)。中国农业大数据,http://www.agdata.cn/dataManual /dataTable/MTY1.html.[2019-6-24]

(二)转基因棉花

我国棉花进口数量逐年下降,主要进口来源国是美国、澳大利亚、乌兹别克斯坦、印度、巴西等,除乌兹别克斯坦以外,都是转基因棉花,约占 90%。我国约有 1.5 亿的农民从事棉花的生产,约有 60%的财政收入来自棉花产业,棉花在我国的经济构成中占有十分重要的地位。2009 年,我国棉花产量居世界首位,为 1596 万 t,占世界棉花总产量的 26.7%。但是,我国每年要消费掉世界棉花产量的 1/4,我国对棉花的需求旺盛。为满足需求,我国每年需要从国外进口大量的棉花。2001~2017 年,我国累计进口棉花 171 745

万 t，如图 3-2 所示。由于美国、印度等国作为主要的棉花出口国，其转基因棉花都已经实现了商业化种植，因此，转基因棉花在全球棉花贸易量中占有大量份额（孟丹，2011）。

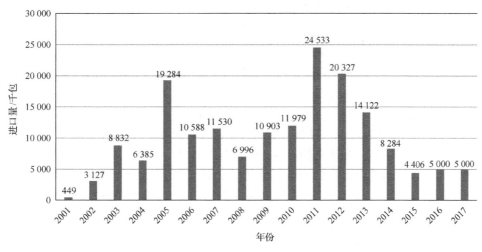

图 3-2　我国棉花进口情况

数据来源：中国农业大数据，http://www.agdata.cn/dataManual /dataTable/0TE0.html.[2019-6-24]

（三）转基因油菜

我国是转基因油菜籽的净进口国，1998～2001 年进口量突增，2000 年进口量超过了 100 万 t。不过 2001 年以来进口量开始减少，2008 年仅进口了 82 万余 t，2011～2014 年我国油菜籽进口量呈现增长的情况，2014 年达到峰值 502.67 万 t，2015～2016 年呈下降的趋势，2017 年呈现增长，较 2016 年增长了 30.45%。从国别来看，我国进口的转基因油菜籽主要来自加拿大和澳大利亚，具体如图 3-3 所示（孟丹，2011）。中国平均每年进口油菜籽 100 多万 t，最多时达 502.7 万 t，并且有 60% 以上的是转基因油菜，但这些进口到中国的转基因油菜只能用作加工原料，禁止在中国种植（陈春燕等，2013）。

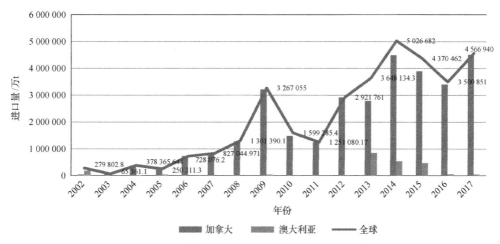

图 3-3　2002～2017 年我国油菜籽进口情况

数据来源：海关总署，海关代码：12051090（其他低芥子酸油菜籽）

（四）转基因玉米

我国虽然是世界第二大玉米生产国，仅次于美国，但是我国对玉米的需求量是巨大的，约占世界玉米总消费量的 1/5。我国国内玉米市场自 1978 年改革开放以来一直处于一种供需相对平衡、国际贸易始终处于顺差的状态中，并且在 1992 年、1993 年、2000 年、2002 年和 2003 年这五年中，我国玉米的出口量均达到了 1000 万 t，但步入 2010 年开始，我国玉米国际贸易顺差变为逆差，开始从外国进口玉米，并且近五年进口量逐渐增大。此外，随着我国对转基因玉米进口种类的逐渐放宽，我国转基因玉米近六年的进口量较 2010 年之前大幅增长，我国由玉米的净出口，逐渐变为玉米净进口国，将对全球玉米贸易格局产生越来越重要的影响（张晓平，2013）。如图 3-4 所示，我国进口的玉米主要来自美国和乌克兰，2017 年我国玉米进口数量约为 282.54 万 t，进口金额约为 6 亿美元；2016 年我国玉米进口数量约为 316.69 万 t，进口金额约为 6.37 亿美元。且自 2014 年后，乌克兰成为我国玉米的第一大输入国，而乌克兰主要种植非转基因玉米，因此我国进口的转基因玉米仅占玉米进口量的 29% 左右。

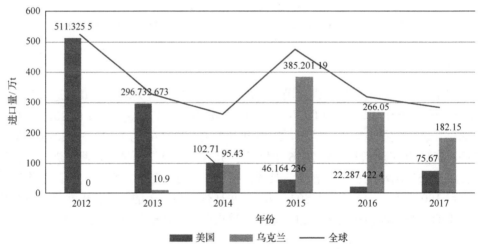

图 3-4　2012～2017 年我国玉米进口情况

数据来源：海关总署，海关代码：10059000（玉米，种用除外）

二、中国转基因农产品出口贸易——以转基因棉花为例

在 1996 年转基因棉花投入市场后，中国转基因棉花的种植面积增长了 12 倍以上，从 1998 年的 26 万 hm² 增加到 2015 年的 380 万 hm²。转基因棉花在中国的采用面积 2008 年和 2009 年均为 68%、2010 年为 69%、2011 年为 71.5%、2012 年为 80%。2017 年我国棉花种植面积与 2016 年基本相同，为 292 万 hm²，而 2015 年为 380 万 hm²。与包括美国在内的其他几个棉花种植国家一样，自 2015 年以来，中国棉花种植面积减少的原因是棉花价格较低，储量较高，导致棉花种植面积和生物技术棉区面积减少。采用转基因棉花的比例也从 2015 年的 96% 下降到 2016 年的 95%，2017 年转基因棉花技术的采纳率基本保持不变（ISAAA，2017）。

　　我国的转基因棉花种植面积和产量都比较大，但是我国是一个纺织品出口大国，对棉花的消费需求非常大，因此棉花的出口量很少，如图 3-5 所示。此前，我国所生产的棉花中用于出口贸易的比例非常低，2000～2009 年仅出口了 157 万 t，在世界棉花市场上的占有率很低。总体来说，我国是一个棉花的净进口国(孟丹，2011)。

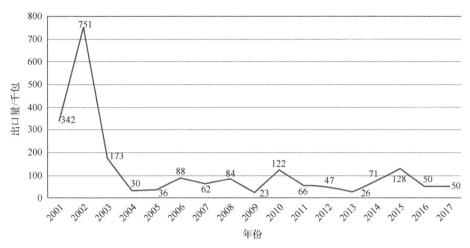

图 3-5　2001～2017 年我国棉花出口情况

数据来源：美国农业部(布瑞克数据库)

第三节　转基因大豆商业化种植对我国进出口贸易的影响

　　随着世界范围内多边贸易谈判和贸易自由区的建立，关税壁垒逐渐被削减，具有很强隐蔽性和灵活性的技术性贸易壁垒变得更加突显，成为时下众多发达国家保护本国利益的重要手段。技术性贸易壁垒是指一国或一个区域组织以维护国家或区域基本安全、保障人类或动物健康和安全、保护环境、防止欺诈行为、保证产品质量等为由而采取的一些强制性或自愿性的技术性措施，如技术标准、卫生检疫标准、商品包装和标签标准及绿色技术壁垒等，其主要从数量控制机制和价格控制机制两方面发挥作用，短期内会使出口国的贸易条件恶化，对贸易造成抑制(李春顶，2005)。WTO 关于技术性贸易壁垒的文件有两个，分别是《技术性贸易壁垒协定》(TBT 协定)和《实施卫生与动植物卫生措施协定》(SPS 协定)，于 1995 年 1 月 1 日 WTO 正式成立起开始执行。以 2001 年为起点，截至目前 WTO 成员方在 SPS 方面的通报数量为 17 302 件，在农业及食品技术方面的 TBT 通报数量也由 165 件迅速增长为 10 539 件。2015 年，我国共收集到美国、日本、欧盟、韩国等相关机构对农食产品类扣留(召回)的批次数为 1842 次，比 2014 年增加了 23%。日本是我国农产品最大的对外输出国，同时也是对我国实施技术贸易壁垒的主要国家。目前日本在保证食品安全方面建立了《日本食品卫生法》《日本食品安全基本法》《农林物资规格化与质量表示标准法规》等比较严苛的技术法规和标准，每年也会推出进口食品监控检查计划，2006 年更是制定了《食品中残留农业化学品肯定列表制度》，这些都将提高对我国农产品的进口门槛。2016 年 7 月国务院发布了《"十三五"国家科技创新规划》，规划中明确提出要推进抗除草剂转基因大豆等重大产品的产业化，专家更是预测未来 5 年国家将推动转基因大豆商业化以提高大豆产量。然而注意到近些年，日本厚生劳动省已连续多次对我国含有转基因成分的农食产品予以召回，这对我国未来转基因大豆商业化种植起到一定的警示作用，日本技术性贸易壁垒的提高可能会对我国油料作物进出口贸易及相关产业造成较大的冲击和影响。

国内学者围绕农产品技术贸易壁垒问题已展开了多方面的细致研究，研究方式多为定性描述，也有少量实证分析。定性描述方面，高峻峰等（2014）指出先行国家设置的技术贸易壁垒会阻碍后发国家相关产业的升级，后发国家应结合技术贸易壁垒的高低程度与互补性资产的可得性选择合适路径并适时进行技术创新，以此实现技术贸易壁垒的突破；何正全和王慧君（2009）也从理论上分析了技术贸易壁垒在促进农产品品牌建立等方面的积极作用，指出技术贸易壁垒对我国农产品贸易存在诸多有利影响。实证分析层面，詹晶与叶静（2013）借助向量自回归模型（VAR），发现无论短期还是长期内，日本 TBT 的提高都会明显抑制我国农产品的对日出口。而廖程胜和廖良美（2016）以技术贸易壁垒中的绿色贸易壁垒为研究对象，通过引力模型却发现日本绿色贸易壁垒对我国农产品出口具有较为显著的促进作用。总述以上研究，国内学者在定性与定量分析上对技术贸易壁垒都展开了双面探讨，结论不一，且实证研究又多见于线性回归模型，不仅缺乏一定的理论依据，而且不能全面衡量政策产生的经济效果，尤其不能揭示多个部门或是产业间的相互作用。本节拟采用全球贸易分析模型 GTAP 来分析我国转基因大豆商业化种植后，日本的技术性贸易壁垒对我国农食类产品的经济影响。模型的关键之处在于对技术贸易壁垒的量化问题，现国内外研究学者已经从 TBT 通报数量、贸易流量法、存量指标测算（贸易覆盖率及频率指数）、关税等价等方面对技术贸易壁垒进行量化与测度（郭俊芳，2015）。本节将参照关税等价法的思想选用 TO 指标（TO 代表企业实际所得与产出的市场价值比值。比值越小，代表技术性贸易壁垒对一个国家和地区产出造成的负面影响越大）作为冲击变量。

一、GTAP 模型的基本原理及建立

（一）GTAP 模型的基本原理

本节采用全球贸易分析模型 GTAP 来模拟分析转基因大豆商业化种植后对全球贸易的影响，分析数据库为 GTAP8.0 数据库。GTAP 模型是由美国普渡大学开发的用于多国多部门的可计算的一般均衡模型，模型以生产者、私人家庭、政府等构成主要的宏观经济框架，且假设市场处于完全竞争状态，生产的规模报酬不变。因国际贸易中来自不同国家的商品非同质，相互之间不能完全替代，该模型也采用了 Armington 假设。所有生产者将以追求利润最大化为目标，消费者以求得效用最大化为前提，所有的产品和投入要素全部出清。在 GTAP 模型中，每个国家或地区都被视为一个家计单位，只分配一个账户，用来控制财富去向，即私人消费、政府消费及储蓄的分配问题。

该版 GTAP 模型包含 57 个部门，129 个国家和地区，囊括了产品市场和要素市场两个市场。在要素市场上，要素主要针对土地、资本、劳动力与自然资源，其中劳动力又细分为熟练劳动力和非熟练劳动力，且劳动力在国内是自由流动的，而土地在部门间是非完全流动的；在产品市场上，无论是生产阶段还是消费环节，产品都划分为国产产品和进口产品，同时两种产品之间表现为常替代弹性函数关系。综合两种市场，行为主体的消费形式主要表现为，私人家庭基于追求效用最大化而采用固定差异弹性效用函数（CDE 效用函数）（实际操作可以利用收入的需求弹性和商品的自价格弹性对模型校准），政府消费直接采用 CD 生产函数（Cobb-Douglas 生产函数，即柯布-道格拉斯生产函数）形式。同时，在 GTAP 模型中（图 3-6），还虚设了"国际银行"和"国际运输部门"两个全球性的部门。"国际银行"负责汇总各个国家的储蓄，并决定资金投资去向；"国际运输部门"则通过双边贸易的形式处理地区间的运输活动，并消除商品到岸价和离岸价间的差异。总之，在进行 GTAP 模型模拟之前，需要先建立起能够细致描述各个国家或地区生产、消费、政府支出等行为的独立子模型，后通过国际商品贸易关系，将已建好的子模型连成一个多国多部门的一般均衡模型（胡冰川，2007）。

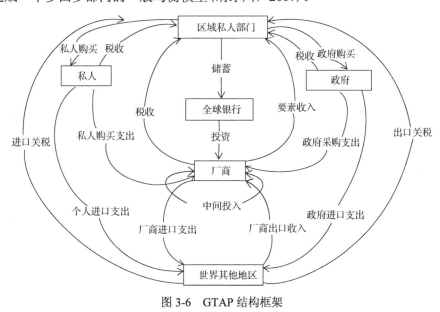

图 3-6　GTAP 结构框架

(二)模型的建立

1. 地区加总及部门划分

根据研究需要，本节将 GTAP8.0 数据库中的 129 个国家划分为 8 个地区，分别是中国、日本、韩国、欧盟、美国、巴西、阿根廷及世界其他国家(地区)，同时将 57 个产业部门汇总成 14 个。14 个部门分别为油料作物、油脂、粮食作物、蔬果、其他农作物、动物及其产品、渔业、矿产资源、加工食品、机电设备、轻工业、重工业、交通与建筑、其他服务业，具体划分情况见表 3-3。

表 3-3　GTAP 模型产业部门划分

部门分类	部门汇总
油料作物	油料作物
油脂	动植物油脂
粮食作物	水稻、小麦、谷物
蔬果	蔬菜、水果
其他农作物	糖料作物、植物纤维
动物及其产品	牛羊马牲畜、牛马羊肉、其他肉制品、奶、奶制品、毛及丝制品
渔业	渔业
矿产资源	煤、石油、天然气、矿产、森林及相关产品
加工食品	乳制品、糖、饮料、烟草制品、食物制品及其他相关产品、加工大米
机电设备	电子设备、机械设备、交通设备
轻工业	纺织品、木制品、皮革制品、纸制品、金属制品、机动车及零配件
重工业	石油及煤炭制品、橡胶、塑料、矿产及其制品
交通与建筑	海运、空运、交通及其他服务、建筑
其他服务业	金融、保险、医疗、教育等数据库中其他服务部门

2. 指标选择及情景设定

在 GTAP 模型中，TO 指标被用来度量技术贸易壁垒等政策的制定对国家产品产出的扭曲，TO 即为企业实际所得与产出的市场价值的比值，比值越小，代表技术贸易壁垒对一国产出造成的负面影响越大。本节拟采用 TO 指标作为冲击变量，来度量日本技术贸易壁垒对我国农食类产品所造成的负面影响。因为 GTAP 模型难以对大豆这一具体产品进行冲击，本节选择油料作物作为冲击对象。考虑到我国大豆供需严重失衡，每年都需要从国外进口几千万吨的转基因大豆，因此我国转基因大豆的商业化也主要是用来填补国内的消费需求，即出口到日本的大豆依然还是国产非转基因大豆。然而注意到我国大豆蛋白质含量与北美、南美国家相比还比较低，品质还不佳，而且日本正在积极开拓乌克兰等国家市场，意味着我国转基因大豆商业化种植后在对日出口的大豆价格上很可能会失去话语权，继而只能被迫接受因技术贸易壁垒提高所造成的价格下跌，且当该出口大豆价格下跌至国内市场上的大豆价格或是低于国内市场价格，我国则停止对日本的出口。鉴于此，本节将通过设置情景来体现日本提高大豆技术贸易壁垒对我国大豆所产生的影响程度。

中国于 2008 年开始对大豆实行临时收储政策，至 2014 年该政策取消后，大豆价格逐步回归于准市场的状态。当下伴随着玉米供给侧结构性改革的实施，国内大豆种植面积出现恢复性增长，再加上国际大豆的有效供应，国产大豆价格实际难抵下行的压力。对于下行的程度不易把控，然而国产大豆由生产成本托底，其销售价格终将不会低于国外转基因大豆价格。且对于日本来说，即使我国大豆蛋白质含量不太如意，但在食用用途上，其价值也应要高于转基因大豆。因此本节首先选择将国际转基因大豆价格作为受日本提高技术贸易壁垒影响后的价格（该价格也是国内大豆市场价格的下限），以此表示日本技术贸易壁垒对我国大豆所产生的最大负面扭曲。表 3-4 列出了 2016 年我国大豆进出口贸易情况，从表中可以得出：日本从我国进口的国产大豆平均价格为 922.41 美元/t，从其他三国进口的转基因大豆平均价格为 404.41 美元/t。在我国油料作物主要包含大豆、花生、油菜籽、亚麻籽、葵花籽及其他含油籽仁和果实，借助海关信息网站，可获得 2016 年出口日本的包含大豆等油料作物的产值情况（表 3-5）。该表显示出当前状态下我国对日出口油料作物总产值为 5949.5 万美元，而受日本最高程度的大豆技术贸易壁垒后，产值变为 4447.71 万美元，由此可设定油料作物负面产出扭曲为–25%（情景一）。为更好地表现日本大豆技术贸易壁垒的状态，再设置–10%（情景二）、–5%（情景三）的负面扭曲分别代表技术贸易壁垒产生的中等、较低程度的负面影响。需要注意的是，一国的技术贸易壁垒对不同国家的影响效应是不同的，因此 TO 指标值的设置也会有所差别。日本与美国贸易往来密切，且共属于跨太平洋伙伴关系协定（TPP）成员，相互之间有牵动关系。2012 年日本进口了 176.2 万 t 美国大豆，其中 94%为转基因品种；欧盟对转基因产品很是审慎，目前对转基因大豆只是停留在少量的输入上，输出对象仅为非转基因大豆。据此设定情景一、情景二、情景三下的日本技术贸易壁垒对美国和欧盟负面产出扭曲分别为–10%、–3%、–1%，对世界其他国家的负面产出扭曲依次设为–20%、–7%、–3%。

表 3-4　2016 年中国大豆进出口情况一览表

大豆品类	进出口	国家	数量/万 t	金额/百万美元	平均价格/(美元/t)
国产大豆	出口至	日本	2.90	26.75	922.41
		巴西	3 820.54	15 552.03	407.06
转基因大豆	进口自	美国	3 417.09	13 765.79	402.85
		阿根廷	801.42	3 232.36	403.32

数据来源：海关信息网，http://www.haiguan.info/onlinesearch/TradeStat/StatCOMSub.aspx?TID=1[2019-4-12]

表 3-5　2016 年中国对日出口油料作物一览表

作物类别	出口量/t	出口产值/万美元
大豆	28 998.07	2 674.50
花生	12 310.23	2 763.51
油菜籽	17.03	1.79
亚麻籽	20.04	3.31
葵花籽	257.2	72.13
其他含油籽仁	1 946.36	434.26

数据来源：海关信息网，http://www.haiguan.info/onlinesearch/TradeStat/StatCOMSub.aspx?TID=1[2019-4-12]

二、模拟结果及数据分析

(一)对世界价格的影响

从表 3-6 中可以看出,日本对油料作物实施技术贸易壁垒之后,油料作物、油脂、加工类食品的世界价格均出现了上升,且随着技术贸易壁垒的提高,该上升水平呈现扩张趋势。原因可能是,为应对日本的技术贸易壁垒,各个国家会在原材料筛选、生产、加工、流通等环节加大投入成本,以此做出积极反应,反应的结果最终使得这些农产品的价格得到提高。由于世界范围内,贸易流动性大、关联性强,日本这一措施引发的世界价格的提升不仅会影响到本国进口农产品价格的变化,同时也会波及其他国家。以情景二为例(下同),从我国来看,我国油料作物进口价格提高了 4.61%,油脂进口价格提高了 2.45%,加工食品进口价格提高了 0.07%,动物类产品的价格提高了 0.02%。同时注意到,各个国家粮食作物及蔬果的进口价格整体上呈现下降的势头,我国蔬果进口价格下降了 0.02%,而粮食作物的进口世界价格增加了 0.02%,主要原因是美国作为我国谷物类粮食的最大进口货源地,其出口价格在日本提高技术贸易壁垒后增加了 0.12%(表 3-6)。

表 3-6　世界各国进口农食类产品的世界价格变化率　　　　(单位:%)

产品	情景	中国	日本	韩国	美国	巴西	阿根廷	欧盟	世界其他国家
油料作物	情景一	13.60	14.43	15.12	17.99	16.92	16.63	14.42	14.35
	情景二	4.61	4.91	5.38	6.31	5.89	5.79	4.86	4.89
	情景三	1.89	2.03	2.36	2.71	2.51	2.47	1.98	2.02
油脂	情景一	7.07	6.57	7.29	6.28	6.78	6.24	7.14	6.95
	情景二	2.45	2.27	2.52	2.14	2.29	2.15	2.39	2.38
	情景三	1.03	0.96	1.07	0.89	0.93	0.91	0.96	0.99
粮食作物	情景一	0.03	0.04	−0.03	−0.38	−0.99	−0.15	−0.06	−0.10
	情景二	0.02	0.03	−0.01	−0.06	−0.36	−0.06	−0.02	−0.03
	情景三	0.01	0.02	−0.00	−0.03	−0.16	−0.03	−0.01	−0.01
蔬果	情景一	−0.06	−0.04	−0.03	−0.14	−1.05	−0.15	−0.04	−0.07
	情景二	−0.02	−0.01	−0.01	−0.05	−0.38	−0.06	−0.01	−0.02
	情景三	−0.01	−0.00	−0.00	−0.02	−0.17	−0.03	−0.00	−0.01
加工食品	情景一	0.20	0.22	0.21	0.18	0.05	0.28	0.19	0.20
	情景二	0.07	0.07	0.07	0.06	0.01	0.09	0.06	0.07
	情景三	0.03	0.03	0.03	0.02	0.00	0.04	0.03	0.03
动物类产品	情景一	0.06	0.02	0.07	−0.01	−0.07	0.03	0.06	0.02
	情景二	0.02	0.00	0.03	−0.01	−0.03	0.01	0.02	0.00
	情景三	0.01	−0.00	0.01	−0.00	−0.01	0.00	0.01	0.00

表 3-7 显示的是各个国家农食等产品的出口价格指数变化水平,同表 3-6 类似,日本在油料作物上的技术贸易壁垒会增加生产等环节上的投入,从而会提高油料作物、油脂及加工食品等的出口价格水平。而粮食作物、蔬果与动物类产品的出口价格指数在不

同国家之间表现出各有升降。其中，我国的粮食作物价格指数下降了 0.12%，蔬果下降了 0.15%，动物类产品下降了 0.06%。相反，日本的粮食作物、蔬果及动物类产品的出口价格指数各增长了 0.03%。

表 3-7 世界各国农食类产品的出口价格指数变化率 （单位：%）

产品	情景	中国	日本	韩国	美国	巴西	阿根廷	欧盟	世界其他国家
油料作物	情景一	23.42	2.34	19.08	12.41	20.32	17.35	10.62	20.35
	情景二	9.23	0.80	6.70	3.93	7.07	6.03	3.26	7.09
	情景三	4.54	0.33	2.88	1.45	3.01	2.56	1.14	3.02
油脂	情景一	7.89	7.17	8.84	7.84	8.87	11.25	6.48	6.59
	情景二	3.04	2.44	3.11	2.51	3.08	3.91	2.07	2.29
	情景三	1.46	1.01	1.34	0.94	1.31	1.66	0.78	0.97
粮食作物	情景一	−0.28	0.07	−0.13	0.27	−0.28	−1.62	0.05	−0.17
	情景二	−0.12	0.03	−0.04	0.12	−0.11	−0.58	0.03	−0.06
	情景三	−0.07	0.01	−0.02	0.07	−0.05	−0.26	0.02	−0.03
蔬果	情景一	−0.34	0.08	−0.16	0.33	−0.30	−2.02	0.05	−0.16
	情景二	−0.15	0.03	−0.06	0.15	−0.12	−0.73	0.03	−0.06
	情景三	−0.08	0.01	−0.02	0.08	−0.06	−0.33	0.02	−0.03
加工食品	情景一	0.30	0.17	0.22	0.31	0.42	0.23	0.20	0.17
	情景二	0.10	0.06	0.08	0.11	0.14	0.09	0.07	0.06
	情景三	0.04	0.02	0.03	0.04	0.05	0.05	0.03	0.02
动物类产品	情景一	−0.12	0.10	0.10	0.29	−0.14	−0.71	0.12	−0.01
	情景二	−0.06	0.03	0.03	0.11	−0.06	−0.27	0.05	−0.01
	情景三	−0.04	0.01	0.02	0.05	−0.03	−0.13	0.02	−0.00

（二）中国进出口水平的变动

表 3-8 中显示，日本技术贸易壁垒的提高使我国的整体进口贸易额增加 0.09%，出口贸易额增加 0.07%。同时中国和日本的贸易条件出现了不同程度的恶化，中国的恶化程度比日本更加明显。

表 3-8 以世界价格衡量各个国家的整体进出口价值变动水平及贸易条件变化 （单位：%）

	情景	中国	日本	韩国	美国	巴西	阿根廷	欧盟	世界其他国家
进口	情景一	0.23	0.08	0.07	0.11	0.14	−0.25	0.06	0.11
	情景二	0.09	0.03	0.02	0.04	0.04	−0.10	0.02	0.04
	情景三	0.04	0.01	0.01	0.02	0.01	−0.05	0.01	0.02
出口	情景一	0.18	0.04	0.05	0.08	0.32	0.46	0.05	0.12
	情景二	0.07	0.02	0.02	0.03	0.11	0.15	0.02	0.04
	情景三	0.03	0.01	0.01	0.01	0.05	0.06	0.01	0.02
贸易条件	情景一	−0.20	−0.08	−0.05	0.14	0.99	2.44	−0.02	−0.02
	情景二	−0.07	−0.03	−0.02	0.05	0.34	0.84	−0.01	−0.01
	情景三	−0.03	−0.01	−0.01	0.02	0.14	0.35	−0.00	−0.00

表 3-9 显示了我国由出口额和出口量表示的出口变化情况，其中出口额以出口至日本为例。从表中可以看出，技术贸易壁垒的影响使得我国对日本的出口贸易额在油料作物上减少了 15.42%，油脂减少 3.5%，而粮食作物、蔬果及动物类产品的出口贸易额分别增加了 0.81%、0.45% 及 0.44%。说明，对于这三种产品，虽然出口价格水平下降了，但与日本等国外同类产品价格相比，依然具有竞争优势，这同时也使得我国在这三种产品上的出口量保持了一定程度的增长。

表 3-9　我国不同产品的出口变化率　　　　　　（单位：%）

产品	情景	出口额	出口量
油料作物	情景一	−30.06	−26.87
	情景二	−15.42	−14.37
	情景三	−9.40	−9.00
油脂	情景一	−4.46	−2.98
	情景二	−3.50	−2.96
	情景三	−2.61	−2.36
粮食作物	情景一	1.80	1.12
	情景二	0.81	0.55
	情景三	0.45	0.32
蔬果	情景一	1.03	0.69
	情景二	0.45	0.33
	情景三	0.25	0.20
加工食品	情景一	−0.42	−0.40
	情景二	−0.13	−0.12
	情景三	−0.04	−0.04
动物类产品	情景一	0.93	0.95
	情景二	0.44	0.45
	情景三	0.25	0.26

(三)世界各国农食产品出口额变化率

从表 3-10 来看，由于日本大豆技术贸易壁垒对我国冲击影响最大，我国出口到日本的油料作物出口额下降幅度也最为严重。而受负面冲击较小的韩国、巴西、阿根廷等国，出口额下降幅度要明显小于我国。其中，巴西油料作物出口额度降低了 5.42%，韩国下降了 8.15%，阿根廷下降了 1.36%。美国和欧盟国家受到的负面冲击最小，出口到日本的油料作物出口额不降反增，美国出口额增加 7.26%，欧盟增加了 10.76%。日本对中国实施的大豆技术贸易壁垒措施实现了油料作物的贸易转移。同时注意到，我国虽减少了油料作物的对日出口，但综合世界其他国家的数据来看，我国出口到日本的粮食作物、蔬果及动物类产品依然占据优势，出口额增长幅度都仅在阿根廷之后。美国及欧盟国家出口到日本的除油料作物的其他农食类产品则整体呈现下滑趋势。以美国为例，油脂产品出口额减少 0.15%，粮食作物减少 0.50%，蔬果减少 0.46%，加工食品减少 0.17%，动物类产品减少 0.56%。

表 3-10 世界各国出口到日本的农食类产品的出口额变化率 （单位：%）

国家	情景	油料作物	油脂	粮食作物	蔬果	加工食品	动物类产品
中国	情景一	−30.06	−4.46	1.80	1.03	−0.42	0.93
	情景二	−15.42	−3.50	0.81	0.45	−0.13	0.44
	情景三	−9.40	−2.61	0.45	0.25	−0.04	0.25
韩国	情景一	−21.31	−10.35	0.98	0.42	−0.11	−0.32
	情景二	−8.15	−3.99	0.38	0.15	−0.05	−0.12
	情景三	−3.89	−1.92	0.18	0.06	−0.03	−0.06
美国	情景一	17.83	−3.77	−1.15	−1.04	−0.50	−1.41
	情景二	7.26	−0.15	−0.50	−0.46	−0.17	−0.56
	情景三	3.70	0.61	−0.27	−0.25	−0.07	−0.28
巴西	情景一	−14.13	−9.37	1.89	0.88	−1.00	1.06
	情景二	−5.42	−3.42	0.78	0.35	−0.32	0.43
	情景三	−2.59	−1.54	0.40	0.17	−0.12	0.22
阿根廷	情景一	−2.61	−24.96	9.22	6.30	1.84	4.23
	情景二	−1.36	−8.81	3.36	2.27	0.69	1.58
	情景三	−0.84	−3.82	1.52	1.01	0.32	0.74
欧盟	情景一	27.71	2.35	0.00	−0.15	0.00	−0.42
	情景二	10.76	1.80	0.00	−0.07	0.00	−0.18
	情景三	5.22	1.33	0.00	−0.04	0.00	−0.10
世界其他国家	情景一	−23.63	3.17	1.22	0.48	0.10	0.27
	情景二	−8.75	0.96	0.49	0.18	0.03	0.10
	情景三	−4.02	0.33	0.24	0.08	0.01	0.05

（四）对我国农食类产品生产的影响

从表 3-11 可以看出，我国油料作物、油脂及加工食品在产出上有一定的下降，而粮食作物及动物类产品有一定的提升。对于油料作物、油脂及加工食品来讲，出口价格水平上升而出口量的下降可能会影响生产及加工者的利润预期，进而影响产出；粮食作物、动物类产品及蔬果的出口价格下降和出口量的增加，不仅提高了产品的竞争力，同时也刺激了利益主体的生产积极性，产出可能得到一定的提升。

表 3-11 各国农食产品及加工产品的行业产出变化率 （单位：%）

产品	情景	中国	日本	韩国	美国	巴西	阿根廷	欧盟	世界其他国家
油料作物	情景一	−7.21	19.88	−9.63	8.73	−7.14	−12.10	6.22	−3.97
	情景二	−3.56	6.77	−3.34	3.74	−2.75	−4.36	2.74	−1.51
	情景三	−2.12	2.79	−1.41	1.99	−1.33	−1.94	1.49	−0.71
油脂	情景一	−1.28	−1.59	−3.28	−1.96	−3.20	−20.93	1.24	1.07
	情景二	−0.69	−0.51	−1.20	−0.27	−1.20	−7.42	0.79	0.32
	情景三	−0.43	−0.19	−0.54	0.12	−0.56	−3.23	0.54	0.11
粮食作物	情景一	0.02	−0.08	0.10	−0.80	0.10	4.16	−0.25	0.08
	情景二	0.02	−0.02	0.03	−0.33	0.06	1.51	−0.09	0.04
	情景三	0.01	−0.00	0.02	−0.17	0.04	0.68	−0.05	0.02

续表

产品	情景	中国	日本	韩国	美国	巴西	阿根廷	欧盟	世界其他国家
蔬果	情景一	0.07	−0.04	−0.02	−0.40	−0.03	2.72	−0.21	0.04
	情景二	0.02	−0.01	−0.01	−0.16	0.01	0.98	−0.08	0.02
	情景三	0.01	−0.01	−0.00	−0.08	0.01	0.44	−0.04	0.01
加工食品	情景一	−0.13	−0.07	−0.09	−0.17	−0.18	0.86	−0.08	−0.01
	情景二	−0.04	−0.02	−0.03	−0.06	−0.06	0.31	−0.03	−0.01
	情景三	−0.01	−0.01	−0.02	−0.02	−0.02	0.14	−0.01	−0.00
动物类产品	情景一	0.02	−0.08	−0.08	−0.23	0.08	1.34	−0.13	0.00
	情景二	0.01	−0.03	−0.03	−0.09	0.04	0.49	−0.05	−0.00
	情景三	0.00	−0.01	−0.01	−0.04	0.02	0.23	−0.02	0.00

三、结论及对策建议

农产品技术贸易壁垒是众多发达国家为保护本国产业、维护本国利益的一项贸易保护政策，本节采用全球贸易分析模型 GTAP，以 TO 指标对具体的油料作物进行冲击，模拟分析了我国转基因大豆产业化种植后，日本实施的技术贸易壁垒对我国农食类产品的经济影响。模拟结果表明：日本的技术性贸易壁垒使得我国贸易条件呈恶化方向发展；油料作物、油脂及加工食品出口面临劣势局面，产出水平呈现不同程度的下降；粮食作物、蔬果及动物类产品出口价格下降，而进口价格升降不一；我国出口到日本的油料作物的贸易额减少最为严重，相反地，粮食作物的出口贸易额增长幅度最大，且基于全球视角下，粮食作物、蔬果及动物类产品在对日出口中依然占据明显优势。针对上述结论，本节特提出以下建议。

1)日本提高技术贸易壁垒后，相对于其他农食类产品，我国谷物类粮食作物最具出口优势。因此，一方面要加大补贴力度，真正提高补贴绩效，刺激生产者的种植积极性，保证作物产量，在供给有余的基础上促进出口；另一方面要继续实施"科教兴农"战略，强化现代装备建设，努力提高技术生产效率，降低生产成本。

2)加工食品类行业，要实现由简单且初级的加工模式向精深加工转型，调整单一的产品结构，搞活品牌，努力提高加工食品的国际竞争力。加工业作为中游性产业，上联种植业，下系销售业，不仅要大力发展订单经济和外包合作还要注重提升自我创新能力，不仅要推广本土化战略还要构建产业集群的新组织形式(李保民和王贵民，2013)。政府要对加工企业的深加工项目在立项、信贷、税收等政策上予以扶持，企业自身也要实施"走出去"战略，加强与国外大型企业的交流与合作，实现技术创新，提高产品技术含量。另外，政府还要促使食品加工行业的有序发展，维系市场竞争环境的良好运作。

3)强化农产品安全监管和企业自律，严格控制农产品质量，降低农食产品的召回率。特别是在我国转基因大豆产业化后，加工企业要谨遵食品安全规章，做好产品标识工作。对于其他初级农产品或是深加工产品，企业也要严格实施标准化生产，抓好产品质量与安全的双重攻关。其中针对日本厚生劳动省历年来对我国农产品的扣留情况，蔬果产品尤其要遵照农残检验标准与检验流程，动物类产品更要严防细菌污染。

4) 建立和完善农产品技术贸易壁垒预警机制，防范对日出口风险，最大限度减少贸易损失。日本严密的农产品技术贸易壁垒体系囊括了动植物卫生检疫、技术法规与标准、包装与标签及合格评定等多方面内容。我国要建立和完善农产品技术贸易壁垒预警机制，组织相关机构适时收集其他成员国在技术法规、卫生检疫、评定程序等方面的信息，及时传递到农产品行业协会等组织，并通过专家咨询与数据库分析尽快出台风险评估报告，以快速实施反应措施(纪秋颖和陈春慧，2007)。另外，我国作为 WTO 成员方，应充分利用《技术性贸易壁垒协议》中的有关规定如非歧视性原则、透明性原则等，以此寻求贸易保护。

5) 实施农产品出口市场与出口结构多元化战略，分散出口风险。日本提高大豆技术贸易壁垒虽会阻碍我国国产大豆的对外输出，但我国蔬果、粮食作物及动物类产品依然具有出口优势，考虑到日本当前是我国农产品最主要的输出对象，国家应合理调控输出结构，拓展输出市场，以此更大可能地分散出口风险。大豆方面，贸易流向可转为对转基因不排斥且对我国国产大豆诉求较高的北美国家，如加拿大；谷物类粮食作物及水产动物类对日出口过于集中，可适当调减贸易份额转向东南亚市场，蔬果对日依赖不是很高，可保持当前输出状态。

参 考 文 献

陈春燕, 罗颖玲, 李晓. 2013. 中国转基因油菜研究现状及发展对策. 湖北农业科学, 52(16): 3762-3766.

高峻峰, 蒋兰, 尹波. 2014. 技术壁垒与互补性资产视角下产业升级路径研究. 科技进步与对策, 31(24): 58-63.

郭俊芳. 2015. 非关税措施对中国禽肉出口的影响研究. 中国农业大学博士学位论文.

何正全, 王慧君. 2009. 技术性贸易壁垒对我国农产品贸易的有利影响分析. 经济问题探索, (12): 60-65.

胡冰川. 2017. WTO 框架下 FTA 国别效应的动态研究. 南京农业大学博士学位论文.

胡成孜. 2016. 转基因玉米国际贸易争端及对我国的启示. 辽宁大学硕士学位论文.

基因农业网. 2013. 转基因油菜. http://www.agrogene.cn/info-155.shtml [2018-6-25].

纪秋颖, 陈春慧. 2007. 日本技术性贸易壁垒对我国农产品出口影响及对策研究. 商业研究, (4): 157-160.

李保民, 王贵民. 2013. 提升我国食品加工业竞争力的对策. 经济纵横, (1): 101-104.

李春顶. 2005. 技术性贸易壁垒对出口国的经济效应综合分析. 国际贸易问题, (7): 74-79.

廖程胜, 廖良美. 2016. 日本绿色贸易壁垒对我国农产品出口正效应分析. 北方园艺, (13): 205-210.

柳苏芸. 2017. 我国大豆目标价格补贴政策及其效果研究. 中国农业大学博士学位论文.

卢昱嘉, 韩一军. 2018. 2017 年我国大豆消费增长 4%以上. http://www.sohu.com/a/220963874_303286 [2018-6-25].

孟丹. 2011. 转基因农产品贸易现状、问题及我国的对策分析. 东北财经大学硕士学位论文.

农业部农业转基因生物安全管理办公室, 中国农业科学院生物技术研究所, 中国农业生物技术学会. 2012. 转基因 30 年实践. 北京: 中国农业科学技术出版社.

食品商务网. 2013. 2012 年全球 81%的大豆 35%的玉米 30%的油菜都是转基因作物. http://wap.21food.cn/news/detail845788. htm [2018-6-25].

杨海芳, 李哲. 2007. 转基因产品国际贸易对我国的影响及启示. 中国经贸导刊, (23): 43-44.

詹晶, 叶静. 2013. 日本技术性贸易壁垒对我国农产品出口贸易的影响——基于 VAR 模型实证分析. 国际商务(对外经济贸易大学学报), (3): 25-33.

张晓平. 2013. 全球大豆生产与贸易现状及发展趋势. 中国猪业, 8(S2): 70-71.

Danielson E. 2018. Canada grain and feed annual. https://gain.fas.usda.gov/Recent%20GAIN%20Publications/Grain%20and%20
　　Feed% 20Annual Ottawa Canada 4-13-2018.pdf [2018-06-25].

ISAAA. 2017. Brief 53: global status of commercialized biotech/GM crops: 2017. http://www.isaaa.org/resources/publications/
　　briefs/53/download/isaaa-brief-53-2017.pdf [2018-06-25].

Urbisci L. 2018. Canada oilseeds and products annual. https://gain.fas.usda.gov/Recent%20GAIN%20Publications/Oilseeds%20and
　　%20Products%20Annual_Ottawa_Canada_3-15-2018.pdf [2018-06-25].

第四章　全球转基因作物产业化发展政策

第一节　转基因作物产业化发展政策的国际比较及启示借鉴

在转基因农业生物技术产业化快速发展下，由于复杂的经济社会影响及不同国家应对转基因作物风险能力的差异，不同国家对转基因农业生物技术产业化的态度大相径庭。态度的巨大差异影响了公众对转基因农业生物技术及其产品的接纳态度，延迟了农业转基因技术产业化进程，并引导着主要国家农业转基因生物技术政策的演进（邓家琼，2008）。本节通过对国际社会上采取不同农业生物技术政策的国家进行分析，对比中国，从而在借鉴中为我国发展农业生物技术产业化提出政策建议。

一、国际上对转基因生物技术的几种政策取向

根据对生物技术应用的态度，Paarlberg（2003）把国际上各个国家的政策取向划分为四种类型：促进型政策（promotional）、认可型政策（permissive）、谨慎型政策（precautionary）和禁止型政策（preventive）。但各国的技术、经济、贸易、食物安全、消费者及反生物技术团体的态度、政治及宗教信仰等各种不同的约束条件使其政策安排差别很大。

（一）促进型政策

促进型政策在公共研究投资政策方面有明确的优先发展战略和规划，并投入大量财政资金，促进转基因技术的开发及应用。在生物安全管理政策方面仅参照别国的审批情况进行象征性的评价或管理，根本不进行安全性检测与评价。在食品安全政策方面认为转基因食品与常规食品无本质区别，上市不须加标签。在国际贸易政策方面主张转基因产品的进出口贸易不应受到额外的检测制度的限制。在知识产权政策方面按国际植物新品种保护公约（UPOV）1991 年文本的双重保护体系实行专利保护和植物新品种保护（张银定等，2001）。例如，美国、加拿大等国家在其各方面的政策中多为促进型。

（二）认可型政策

认可型政策在公共研究投资政策方面有优先发展战略和规划，财政资金主要用于对已有转基因技术在本国的应用，而不开发转基因新技术。在生物安全管理政策方面是以产品为基础的科学的个案分析方法，认为转基因技术本身没有潜在的危险性。在食品安全政策方面实行不太严格的加标签制度和上市时的隔离制度。在国际贸易政策方面对进口转基因产品实行检测制度，但检测标准及要求不太严格。在知识产权政策方面按 UPOV 1991 年文本，实行植物新品种保护，不保护农民特权（留种权）（张银定等，2001）。例如，巴西等国家在其各方面的政策中多为认可型。

(三)谨慎型政策

谨慎型政策在公共研究投资政策方面无优先发展战略和规划，没有财政资金，只有国外援助用于转基因技术在本国的开发与应用。在生物安全管理政策方面有以技术为基础的严格的生物安全管理审批程序，认为转基因技术有潜在的危险性。在食品安全政策方面实行严格的强制标签制度和在市场销售时的隔离政策，让消费者自由选择。在国际贸易政策方面实行严格的检测制度，以安全性为借口限制转基因产品进口。在知识产权政策方面按 UPOV 1978 年文本，实行植物新品种保护，保留农民特权，农民可以自留种子(张银定等，2001)。例如，印度和欧盟等国家和组织在其各方面的政策中多为谨慎型。

(四)禁止型政策

禁止型政策在公共研究投资政策方面无优先发展战略和规划，既没有财政资金也没有援助资金用于转基因技术的开发与应用。在生物安全管理政策方面实行非常严格的生物安全管理审批程序，甚至禁止从事有关基因工程工作。在食品安全政策方面以警告性的标签说明转基因食品对消费者不安全或禁止转基因食品上市。在国际贸易政策方面禁止进口任何含有转基因成分的转基因产品。在知识产权政策方面没有制定对植物新品种进行保护的法规，即使有法规执法力度也不够(张银定等，2001)。例如，韩国、阿拉伯等国家在其各方面的政策中均为禁止型。

二、全球主要国家转基因作物的现行管理政策比较

从世界转基因种植面积排位靠前的国家来看，美国作为全球转基因作物种植的领先者，对转基因的发展一直毫无保留地支持，身体力行推动与促进转基因作物产业化。而作为世界上第二大转基因作物生产国，巴西转基因作物管理政策的协调实施更使利益相关者增加信心。至于欧盟，则重新调整政策，对转基因作物商业化采取更加小心谨慎的态度。而印度虽然积极支持转基因生物技术的研发，但谨慎地推广使用。

(一)美国

美国是国际公认的农业生物技术发展最快的国家，是世界上转基因作物商品化种植面积最大的国家。它有发展转基因产业的具体战略、规划，有政府财政资金的投入，注重新技术在转基因作物产业化中的应用和推广，鼓励全球范围内推进转基因农业贸易。

在生产加工环节中，由于美国的农业转基因生物技术研究早、技术储备丰富，成熟技术不断涌现并快速应用(汪其怀等，2017)，所以在公共研究投资政策方面，制定了一系列有利于促进生物技术发展的战略和计划，如 USDA 对转基因生物研究和实验条件进行监督管理，对转基因试验材料从温室向田间试点运输进行管理等(刘旭霞和刘渊博，2014)。在知识产权政策方面，采用国际植物新品种保护公约(UPOV)1991 年文本对所有的植物新品种进行双重保护，有效地保护了育种者和私人公司的利益。在食品安全管理方面，由之前采取与非转基因食品相同的管理方法和程序的自愿标签制度，于 2016 年变更为强制标签制度(郭桂环和纪金言，2018)。

在流通环节中，美国商业上市转基因产品(包括生产资料和生活资料)必须符合联邦和州法规制定的标准(Anker and Grossman, 2009)。在美国的转基因产品商业化阶段，以发达的市场条件和完善的司法体系为基础，通过市场监督调控和司法救济实现产品分散监管模式的价值和优势，是非常依靠市场选择的。美国环境保护局(EPA)则主要负责转基因植物销售与推广前内置式农药的登记程序，并规定了其食品中的残留量的最低容忍及免除条件。并且美国政府还出台了跨州转移许可及运输包装标识制度。

在消费环节中，美国采用多种途径吸收社会公众参与转基因安全管理，如公告、听证、研讨等，在媒体宣传方面也是趋向于正面的、比较客观的报道，所以公众对批准应用的生物技术产品接受度与参与度也很高(汪其怀等，2017)。

在进出口环节中，其对外贸易政策主张转基因作物及食品的贸易不应受到限制，在出口时也不须经进口国的额外批准，作为出口贸易量头号大国，取得了极高的经济收益。

在安全监管环节中，由美国农业部、环境保护局、食品和药物管理局等部门根据各自的职责和转基因技术的发展程度分工协调管理，并随着转基因作物大田试验数据的不断积累，其生物安全管理趋向宽松化和简单化。

(二)巴西

巴西是世界上第二大转基因作物生产国，仅次于美国(周加加等，2017)。在各机构的协作参与和生物安全立法框架中的法律、规定和指导准则联合作用下，巴西投资者、科研工作者、公私营机构及其他所有农业的利益相关者都对转基因作物商业化更增信心。

在生产加工环节中，巴西十分重视农业生物技术的科研投入，形成了由政府主导的巴西农牧业研究公司(Embrapa)、农业高校与科研机构和私人投资共同创新的转基因技术研究体系(展进涛等，2018)。并且在2015年4月29日，巴西众议院通过了"第4148/2008号法案草案"，修正现行的转基因商标法"第4680/2003号法令"，规定只有在最后成分中含有超过1%转基因成分的产品必须贴上标签。

在流通环节中，现行的《巴西生物安全法》为新的转基因作物的销售提供了明确的监管框架，鼓励巴西联邦政府接受和保护有利于农业发展的新技术，推动产品市场优化发展。并对未获批准的转基因食品和作物实行零容忍政策，要求在巴西境内的所有转基因作物及食品均需要经过安全审批。

在消费环节中，巴西有关转基因生物的重要法规中第8078号法，赋予国内所有消费者知情权。巴西的生产者是普遍接受转基因作物的，但肉类加工、食品加工行业及民众和零售商对转基因产品的接受度仍较低(周加加等，2017)。

在进出口环节中，巴西允许根据具体情况进口转基因产品。所有进口的转基因产品必须获得巴西国家生物安全技术委员会(CTNBio)的预先批准，才能以个案形式进口。其批准基于科学，需要全面考察食品安全、毒理学和环境方面的因素。批准后，即不存在进一步的贸易壁垒(周加加等，2017)。

在安全监管环节中，巴西的生物安全专门立法起步较晚，但立法位阶和立法密度较高，并且对综合性生物安全法的制定和修改非常重视(Yu, 2013)。巴西设国家生物安全委员会(CNBS)和国家生物安全技术委员会两个主管农业生物技术的管理机构。CNBS负责巴西国家生物安全政策的制定和实施，为涉及生物技术的联邦机构的行政行为制定原则和指引，评估有关生物技术产品商业用途批准后对社会经济的影响及所取得的国家利益（祁潇哲等，2013）。根据法律规定，农业、畜牧业和食品供应部负责农业、畜牧和农业加工过程中转基因事件的监管；卫生部通过国家卫生监督局（ANVISA）检查这些事件的毒理学；环境部通过巴西环境与可再生自然资源研究所（IBAMA）对事件及其对环境的影响进行监视和检查（周加加等，2017）。

（三）欧盟

最近几年来对转基因作物安全性的激烈争论使欧盟不得不重新调整政策，既不完全反对转基因技术的产业化发展，也没有明确的规划与政策。而公众反对与意见不统一，更加使其采取保守、限制发展的政策导向，对转基因作物商业化的态度更加小心谨慎。

在生产加工环节中，欧盟著名的"尤里卡计划"中生物技术是其重要的组成部分，在第四个研究开发总体计划中对生物技术的研究投资达到17亿欧洲货币单位，其生物技术的基础研究很先进，公共研究的投资力度很大。并且欧盟将预防原则、可追踪性和透明度作为重建欧洲食品安全制度的三大基本原则，实行严格的强制标签制度，并采用转基因食品唯一标识系统（郭铮蕾等，2015）。

在流通环节中，欧盟规定了成员国和欧盟两个层次的审批手续。申请转基因食品上市的公司应当首先向一个成员国的主管机构提出申请，由该主管机构对转基因食品进行风险评估。成员国如同意这种转基因食品上市，需要通过欧盟委员会通知其他成员国。若其他成员国未提出反对意见，则经该成员国正式批准，这种转基因食品可在全欧盟境内上市销售。转基因食品在获得批准进入欧盟市场后，要进入欧共体转基因食品注册系统进行登记，记录转基因食品的有用信息（韩永明等，2013）。

在消费环节中，欧盟消费者的知情权具有根深蒂固的社会基础，公众意见对欧盟立法导向有着极大的影响力，认为公民参与要体现"跨部门、独立、公开透明"的特点，确保所有的观点都能被听到（胡加祥，2017），并要求"所有转基因生物和源自转基因生物的产品在其投放到市场的各个阶段都能被追踪"。但欧盟的媒体往往以轰动式的并非客观的报道来影响公众的观点，产生社会舆论。

在进出口环节中，欧盟在对外贸易中实行严格的检测制度和标签制度，"预先防御"原则竭力阻止美国的转基因产品进入欧盟市场（陈旸，2013）。而相关国内外贸易政策标准没有成型，并且还采取了接近"零容忍"的政策，具体是将未授权的转基因成分的最大阈值设为0.1%，这一标准是检测技术精度所能达到的最低值（郭铮蕾等，2015）。

在安全监管环节中，欧盟采用以技术为基础的十分严格的全过程安全评价和监控模式；审批程序复杂，周期长，被认为是全世界最严格的转基因作物审批制度。

（四）印度

印度虽认可转基因技术在农业上应用，但对具体实施政策仍严肃谨慎。其政策持观望态度，立场不明朗，对具体转基因作物产业化的发展持选择态度，会有针对性地发展相关产业及技术，有条件地进行相关产业的贸易，是谨慎地选择，有条件地推动。

在生产加工环节中，印度政府鼓励转基因技术研究和投资，制定了生物技术发展战略，其中就包括研究转基因技术。效仿了欧盟的强制标签模式，印度颁布了《转基因食品强制标签法草案》，明确规定转基因食品强制标签制度不仅适用于国内产品，而且对进口食品同样适用（Bansal and Gruere, 2010）。在知识产权方面，也保留了农民的自留种子特权。

在流通环节中，印度《食品安全和标准》授权印度食品安全标准局（FSSAI）成为印度转基因食品监管部门，对销售做出了明确的规定（郭籽实等，2016）。2007 年 8 月印度环境与森林部（MOEF）发布通告，规定对于转基因加工食品销售，只要最终产品不是活体转基因产品，可以不经过印度基因工程审查委员会的批准（刘旭霞和英玢玢，2015）。而到目前为止，印度转基因食品作物还没有完全放开，转基因技术信息的传播不是在所有情况下都是客观的，会导致在产品宣传时出现偏差。

在消费环节中，印度是亚洲反对转基因食品声音较强的国家：由于转基因作物本身的潜在风险，加上印度特有的社会宗教文化环境，科学传播和公众讨论在很大程度上被一部分有目的的组织和个人所利用，误导了公众对转基因作物的看法（Indira et al., 2006），没有正确地向公众传播转基因作物的利弊，使印度公众对转基因技术的意识水平非常低，造成印度公众对转基因作物产生了消极反应（韩芳和史玉民，2014）。

在进出口环节中，由于没有能力检测基因改良生物技术，所以禁止进口任何可能含有转基因成分的产品，即使是无偿的援助。并且对出口的产品也贴上了非转基因产品的标签。

在安全监管环节中，印度政府对转基因作物和转基因食品，采取了越来越严格的检测和监管模式（Brarfordk et al., 2005）。由设在生物技术部的遗传操作审查委员会和设在环境与森林部的基因工程审批委员会共同负责生物安全管理，安全审批十分严格和谨慎。由科技部下属机构生物技术局（DBT），负责管理生物技术发展和商业化应用及转基因生物监管政策的制定（郭籽实等，2016）。

三、我国转基因作物管理现状及不足

（一）我国转基因作物管理现状[①]

1. 生产加工环节

（1）研究试验

我国规定从事农业转基因生物研究与试验的单位，应当制定农业转基因生物试验操作规程，加强农业转基因生物试验的可追溯管理。根据规定确定安全控制措施和预防事故的紧急措施，确保农业转基因生物研究与试验的安全，做好安全监督记录，以备接受农业行政主管部门的监督检查。

农业转基因生物试验，一般应当经过中间试验、环境释放和生产性试验三个阶段。

---

① 本节内容部分选自《农业转基因生物安全评价管理办法》（2017 年 11 月 30 日修订）和《农业转基因生物安全管理条例》（2017 年 10 月 7 日修订），故保留"农业部"相关提法。

需要从上一试验阶段转入下一试验阶段的，试验单位应当向国务院农业行政主管部门提出申请并提供相应资料；经委托具备检测条件和能力的技术检测机构进行检测并经农业转基因生物安全管理标准化技术委员会进行安全评价合格的，由国务院农业行政主管部门批准转入下一试验阶段或颁发农业转基因生物安全证书。

(2)生产种植

生产转基因植物种子、种畜禽、水产苗种，应取得国务院农业行政主管部门颁发的相应生产许可证，在指定区域种植或者养殖，建立生产档案，载明生产地点、基因及其来源、转基因的方法及流向等内容。从事农业转基因生物生产的单位和个人，应当按照批准的品种、范围、安全管理要求和相应的技术标准组织生产，并定期向所在地县级人民政府农业行政主管部门提供生产、安全管理情况和产品流向的报告。

(3)加工标识

在中华人民共和国境内从事农业转基因生物加工的单位和个人，应当取得加工所在地省级人民政府农业行政主管部门颁发的《农业转基因生物加工许可证》。

我国对农业转基因生物实行标识制度，制定了实施标识管理的农业转基因生物目录、标识的标注办法。凡是列入标识管理目录并用于销售的农业转基因生物，应当进行标识；未标识和不按规定标识的，不得进口或销售。列入标识管理目录的农业转基因生物，由生产、分装单位和个人进行标识；经营单位和拆开原包装进行销售的，应当重新标识。难以在原包装、标签上标注农业转基因生物标识的，可采用在原有包装、标签的基础上附加转基因生物标识的办法进行标注，但附加标识应当牢固、持久。农业转基因生物标识应当醒目，并和产品的包装、标签同时设计和印制。有特殊销售范围要求的农业转基因生物，还应当明确标注销售的范围，可标注为"仅限于××销售(生产、加工、使用)"。农业部负责全国农业转基因生物标识的监督管理工作。

农业部根据农业转基因生物安全评价工作的需要，委托具备检测条件和能力的技术检测机构对农业转基因生物进行检测，为安全评价和管理提供依据。技术检测机构承担农业部或申请人委托的农业转基因生物定性定量检验、鉴定任务。

2. 流通环节

(1)运输贮藏

农业转基因生物在贮存、转移、运输时，应当采取与农业转基因生物安全等级相适应的安全管理和防范措施，具备特定的设备或场所，指定专人管理并记录，确保农业转基因生物运输、贮存的安全。

(2)销售

我国规定经营转基因植物种子、种畜禽、水产苗种的单位和个人，应当取得国务院农业行政主管部门颁发的相应经营许可证。农业转基因生物标识应当载明产品中含有转基因成分的主要原料名称；有特殊销售范围要求的，还应当载明销售范围，并在指定范围内销售。

农业转基因生物的广告，应当经国务院农业行政主管部门审查批准后，方可刊登、播放、设置和张贴。为防止误导消费者，为转基因产品与非转基因产品营造公平的竞争环境，引导公众科学理性认识转基因，各省农业行政主管部门与当地工商、食药等部门积极协调配合，依法加强对涉及转基因广告的监督管理工作。

3. 消费环节

近年来中国的立法并没有涉及公众参与，与转基因相关的政策都是在政府的主导下由来自转基因领域的专家进行决策，没有民间团体或者消费者的参与，对转基因技术与产品没有进行相关普及。

4. 进出口环节

(1)进口安全管理办法

农业部负责全国农业转基因生物进口的安全管理工作。国家农业转基因生物安全管理标准化技术委员会负责农业转基因生物进口的安全评价工作。对于进口的农业转基因生物，按照用于研究和试验的、用于生产的及用作加工原料的三种用途实行管理。

1)用于研究和试验的农业转基因生物

《农业转基因生物进口安全管理办法》在此种用途中分别规定从中华人民共和国境外引进安全等级 Ⅰ、Ⅱ 的农业转基因生物进行实验研究的，引进单位应当向农业转基因生物安全管理办公室提出申请，并提供相应材料；从中华人民共和国境外引进安全等级 Ⅲ、Ⅳ 的农业转基因生物进行实验研究的和所有安全等级的农业转基因生物进行中间试验的，引进单位应当向农业部提出申请，并提供相应材料；从中华人民共和国境外引进农业转基因生物进行环境释放和生产性试验的，引进单位应当向农业部提出申请，并提供相应材料；从中华人民共和国境外引进农业转基因生物用于试验的，引进单位应当从中间试验阶段开始逐阶段向农业部申请。

2)用于生产的农业转基因生物

境外公司向中华人民共和国出口转基因产品和利用农业转基因生物生产的或者含有农业转基因生物成分的产品等拟用于生产应用的，应当向农业部提出申请，并提供相应材料；境外公司在提出上述申请时，应当在中间试验开始前申请，经审批同意，试验材料方可入境，并依次经三个试验阶段以及农业转基因生物安全证书申领阶段；引进的农业转基因生物在生产应用前，应取得农业转基因生物安全证书，方可依照有关产品的法律、行政法规的规定办理相应的审定、登记或者评价、审批手续。

3)用于加工原料的农业转基因作物

境外公司向中华人民共和国出口农业转基因生物用作加工原料的，应当向农业部提供相应材料，申请领取农业转基因生物安全证书之后凭证书依法向有关部门办理相关手续；进口用作加工原料的农业转基因生物如果具有生命活力，应当建立进口档案，载明其来源、储存、运输等内容，并采取与农业转基因生物相适应的安全控制措施，确保农业转基因生物不进入环境；向中国出口农业转基因生物直接用作消费品的，依照向中国出口农业转基因生物用作加工原料的审批程序办理。

(2)进出境转基因产品检验检疫管理办法

1)进境检验检疫

海关总署对进境转基因动植物及其产品、微生物及其产品和食品实行申报制度。

货主或者其代理人在办理进境报检手续时，应当在《入境货物报检单》的货物名称栏中注明是否为转基因产品。申报为转基因产品的，除按规定提供有关单证外，还应当取得法律法规规定的主管部门签发的《农业转基因生物安全证书》或者相关批准文件。海关对《农业转基因生物安全证书》电子数据进行系统自动比对验核。对列入实施标识管理的农业转基因生物目录（国务院农业行政主管部门制定并公布）的进境转基因产品，如申报是转基因的，海关应当实施转基因项目的符合性检测，如申报是非转基因的，海关应进行转基因项目抽查检测；对实施标识管理的农业转基因生物目录以外的进境动植物及其产品、微生物及其产品和食品，海关可根据情况实施转基因项目抽查检测。海关按照国家认可的检测方法和标准进行转基因项目检测。经转基因检测合格的，准予进境。如有申报为转基因产品，但经检测其转基因成分与《农业转基因生物安全证书》不符的；或申报为非转基因产品，但经检测其含有转基因成分的，海关通知货主或者其代理人作退货或者销毁处理。进境供展览用的转基因产品，须凭法律法规规定的主管部门签发的有关批准文件进境，展览期间应当接受海关的监管。展览结束后，所有转基因产品必须作退回或者销毁处理。如因特殊原因，需改变用途的，须按有关规定补办进境检验检疫手续。

2) 过境检验检疫

过境的转基因产品中，海关总署对过境转移的农业转基因产品实行许可制度。其他过境转移的转基因产品，国家另有规定的按相关规定执行。过境转基因产品进境时，货主或者其代理人须持规定的单证向进境口岸海关申报，经海关审查合格的，准予过境，并由出境口岸海关监督其出境。对改换原包装及变更过境线路的过境转基因产品，应当按照规定重新办理过境手续。

3) 出境检验检疫

对出境产品需要进行转基因检测或者出具非转基因证明的，货主或者其代理人应当提前向所在地海关提出申请，并提供输入国家或者地区官方发布的转基因产品进境要求。海关受理申请后，根据法律法规规定的主管部门发布的批准转基因技术应用于商业化生产的信息，按规定抽样送转基因检测实验室作转基因项目检测，依据出具的检测报告，确认为转基因产品并符合输入国家或者地区转基因产品进境要求的，出具相关检验检疫单证；确认为非转基因产品的，出具非转基因产品证明。

5. 安全监管环节

农业部设立农业转基因生物安全管理办公室，负责农业转基因生物安全评价管理工作。

(1) 安全等级和安全评价

农业转基因生物安全实行分级评价管理。按照对人类、动植物、微生物和生态环境的危险程度，将农业转基因生物分为四个等级。安全等级Ⅰ：尚不存在危险；安全等级Ⅱ：具有低度危险；安全等级Ⅲ：具有中度危险；安全等级Ⅳ：具有高度危险。根据农业转基因生物的安全等级和产品的生产、加工活动对其安全等级的影响类型和影响程度，确定转基因产品的安全等级。

凡在中华人民共和国境内从事农业转基因生物安全等级为Ⅲ和Ⅳ的研究以及所有安全等级的试验和进口的单位以及生产和加工的单位和个人，应当根据农业转基因生物的类别和安全等级，分阶段完成相关手续前向农业转基因生物安全管理办公室报告或者提出申请。

技术检测机构承担农业部或申请人委托的农业转基因生物复查任务。

(2)监督管理与安全监控

农业部负责农业转基因生物安全的监督管理，指导不同生态类型区域的农业转基因生物安全监控和监测工作，建立全国农业转基因生物安全监管和监测体系。

县级以上地方各级人民政府农业行政主管部门按照《农业转基因生物安全管理条例》(简称《条例》)第三十九条和第四十条的规定负责本行政区域内的农业转基因生物安全的监督管理工作。有关单位和个人应当按照《条例》第四十条的规定，配合农业行政主管部门做好监督检查工作。

安全等级Ⅱ、Ⅲ、Ⅳ的转基因生物，在废弃物处理和排放之前应当采取可靠措施将其销毁、灭活，以防止扩散和污染环境。发现转基因生物扩散、残留或者造成危害的，必须立即采取有效措施加以控制、消除，并向当地农业行政主管部门报告。

发现农业转基因生物对人类、动植物和生态环境存在危险时，农业部有权宣布禁止生产、加工、经营和进口，收回农业转基因生物安全证书，由货主销毁有关存在危险的农业转基因生物。

(二)我国转基因作物管理存在的不足

1. 转基因作物研发投资不足，缺乏自主知识产权

目前，我国对转基因生物知识产权保护的法律体系已初步建立，可是面对生物技术的迅速发展，我国对转基因生物知识产权的立法保护仍存在一些问题：首先是立法模式举棋不定，想采取宽松的立法模式的同时，担心基因生物安全问题，想采取保守的立法模式，又担心挫伤生物技术创新的积极性，摇摆不定造成立法滞后；其次是目前中国转基因生物立法多为农业部内部规章，这些内部规章过于笼统而且可操作性差(李响，2015a)。我国在农业生物技术方面的基础研究比较薄弱，投入少，人才缺乏，创新能力不足(李建平等，2012)。转基因作物研发缺乏后劲，这种状况将严重制约我国转基因作物的研发进展。

2. 转基因生物标识制度不完善

《农业转基因生物安全管理条例》《农业转基因生物标识管理办法》只规定了农业转基因生物标识制度，并没有关于转基因食品标识的具体规定。因此，我国目前关于转基因食品标签立法还很不完善，很难在实践中具体执行(刘旭霞和周燕，2019)，一些学者也指出我国有关转基因食品标签的法律不少，但制度的可行性差(李响，2015b)。我国实施标识管理的农业转基因生物目录，而不在此列的转基因产品免于标识，这样容易使转基因产品在国际贸易中处于一种被动的局面(Han, 2005)。

3. 消费者知情权缺乏保护，公众参与程度低

当前我国农民十分缺乏转基因技术相关知识，农民对转基因作物的认知仅建立在有限的知识上。中国存在"非理性的反转基因"舆情，社会公众主动参与少，获得转基因生物技术应用的信息不对称，又受社会伦理和宗教信仰的影响，导致社会公众对转基因生物及其产品接受度不高，具有不同程度的偏见甚至抵触情绪，对我国转基因作物的产业化有着直接或间接的负面影响。

由于转基因生物安全信息公开制度不健全，社会公众缺乏了解农业转基因生物安全评审过程和结果的制度性渠道，无法对转基因生物安全评价提出自己的意见和建议，也直接导致了公众参与决策不足(高建勋, 2017)。

4. 我国转基因生物安全管理体制方面面临强化

现阶段，我国的政策法规虽然完备，但法律法规的细节并不完善，与我国现阶段的转基因技术发展水平不能很好地结合，致使某些政策不适用于现实社会的经济发展，无法有效实施(杨印生等, 2008)。目前我国转基因作物研究与应用的安全监管体系还不健全，对转基因作物应用的后果不能进行长期的、不间断的跟踪研究，缺乏充分的科学评估依据，同时，在现有的农业生产条件下不能有效地采取相应的防控措施，在一定程度上制约了转基因作物的产业化发展。转基因作物的产业化进程又涉及农业、科技、卫生、环保、专利等众多管理部门，而我国尚缺乏有效的管理机制及各部门之间的协调管理，这种局面极大影响了管理效率，进而限制了我国转基因作物的研究和产业化的发展。

四、对我国转基因作物产业政策制定的启示

(一)构建拥有自主知识产权的转基因技术研究体系

我国应当借鉴美国的成功经验，面对基因技术发展带来的新问题做出迅速的回应，以完善对转基因生物知识产权的法律保护。首先，在立法模式的选择上不必过于保守，鉴于举棋不定造成的立法滞后，可以主动积极甚至超前颁布相关的法律法规保护转基因生物知识产权。其次，提高一些内部规章的可操作性，健全转基因生物知识产权保护的配套制度。《中华人民共和国专利法》是对转基因生物知识产权进行保护的最为重要的法律。随着中国自己的生物技术越来越普遍，为了使国内的基因开发研究成果得到有效保护，必须完善对转基因生物的专利保护制度(李丹丹和刘志民, 2009)。比如巴西借助跨国公司在转基因技术研究上的优势，一方面提高跨国公司的准入门槛，控制跨国公司在转基因技术产业中的市场占有率；另一方面可加强与之技术合作，推动研发投入有效转化为具有国际竞争力的原始创新。

国家要采取多种措施，在严格控制涉及伦理道德、宗教信仰和重大生物安全威胁等相关方面研究的前提下，加大转基因研究的支持力度，形成完整的研究体系，保持该方向的研究与国际先进水平同步(沈志成和刘程毅, 2009)。

(二)完善转基因生物标识制度体系

我国转基因食品标签制度的完善应该以我国国情为基础(王虎和卢东洋, 2016)，增

大标识范围、明确标识内容、清晰标识目标，提高公众对转基因产品的知情权和信任度(Han, 2005)。同时应该借鉴其他国家的立法经验。我国对待转基因食品的态度与美国有很大的相似性：一方面，我国对转基因技术高度重视，种植转基因作物的规模比较大；另一方面，我国的消费者迫切希望得到转基因食品信息。因此，我们可以在以下方面适当借鉴美国相对宽松的转基因食品强制标签立法。首先，要完善制度设计，兼顾消费者和生产者的利益；其次，明确转基因食品强制标签的立法基础；最后，转基因信息标注形式应灵活多样，如利用二维码显示转基因信息(郭桂环和纪金言，2018)。

此外，我们从美国转基因食品强制标识制度对"实质等同"原则的冲击中得到启示：在确定转基因食品风险预防原则的同时，我们也需要对转基因食品设定合理的阈值标准，以便于执法部门监管(胡加祥，2017)。

(三)加大消费者知情权保护，提高民众认知程度

我国的转基因食品标识制度首先要完善的是加强对消费者知情权的保护，这也应该是我国采取转基因食品强制标识的基石(胡加祥，2017)。具体实践中，要充分发挥高等院校、科研院所特别是科协组织在科普宣传中的作用，新闻媒体作为大众舆论传播的载体要正确、有效对转基因作物进行宣传。通过正确引导舆论，提高公众的参与意识，尤其是提高生产者、消费者的科学素养，使公众对转基因作物有一个正确的认识，缩小社会各主体之间对转基因作物的认知偏差，提高公众对转基因技术及其安全性的认可程度(李建平等，2012)，突破制约我国转基因作物产业化发展的瓶颈。

(四)明确并健全我国转基因生物安全管理权责

我国政府可以适度借鉴美国转基因生物安全管理经验，从以下几个方面完善制度：①适度简化审批程序，针对转基因作物(种子)、转基因食品采用不同的方式区别管理。对于后者，可以效仿美国做简易处理。②实现国际对接，比如在食品安全评价方面，引入国际食品法典委员会的标准，以避免我国转基因产品出口因"双重标准"遭遇阻碍。③做到"研发"与"推广"的合理衔接，由政府主导，促进我国转基因产品在国外获得安全审批许可。加大审批进程中的资金支持力度并以外交谈判的方式达成双边的安全审批制度的互认。此外，还可以在国外设立分支机构保持与所在国审批机关的联系，以尽快获得国外上市许可(刘钰，2012)。

我国还可以借鉴欧盟地区的经验，整合转基因作物的审批过程，把研究与试验、生产与加工、经营及进出口融为一体，使其在保证人民健康及环境不受污染的同时，更好地发展转基因技术。进一步完善我国对待转基因作物及其产品的评价体系，使其具备完整性、适用性、可操作性(杨印生等，2008)。

为符合我国农业未来发展需要，在解决我国转基因生物安全管理问题时，不仅要健全生物安全管理体制，加强对涉及生物安全管理各部门的协调工作，提高生物安全管理能力，同时还要加强对安全性问题的科学研究，为转基因生物及其产品的应用提供科学依据及技术支撑。

第二节 转基因作物产业化风险管理的国际比较及启示借鉴

一、国外转基因作物产业化风险管理的对比分析

一系列转基因风险事件的爆发，使得转基因作物产业化发展进程与其风险的矛盾日益凸显，建立适合本国国情的转基因作物产业化风险管理模式，确保转基因作物产业化稳定有序发展是各国政府在转基因作物风险管理上的通行做法。在国际社会中，美国、巴西和欧盟等国家和组织在应对风险的历史进程中，制定并完善风险管理制度，虽然政策侧重点各不相同，但对我国具有重要的参考价值。

（一）美国

美国作为最早对转基因作物实施监管的国家，一直致力于建立灵活、成熟、高效的风险管理制度，在积极推进转基因作物产业化发展的同时不断加强对转基因产业化各环节的风险管控。

1. 立法监管

美国早在20世纪70年代就加强对转基因作物的风险管理，是最早对转基因作物实施监管的国家。由于监管的对象是生物技术产品而不是生物技术本身，美国并没有对转基因作物单独立法，而是在1986年颁布的《生物技术管理协调大纲》的基础上增补有关转基因作物风险管理的规定，以确保每种转基因作物都找到相应的法律规定。在科学和实质等同性指导原则下，通过农业部（USDA）、美国环境保护局（EPA）及食品和药物管理局（FDA）3个部门的监管逐渐建立起覆盖转基因研究、开发、生产、销售、进出口全过程的管理模式（李宁等，2010）。其中，USDA主要是通过其下属的动植物卫生检疫局（APHIS）对转基因作物建立全面的监管体系（于洲，2011）；EPA依照《联邦杀虫剂、杀菌剂和杀鼠剂法案》对转基因作物的农药残留标准进行管理（Dotzel，2001）；FDA依照《联邦食品、药品和化妆品法案》对转基因作物加工成的食品、食品添加剂、饲料进行安全性管理（Mchughen，2016）。

2. 制度建设

美国实行的是一种高度行政化许可批准和非强制标签管制。FDA负责上市前的评估及标识，为转基因作物引入一种简化的审批程序，一旦被认为是安全可靠的就不必接受上市前的风险评估。FDA还根据2016年颁布的《国家生物工程食品披露标准》法案，要求标签只有在某转基因食品与其相应的传统食品在成分、营养或安全上不再是实质性等价时才是强制的。具体对以下两种强制标识，一是通过转基因技术研发的农产品含过敏成分甚至毒素，或者在构成上与传统农产品存在显著差异；二是资源食品生产商在已经产业化的转基因食品包装上进行转基因成分标识（孙卓婧等，2017）。此外，美国各州政府为更好管理转基因产品设立了不同规模的转基因检测机构，未设立国家层面的转基因检测机构。

3. 公众参与度

美国本着公开透明、尊重民意的思想，主要通过以下形式吸引公众的参与：一是各联邦机构制定有关转基因生物管理的相关法律法规时要在联邦注册公告中发布，在固定时间寻求公众评议；二是召开转基因生物安全管理研讨会时通常对公众开放；三是不定期举办听证会以寻求公众在某一问题上的态度；四是联邦咨询委员会每年定期面向公众举办关于农业生物技术的会议(旭日干等，2012)。

(二) 欧盟

欧盟作为世界上最大的区域性政治经济一体化组织，其转基因作物产业化风险管理也是牵一发而动全身，近年来爆发的转基因安全事件使得欧盟加大对转基因作物产业化风险管理的力度，不仅充分发挥政府的主体作用，而且非常重视公众、科研机构等多方力量的积极参与和配合。

1. 立法监管

欧盟极力主张采取预防为主的态度，采取产品和过程管理模式(Sprink et al.，2016)，转基因作物只有经过政府主管部门严格审批和官方授权才可以进入欧盟市场。对转基因作物单独立法，分为水平和垂直两大类立法。水平立法把转基因作物从封闭试验、环境释放、产业化生产、销售、监督管理等各阶段均纳入立法体系。垂直立法明确了每一种转基因作物整个生产程序的法律要求，有利于个案审查，也能够保护消费者的知情权。欧盟分2个层次进行行政管理，一是欧盟统一的管理机构，主要由欧洲食品安全局(EFSA)和欧盟委员会(EC)相互配合共同管理转基因作物的相关事务，欧洲食品安全局独立评估审核任何可能的转基因作物对人类和动物健康及环境的风险(陈旸，2013)，欧盟委员会负责制定与转基因作物风险管理相关的法律法规，为欧盟的立法、监督提供执行的准则和标准，并提供有关安全管理的咨询。二是各成员国的主管当局，包含各国卫生部或农业部所属的国家食品安全相关机构，其主要职责是执行欧盟的相关法规，并根据本国的国情特点开展转基因作物风险管理(韩永明等，2013)。

2. 制度建设

欧盟作为法制化程度最高的地区，率先建立了世界上最为严格的注重生产过程的追溯制度，涵盖了投放市场前的授权、上市后的监督和标识管理。欧盟通过《转基因生物追溯性及标识办法以及含转基因生物物质的食品和饲料产品的追溯性管理条例》建立了转基因食品可追溯性框架，要求转基因授权必须经过申请、环境评价、EFSA 的评估、公众评议和委员会评议五个步骤。欧盟转基因农产品安全检测完整体系包括各成员国专业人员进行检测的机构——欧盟转基因生物检测网络实验室和各成员国自己的检测机构用来辅助欧盟的检测机构，除此之外，一些大学和科研机构及商业性的检测机构也对转基因农产品进行安全检测。转基因食品投入市场之后实施严格监管，只有经过授权的产品才可以进入市场且每 10 年更新授权。欧盟要求根据转基因食品如何产生进行标签，批准对转基因食品进行强制标签的限度为 0.9%，标签清楚地标明"本产品为转基因产品"(Desquilbet and Bullock，2010)。

3. 公众参与度

欧盟在《关于转基因生物有意环境释放的指令》中非常重视公众的参与度,各成员国必须进行相关的部署之后转基因农产品才能进入市场销售。转基因农产品与公众都有密切的关系,通过相关的探讨使公众认识并了解转基因产品,有时间和空间发表自己的看法,不仅可以让公众更容易接受转基因产品,而且能科学地进行转基因管理(马琳,2014)。

(三)巴西

巴西国内关于转基因作物产业化风险管理争议不断,但巴西仍签署了新的《巴西生物安全法》来规制风险,积极加强产品审批、检测方面的建设,在转基因作物产业化进程方面取得了显著的成就。

1. 立法监管

巴西遵循个案分析原则,针对不同转基因作物的情况具体分析,并将转基因作物风险管理纳入现行的法律法规之中。尽管巴西国内关于转基因生物的立法争议不断,巴西总统仍于 2005 年签署新的《巴西生物安全法》(Silva, 2018),对转基因作物风险管理机构、职责、任务和运转机制做出了明确的规定(郑庆伟,2016)。规定由 11 个与转基因问题有关的部长组成国家生物安全理事会(CNBS)进行转基因最终决策,对未经允许进行转基因的活动进行 2000~1 500 000 雷亚尔(约合人民币 4200~3 150 000 元)罚款,创建国家生物安全技术委员会并建立转基因生物及其衍生物活动的安全标准和执法机制。巴西转基因作物行政管理机构包括 CNBS、CTNBio 及其他政府相关部门(詹琳,2015)。CNBS在国家层面上制定和实施国家生物安全法规、指南及评估转基因作物的经济社会效益、机遇,即负责与国家利益相关的转基因问题(祁潇哲等,2013)。CTNBio 主要为联邦政府制定和实施国家转基因生物安全政策提供技术支撑,在检测转基因生物及其产品对动植物及人类健康、环境风险的基础上,建立关于批准转基因生物和产品研究和产业化应用的安全技术准则,即从研究活动或遏制实验或产业化中的大规模生产衍生的遗传转化生物学意义(De Sousa et al., 2013)。

2. 制度建设

巴西根据 2003 年的《新转基因标识法规》规定采取定量强制标识,规定产品含转基因成分超过 1%必须注明并在标签上附转基因标志(黄色三角形中含有字母 T)(徐琳杰等,2014),所有包装、散装及冷冻产品均适用此法。巴西对未经审批的转基因作物及食品实行零容忍政策,要求在巴西境内的所有转基因作物及食品均需要经过安全审批。2005年签署新的《巴西生物安全法》要求基于科学标准和分析方法重新设置转基因作物的审批程序,要求审批在 120 天内完成,特殊情况下最多延长至 180 天。巴西还建立了生物安全信息系统(SIB)发布与转基因生物技术及其产品有关的分析、批准、注册、监控、调查活动等信息,具体成立了巴西国家计量、标准化和质量委员会,负责有关转基因的认证、技术标准的监督和建立检测检验网络。

（四）对比分析

1）共性。通过对以上三个国家转基因作物风险管理情况进行比较分析，可以得出一些共性特征。第一，重视政府的主导作用并强调各部门之间的力量整合。转基因作物产业化的风险不确定性争论要求政府发挥主导作用，鼓励各公共部门与公众进行交流与合作，积极获取所有利益相关者的支持。第二，积极完善产业链各环节制度建设。应对风险，必须针对各环节制定不同的制度，保证转基因作物产业链风险管理的效率。

2）差异。美国、欧盟和巴西在转基因作物产业化风险管理方面的差异见表4-1。

表 4-1　美国、欧盟和巴西转基因作物产业化风险管理差异

	美国	欧盟	巴西
立法	统一立法	单独立法	统一立法
监管	分散监管	专门监管	多元主体
审批	简化高效	严格复杂	严格
标识	自愿标识	强制标识，0.9%	强制标识，1%
检测	州政府负责	专门机构负责	国家负责

二、中国转基因作物产业化风险管理的政策选择

（一）专门立法，严格监管

1. 制定全面性、权威性的法律

中国应提升转基因食品管理立法层次，使相关的法律法规与国际惯例接轨。一是制定行业规范和法规，为中国转基因作物产业化风险管理提供原则性、框架性导向。二是跟进法规的整改与完善，将转基因领域各个学科的专家集中起来成立一个法规整改意见小组，定期从事前规制措施、流通中管理措施、事后救济措施、相关责任承担等方面进行立法完善，并且不定期地对每次发生的或可能发生的风险事件产生的影响进行法律修改完善，稳步推进转基因作物产业化进程。

2. 各部门之间应当加强交流和合作

农业农村部作为监管转基因产业链的源头，应该具有绝对的话语权。一方面通过农业农村部分配好各部门具体的工作和职权范围，形成依法遵照章程的监管机构，进而提升政府政策的执行效率。另一方面，与其余11个部门定期进行积极的沟通，各方积极投入到转基因产业链全程追踪的建设中。

（二）完善产销过程中的制度

1. 简化审批制度

可以借鉴美国获得种子安全证书就准许种植的做法，优先进行非粮食转基因作物的审批发展，在确保转基因作物安全性后再批准主粮转基因作物。通过加快转基因种子的审批进度来防范农户的偷种行为，对于已经偷种的情况，采取没收销毁非法种植的转基

因作物并进行现金处罚。

2. 统一检测制度

一是建立以国家监督和检测委员会为主的最高检测机构，以国家法律授权认可的检测机构为辅的地方检测机构，形成覆盖全国的农业生物技术管理监督和检测网络体系。转基因产品只有通过转基因成分含量检测之后才可以上市，且检测人为直接的责任人。二是政府投入专项资金研发检测技术，提高转基因食品的检测水平从而保证转基因食品的质量和安全性。通过强制规定检测标准，按照目前国际通用标准的5%对所有准予上市的转基因食品设立严格的国家标准，并随着检测技术进步逐步加强和完善检测标准。此外，还需要对转基因食品进行上市前严检和上市后抽检。针对转基因食品上市前的检测，必须交由国家最高检测机构进行检测，并出具检测报告，公布检测结果。当转基因食品上市后，由法律授权的当地检测机构不定期进行检测、出具监测报告、公布检测结果、向上级检测机构备案。

3. 修订标识制度，改为定性与定量相结合

一是借鉴食品安全"QS"（质量安全）认证的标准，对标识的字体、颜色、字号、放置的位置、转基因产品安全等级等细节进行法律规范。二是设置转基因标识阈值（谭涛和陈超，2011）。此外，针对未按照国家标识制度要求进行标识的个体和企业，除了强制其进行标识之外，还需要加大现金处罚力度提高违法的成本，借鉴巴西高额的罚款制度，使违法个体和企业承担相应的法律责任，维持整体市场的稳定平衡。

4. 完善可追溯制度

可追溯制度可以明确转基因产品在整个产业链上的源头、流通和去向，一旦出现风险事件，监管部门能迅速采取措施把风险损害降至最低。一方面要求整个转基因产业链上相关者都积极认真参与进来，供应链中所有提供者必须具有良好的企业信用和良知，上市流通过程中相应的责任者应包含实验阶段的责任者、安全审批者、检测者、生产商、运输商、销售商、消费者等。另一方面追溯记录应当向公众公开，并实时更新，将转基因产品置于公众监督之下，对转基因产品从起始研究到进入最终消费者手中进行实时全程的监控，一旦出现问题能又快又准确地找到问题发生的源头，找到相关责任人承担责任。

（三）提高公众认知水平

政府在抓好转基因食品安全管理的同时加强科普宣传，不断提高公众对转基因食品的认识水平和信息鉴别能力（秦向东，2011）。一是利用电视、广播、网络、报纸等媒体向公众宣传教育和普及知识，使消费者尽可能全面、客观地了解转基因食品，增强他们对有关转基因食品的了解及突发事件的鉴别能力。媒体的宣传应当保持科学严谨的态度，不要制造任何不严谨的宣传和舆论炒作。二是建立公众参与机制，开展多方位、多层次和多形式的渠道了解和对话机制，具体通过展览、科普讲座、专家论坛、听证会等形式来增强转基因食品的透明度和公众参与度。

参 考 文 献

陈旸. 2013. 欧盟转基因产品政策探析. 国际研究参考, (1): 20-24.

邓家琼. 2008. 转基因农业生物技术的产业化、政策与启示. 西北农林科技大学学报(社会科学版), (5): 36-41.

高建勋. 2017. 论转基因产业化的风险预防原则. 中国社会科学院研究生院学报, (2): 107-114.

郭桂环, 纪金言. 2018. 美国转基因食品强制标签立法及对我国的启示. 食品科学, 39(9): 305-309

郭铮蕾, 汪万春, 饶红, 等. 2015. 欧盟转基因生物安全管理制度分析. 食品安全质量检测学报, 6(11): 4277-4284.

郭籽实, 张雷, 邓宗豪. 2016. 印度转基因生物发展现状及政策研究. 安徽农业科学, 44(32): 222-226.

韩芳, 史玉民. 2014. 印度公众对转基因作物政策制定的影响和参与. 科技管理研究, 34(13): 26-29, 34.

韩永明, 翟广谦, 徐俊锋. 2013. 欧盟转基因生物管理法规体系的演变及对我国的启示. 浙江农业科学, (11): 1482-1485, 1489.

胡加祥. 2017. 美国转基因食品标识制度的嬗变及对我国的启示. 比较法研究, (5): 158-169.

李丹丹, 刘志民. 2009. 美国转基因生物知识产权保护战略的经验及启示. 农业科技管理, 28(2): 60-63.

李建平, 肖琴, 周振亚, 等. 2012. 转基因作物产业化现状及我国的发展策略. 农业经济问题, 33(1): 23-28, 110.

李宁, 付仲文, 刘培磊, 等. 2010. 全球主要国家转基因生物安全管理政策比对. 农业科技管理, 29(1): 1-6.

李响. 2015a. 中国转基因食品立法的困境与出路. 华南师范大学学报(社会科学版), (1): 139-144+191.

李响. 2015b. 比较法视野下的转基因食品标识制度研究. 学习与探索, (7): 72-77.

刘旭霞, 刘渊博. 2014. 美国转基因产品市场化监管对中国的启示. 华南农业大学学报(社会科学版), 13(3): 115-122.

刘旭霞, 英玢玢. 2015. 印度转基因生物安全监管的法律思考. 安徽农业大学学报(社会科学版), 24(4): 73-79.

刘旭霞, 周燕. 2019. 我国转基因食品标识立法的冲突与协调. 华中农业大学学报(社会科学版), (3): 149-157+166.

刘钰. 2012. 美国转基因管理协调框架下的安全审批制度初论——以制度演进为视角. 自然辩证法通讯, 34(5): 31-36, 125-126.

芦骞. 2012. 我国转基因主粮产业化的困难. 中国粮食经济, (6): 25-27.

马琳. 2014. 转基因食品标识与信息的政策效应研究: 基于中国消费者的实验经济学实证分析. 北京: 中国社会科学出版社.

祁潇哲, 贺晓云, 黄昆仑. 2013. 中国和巴西转基因生物安全管理比较. 农业生物技术学报, 21(12): 1498-1503.

乔颖丽, 田颖莉, 贾金凤. 2005. 现代农业生物技术产业化发展的思考. 河北北方学院学报(自然科学版), (5): 75-79.

秦向东. 2011. 消费者行为实验经济学研究: 以转基因食品为例. 上海: 上海交通大学出版社.

沈志成, 刘程毅. 2009. 新绿色革命: 转基因农作物. 新农村, (7): 9-10.

孙静. 2014. 美日欧转基因食品安全管理对我国的借鉴. 蚌埠学院学报, 3(1): 100-103.

孙卓婧, 刘沛儒, 徐琳杰, 等. 2017. 浅析世界农业转基因商业化应用现状. 世界农业, (7): 74-77.

谭涛, 陈超. 2011. 我国转基因农产品生产、加工与经营环节安全监管: 政策影响与战略取向. 南京农业大学学报(社会科学版), 11(3): 132-137.

汪其怀, 张利娟, 雒珺瑜, 等. 2017. 美国转基因作物发展现状对中国相关管理机制创新的启示. 世界农业, (10): 29-32.

王灿. 2017. 中国是怎么进行农业转基因生物安全管理的. http://news.163.com/17/0505/19/CJMQ4D45000187VE.html [2018-10-08].

王虎, 卢东洋. 2016. 欧美转基因食品标识制度比较及启示. 食品与机械, 32(8): 220-223.

徐琳杰, 刘培磊, 熊鹂, 等. 2014. 国际上主要国家和地区农业转基因产品的标识制度. 生物安全学报, 23(4): 301-304.

旭日干, 范云天, 戴景瑞, 等. 2012. 转基因30年实践. 北京: 中国农业科学技术出版社.

薛达元. 2010. 转基因生物安全离不开公众参与. 中国改革, (4): 82-83.

杨印生, 娄少华, 张孝义, 等. 2008. 美国、欧盟、日本对转基因作物的态度与政策比较及对我国的启示. 生态经济, (7): 129-132.

于洲. 2011. 各国转基因食品管理模式及政策法规. 北京: 军事医学科学出版社.

詹琳. 2015. 全球转基因作物商业化进展情况及有关问题的分析. 北京: 中国农业科学院博士学位论文.

展进涛, 徐钰娇, 姜爱良. 2018. 巴西转基因技术产业的监管体系分析及其启示——制度被动创新与技术被垄断的视角. 科技管理研究, 38 (3): 63-68.

张银定, 王琴芳, 黄季焜. 2001. 全球现代农业生物技术的政策取向分析和对我国的借鉴. 中国农业科技导报, (6): 56-60.

郑庆伟. 2016. 巴西多措并举推动转基因作物发展. 农药市场信息, (16): 44.

周加加, 温小杰, 刘莹, 等. 2017. 巴西农业生物技术年报 (2016). 生物技术进展, 7 (6): 644-649.

Anker H T, Grossman M R. 2009. Authorization of genetically modified organisms. Precaution in US and EC law. EFFL, (3): 4-13.

Bansal S, Gruere G. 2010. Labeling genetically modified food in India: economic consequences in four marketing channels. Ifpri Discussion Paper: 946.

Bradford K J, Van Deynze A, Gutterson N, et al. 2005. Regulating transgenic crops sensibly: lessons from plant breeding biotechnology and genomics. Nature Biotechnology, 23 (4): 439-444.

De Beuckeleer M. 2011-9-13. Elite event A5547-127 and methods and kits for identifying such event in biological samples: U.S. Patent 8, 017, 756.

De Sousa G D, De Melo M A, Kido E A, et al. 2013. The Brazilian GMO regulatory scenario and the adoption of agricultural biotechnology. The World of Food Science.

Desquilbet M, Bullock D S. 2010. On the proportionality of EU spatial ex ante coexistence regulations: a comment. Food Policy, 35 (1): 87-90.

Han L C. 2005. The New Food Pyramid: Culture, Police and Technology in the Transatlantic GMO Controversy. Virginia: George Mason University: 48-72.

Indira A, Bhagavan M R, Virgin I. 2006. Agricultural biotechnology and biosafety in India: expectations, outcomes and lessons. Stockholm: Centre for Budget and Policy Studies (CBPS), Bangalore and Stockholm Environment Institute (SEI).

Mchughen A. 2016. A critical assessment of regulatory triggers for products of biotechnology: product vs. process. GM Crops & Food, 7 (3/4): 125-158.

Paarlberg R L. 2001. The politics of precaution: genetically modified crops in developing countries. Ifpri Books, 38 (2): 217-220.

Silva J F. 2017. Brazil agricultural biotechnology annual: 2017. https://gain.fas.usda.gov/Recent%20GAIN%20Publications/Agricultural%20Biotechnology%20Annual_Brasilia_Brazil_12-28-2017.pdf [2018-02-20].

Sprink T, Eriksson D, Schiemann J, et al. 2016. Regulatory hurdles for genome editing: process-vs. product-based approaches in different regulatory contexts. Plant Cell Reports, 35 (7): 1493-1506.

US Food and Drug Administration. Draft guidance for industry: voluntary labeling indicating whether foods have or have not been developed using bioengineering; availability. Fed Regist, 2001, 66 (12): 4839-4842.

Ward M. 2017. China agricultural biotechnology annual: 2017. https://gain.fas.usda.gov/Recent%20GAIN%20Publications/Agricultural%20Biotechnology%20Annual_Beijing_China%20-%20Peoples%20Republic%20of_12-29-2017.pdf 2018-02-20].

Yu X G. 2013. Review on the development of transgenic crops in Brazil. Science and Technology of West China, (4): 74-84.

第二篇
转基因大豆商业化的经济影响

第五章 转基因大豆研发及商业化种植现状及问题

第一节 国外转基因大豆研发现状及发展趋势

目前全球大面积种植的转基因抗草甘膦大豆,是在 1996 年由孟山都公司投入商业运营。转基因抗草甘膦大豆的研发灵感来源于一种叶片含有可卡因(古柯碱)的古柯植物,研究发现其对草甘膦除草剂具有耐受性,进而尝试将这种除草剂的抗性基因转入作物。后来,相关研究人员将土壤细菌群株系 CP4 基因片段通过基因枪法转入大豆,并获得 RR 大豆(roundup ready soybean)株系。1991 年,研究人员对已取得的研究株系进行草甘膦抗性的田间试验。结果表明,RR 大豆具有良好的抗草甘膦特性。

RR 转基因大豆是目前已经成功商业化大面积种植的品种。1997 年杜邦先锋良种国际有限公司成功取得高油酸(70%)转基因大豆推广种植的权限,1998 年德国艾格福生物科学有限公司研发出抗草丁膦的转基因大豆、2000 年杜邦先锋良种国际有限公司研发的高油酸大豆品种,也已开始大面积商业化推广种植,未来发展趋势较好。除此之外,美国已经率先研发出低亚麻酸(2%)转基因大豆、低棕榈酸(4%)转基因大豆、高硬脂酸(28%)转基因大豆、高棕榈酸(27%)转基因大豆等品种。由此也可以看出转基因大豆的基础研究已进行很多年,美国的转基因大豆研发能力世界领先,几个跨国生物公司在转基因大豆研发历程中的作用不可忽视。

从转基因大豆商业化种植的研发情况(表 5-1)可以看出,截至 2014 年,全球共有 32 个转基因大豆转化体,转化事件的研发单位只有杜邦先锋良种国际有限公司、拜耳作物科学公司、孟山都公司等几个跨国公司,转基因大豆的种子市场存在明显的寡头垄断现象。而中国并没有任何的相关转化事件。

表 5-1 商业化种植转基因大豆的研发情况

转化事件	研发单位	性状	批准种植时间
G94-1, G94-19, G168	杜邦先锋良种国际有限公司	高油酸	1997 年
A2704-12, A2704-21, A5547-35	拜耳作物科学公司	HT(草铵膦)	1996 年
CV 127	巴斯夫欧洲公司、巴西农业研究院	HT(磺酰脲类)	2009 年
DP-305423	杜邦先锋良种国际有限公司	高油+HT(草甘膦)	2009 年
DP305423×GTS40-3-2	杜邦先锋良种国际有限公司	高油+HT(草甘膦)	2009 年
DP356043	拜耳作物科学公司	HT(草甘膦、磺酰脲类、咪唑酮类)	2007 年
GU262, A5547-127	拜耳作物科学公司	HT(草铵膦)	1998 年
GTS 40-3-2	孟山都公司	HT(草甘膦)	1994 年
W62, W98	拜耳作物科学公司	HT(草铵膦)	1998 年
MON89788	孟山都公司	HT(草甘膦)	2007 年

续表

转化事件	研发单位	性状	批准种植时间
MON87701	孟山都公司	Bt(鳞翅目昆虫)	2010 年
MON87705	孟山都公司	高油+HT(草甘膦)	2011 年
MON87701×MON89788	孟山都公司	HT(草甘膦)+Bt(鳞翅目昆虫)	2010 年
DAS44406-6	陶氏益农公司	HT(草铵膦、草甘膦、2,4-D)	2013 年
DAS68416-4	陶氏益农公司	HT(草铵膦、2,4-D)	2012 年
DAS68416-4×MON89788	陶氏益农公司	HT(草铵膦、草甘膦、2,4-D)	2013 年
DAS81419	陶氏益农公司	HT(草铵膦)+Bt(鳞翅目昆虫)	2013 年
FG72	拜耳作物科学公司	HT(草甘膦、异恶唑)	2012 年
MON87712	孟山都公司	HT(草甘膦)+光周期调节	2013 年
MON87751	孟山都公司	Bt(鳞翅目昆虫)	2014 年
MON87769	孟山都公司	HT(草甘膦)+高油酸	2011 年
MON87705×MON89788	孟山都公司	HT(麦草畏)+高油酸	
MON87708	孟山都公司	HT(草甘膦、麦草畏)	2012 年
MON87708×MON89788	孟山都公司	HT(草甘膦、麦草畏)	2012 年
SYHTØH2	拜耳作物科学公司	HT(草铵膦、甲基磺草酮)	2014 年
MON87769×MON89788	孟山都公司	HT(草甘膦)+高油酸	

资料来源：ISAAA 数据库，http://www.isaaa.org/gmapprovaldatabase/crop/default.asp?CropID=19&Crop=Soybean[2019-4-12]

　　截至 2014 年，耐草甘膦转基因大豆共有 13 个转化体获批商业化推广种植，其中，孟山都公司占 9 个，杜邦先锋良种国际有限公司有 2 个，陶氏益农公司和拜耳作物科学公司各有 1 个(崔宁波和宋秀娟，2015)。其外源基因主要来自根瘤农杆菌株 CP4 的 *cp4 epsps* 基因和来自玉米的 *2mepsps* 基因。插入的 *cp4 epsps* 基因能够有效避免生物合成途径受到草甘膦的影响，进而使植株存活下来。利用'GTS40-3-2''MON87701'等转基因大豆已育成大量品种，是当前生产中最主要的抗除草剂大豆类型(杨成凤等，2014)。而耐草铵膦转基因大豆共有 10 个转化体获批准，其中拜耳作物科学公司有 8 个，陶氏益农公司 2 个。其外源耐草铵膦抗性基因分别为，来自土壤中吸水链霉菌的 *bar* 基因，可以编码使草铵膦的自由氨基乙酰化的 PAT，因此能对草铵膦解毒；来自绿色产色链霉菌的 *pat* 基因，其产物与 *bar* 基因产物具有相似的催化能力，DNA 序列分析具有 86%同源。

　　据国际农业生物技术应用服务组织(ISAAA)数据显示，目前全球共有 32 个转基因大豆转化事件，独立转化事件 24 个，通过传统杂交育种选择转化事件 8 个。其中，美国孟山都公司占 12 个，占有率为 37.5%。根据 2005～2014 年全球转基因作物申请数据，美国孟山都公司、杜邦先锋良种国际有限公司和德国拜耳作物科学公司专利数量稳居前 3 位，在种子研发方面有着较大影响力(苏燕等，2015)。

一、大豆转基因技术

　　目前，大豆外源基因转化技术主要为农杆菌介导转化法和微弹轰击法。从已报道的独立转基因事件来看，美国孟山都公司主要采用农杆菌介导转化法，杜邦先锋良种国际有限公司和德国拜耳作物科学公司主要采用微弹轰击法。外源基因一旦导入大豆，就可利用常规杂交育种和辅助标记选择技术实现导入基因在不同材料间的转移。

二、大豆商业化使用的外源基因

大豆商业化使用的外源基因、产物及作用机理、独立转化材料见表 5-2。

表 5-2　大豆外源基因独立遗传转化情况

目标性状	基因	产物及作用机理	独立转化材料
抗草甘膦	cp4	产生 5-烯醇式丙酮酰莽草酸-3-磷酸合成酶(EPSPS)，可降低与草甘膦的结合力而获得草甘膦耐受性	MON87705, MON87708, MON87712, MON87769, MON89788, GTS40-3-2(40-3-2)
	2mepsps		DAS44406-6, FG72 (FGØ72-2, FGØ72-3)
	gat4601	产生草甘膦-N-乙酰转移酶，催化草甘膦失活	DP356043
抗草铵膦	Pat	产生草丁膦乙酰转移酶(PAT)，通过乙酰化作用解除对草铵膦(草丁膦)除草剂活性	SYHTØH2, A2704-12, A2704-21, A5547-127, A5547-35, DAS44406-6, DAS68416-4, DAS81419, GU262
	Bar		W62, W98
抗 2,4-二氯苯氧乙酸 (2,4-D)	aad-12	产生芳氧基链烷双加氧酶蛋白 12(AND-12)，催化 2,4-D 侧链降解	DAS44406-6, DAS68416-4
抗磺酰脲类除草剂	gm-hra *	合成修饰的乙酰乳酸合酶(ALS)，对磺酰脲类除草剂产生抗性	DP305423, DP356043
	csr1-2	合成修饰的乙酰乳酸合酶大亚基(AtAHASL)，对咪唑啉酮除草剂产生抗性	CV127
抗麦草畏(dicamba)2-甲氧基-3,6-氯苯甲酸 (2-methoxy-3,6-dichlorobenzoic acid)	dmo	产生麦草畏单加氧酶，用麦草畏作为酶反应底物而获得耐麦草畏除草剂的抗性	MON87708
抗甲基磺草酮	avhppd-03	产生 p-羟基丙酮酸双加氧酶，对甲基磺草酮除草剂产生抗性	SYHTØH2
抗异噁唑草酮	hppdPF W336	产生修饰羟苯丙酮酸双加氧酶，通过降低除草剂生物反应的特异性而增强除草剂抗性	FG72(FGØ72-2, FGØ72-3)
抗鳞翅类昆虫	cry1Ac cry2Ab2 cry1F	产生 δ-内毒素，选择性破坏鳞翅目昆虫肠衬里而抗虫	MON87701, DAS81419 MON87751, DAS81419
	cry1A.105	产生 Cry1Ab、Cry1F 和 Cry1Ac 蛋白，选择性破坏鳞翅目昆虫肠衬里而抗虫	MON87751
光周期调节	bbx32	产生与一种或多种内源性的转录因子相互作用的蛋白质，调节植物的白天/夜晚的生理过程，促进生长和生殖发育	MON87712
油分与脂肪酸合成	fatb1-A	无功能酶产生(FATB 酶或酰基-酰基载体蛋白硫酯酶是通过 RNA 干扰抑制产生的)，减少饱和脂肪酸的质体运输，增加不饱和油酸的可用性，以降低饱和脂肪酸的水平，提高油酸含量	MON87705

目标性状	基因	产物及作用机理	独立转化材料
油分与脂肪酸合成	*fad2-1A*	无功能酶生产（Δ12 脱氢酶是由 RNA 干扰抑制产生的），减少油酸的不饱和度，使其变为亚油酸，提高种子中的单不饱和油酸含量，降低饱和亚油酸的含量	MON87705
油分与脂肪酸合成	*gm-fad2-1*	无功能酶产生（内源性 *FAD2-1* 基因编码 ω-6 去饱和酶是由局部 *GM-FAD2-1* 基因片段抑制的表达），阻断油酸向亚油酸的转化（通过沉默 *FAD2-1* 基因），进而提高种子中油酸含量	DP305423
	Pj.D6D	产生 Δ6 脂肪酸去饱和酶蛋白，将某些内源性脂肪酸去饱和，由此产生一种为 ω-3 脂肪酸的硬脂酸（SDA）	MON87769
	Nc.Fad3	产生 Δ15 脂肪酸去饱和酶蛋白，将某些内源性脂肪酸去饱和，由此产生一种为 ω-3 脂肪酸的硬脂酸（SDA）	
	gm-fad2-1	无功能酶的产生（内源性 Δ12 去饱和酶是由 *GM-FAD2-1* 基因的额外拷贝通过基因沉默机制抑制产生），阻断油酸进一步转化进而提高单不饱和脂肪酸含量	260-05（G94-1, G94-19, G168），DP305423
抗生素抗性	*Bla**	产生 β-内酰胺酶，分解 β-内酰胺类抗生素，如氨苄西林	260-05（G94-1, G94-19, G168），GU262
视觉标记	*uidA**	产生 β-D-氨基葡糖苷酸酶（GUS），对处理后的转化组织产生蓝色染点，以获得视觉选择	260-05（G94-1, G94-19, G168）

（一）耐除草剂品种

矮牵牛植物体内含有特异性的抵制草甘膦 EPSPS 酶（Padgette et al., 1995），孟山都公司研究人员首先从矮牵牛中获得抗性基因（*EPSPS*），通过农杆菌介导转化技术，将 35S 启动子控制的 *EPSPS* 基因导入大豆基因组，成功获得了抗草甘膦转基因大豆（Vanhoef et al., 1998）。随后美国孟山都公司相继推出耐草甘膦的‘MON89788’（Vries and Fehr, 2011）、‘GTS40-3-2’（Manzanares-palenzuela et al., 2016）品种。拜耳作物科学公司研发抗除草剂大豆品种主要针对草铵膦，其中‘A2704-12’‘A2704-21’‘A5547-35’（Miki and Mchugh, 2004）品种在 1996 年已批准商业化种植，‘GU262’（Perry, 2003）、‘A5547-127’（De Beuckeleer, 2011）、‘W62’‘W98’（Kim et al., 2013）于 1998 年获批种植。巴斯夫欧洲公司推出耐磺酰脲类除草剂‘CV127’（Homrich et al., 2012）大豆品种，该品种于 2013 年获得中国可进口用作加工原料的农业转基因生物安全证书；为增强种子对环境的承受能力，一些公司也陆续推出表现为抗多种除草剂的转基因大豆品种：美国孟山都公司已推出两个既抗草甘膦又能对麦草畏产生耐受性的大豆品种，分别为‘MON87708’（崔宁波和宋秀娟，2015）和‘MON87708×MON89788’（Hamison et al., 2011）。

（二）抗虫品种

美国孟山都公司研发人员从苏云金芽孢杆菌菌株 HD73 中提取 *cry1Ac* 等目的基因，通过遗传转化技术导入大豆基因组，获得两种能有效预防鳞翅目昆虫的抗虫大豆品种

'MON87701'(Berman et al., 2009)和'MON87751'(Beazley et al., 2014)。其中，'MON87751'品种已于 2014 年批准在美国和加拿大直接作为食品加工原料和商业化种植，2016 年批准在澳大利亚、新西兰和中国台湾作为食品或加工原料；'MON87701'品种已被批准在加拿大、美国用于食品加工及商业化种植，在日本和欧盟等用作食品加工或商业化种植，中国于 2013 年也批准发放该大豆加工原料的农业转基因生物安全证书。

(三)高营养品种

美国杜邦先锋良种国际有限公司开发出'G94-1''G94-19''G168'(Mcnaughton et al., 2008)高油酸大豆品种，于 1997 年开始商业化种植。2007 年研发出'DP305423'(Demeke et al., 2014)高油品种，并于 2009 年获批商业化。无反式脂肪且油酸含量高达75%的'Planish'(阿拍，2010)大豆也于 2012 年在美国正式批准上市销售，2014 年 12月该品种获得中国进口许可。

(四)复合性状转基因大豆品种

孟山都公司以苏云金芽孢杆菌菌株 HD73 和根癌农杆菌菌株 CP4 作供体植株，分别获得 cry1Ac 及 cp4 epsps (aroA)(该基因能减少对草甘膦的结合亲和力，赋予草甘膦除草剂更强耐受性)导入基因，培养出既能抗虫又能耐除草剂大豆品种 'MON87701×MON89788'(Bernardi et al., 2012)，并在南马托格罗索州验证该品种能有效降低目标害虫和天敌种群青睐。该品种已于 2013 年得到中国政府进口批准(于文静和董峻，2013)。陶氏益农公司研发了耐草甘膦、抗鳞翅目昆虫'DAS81419'(Fast et al., 2015)，并在加拿大、日本、美国展开商业化种植；拜耳作物科学公司开发出了既抗草铵膦又具抗生素抗性的'GU262'(Kim et al., 2013)，于 1998 年在美国开始商业化种植。

随着抗除草剂(尤其是草甘膦)转基因作物种植面积持续扩大，草甘膦除草剂使用量不断增加。在美国，草甘膦使用量从 1974 年的 400 t 到 2014 年的 11.3 万 t，增长 285 倍(Zheng, 2015)，仅 2005 年除草剂使用量已达 1.88 万 t。通过技术推算，转基因大豆种植13 年以来，增加使用 15.9 万 t 除草剂(Myers et al., 2016)。根据巴西马托格罗索州农业经济研究院(IMEA)发布的数据，2015 年马托格罗索州大豆种植户在除草剂上支出比例占到总成本的 12%，高于 2010 年的 8%。高温和干旱导致转基因大豆除草剂抗性降低(Cerdeira and Duke, 2006)，Benbrook(1999)指出通过大学田间试验，使用草甘膦的转基因大豆田产量比传统大豆田产量降低 5%~10%。

长期使用单一的除草剂，会使部分杂草产生抗性，国外一些公司已研究出能有效防控抗草甘膦杂草的新型除草剂。例如，2013 年，富美实大豆除草剂'Authority Maxx'获美国批准登记。'Authority Maxx'的活性成分为氯嘧磺隆和甲磺草胺，能有效防治阔叶杂草，克服喷洒草甘膦后遗留的杂草问题；2014 年，杜邦先锋良种国际有限公司在美国首次推出新大豆除草剂混合物'Trivence'，在大豆播种前作为大豆种植地一次性或残效防控除草剂，具有多重作用功效(邓金保，2014)。美国杜邦先锋良种国际有限公司的除草剂'Canopy Blend'(Xiao, 2015)在 2015 年获得美国环境保护局(EPA)批准登记，已于 2016 年种植季正式上市。'Canopy Blend'结合'Afforia'和'Trivence'除草剂的两种作用模式，能够在大豆种植前或种植时有效防除抗草甘膦的杂草。一些除草剂专用于苗前（或芽前）杂草的防除，如 Valent 公司已相继研发出'Valor''Valor XLT''Gangster'等苗前大豆除草剂。2014 年，美国 Valent 公司又研发出'Fierce XLT'大豆除草剂品种，并于 2015 年上市。Valent 公司和美国大豆协会（ASA）于 2015 年在种植者间合作开展的一项普查结果显示，'Fierce XLT'拥有最为广泛的杂草防控效力，残效期持久，简化种植者杂草管理工作；陶氏益农公司新型大豆除草剂'Surveil'（2015），作为一种新型芽前残效除草剂，计划在 2016 年种植季上市，种植户在施用除草剂'Surveil'9 个月后可轮作多种主要作物；2015 年，美国陶氏益农公司在印度推出新型大豆除草剂'Strongarm'（活性成分为双氯磺草胺），供芽前施用，能使作物免受主要杂草侵害，有效改进大豆质量。

目前国外已成功开发出多种兼抗类型的抗除草剂大豆。从研发趋势来看，既抗草甘膦又兼顾抗其他除草剂的抗性作物的研发将是未来的主要方向，培育兼抗多种除草剂转基因大豆、建立综合栽培技术体系是今后耐除草剂转基因大豆的主要研发方向（杨成凤等，2014）。

第二节　国外转基因大豆商业化种植现状及发展趋势

转基因大豆的种植面积自商业化种植以来便一直高居各类转基因作物之首，是世界上第一大商业化转基因作物。1994 年孟山都公司研发的抗草甘膦转基因大豆第一次被允许在美国商业化种植推广，使得转基因大豆种植登上历史舞台。1996～2013 年，全球转基因大豆的种植面积从 50 万 hm² 增加到 8450 万 hm²，增加了 160 多倍（崔宁波和宋秀娟，2015）。

转基因大豆的主要种植国家为美国、阿根廷和巴西。依据 James（2015）统计的 2013年全球主要转基因作物种植面积和国家可以看出，在 27 个转基因作物种植国家中有 11个国家种植转基因大豆，分别为美国、阿根廷、巴西、加拿大、巴拉圭、南非、乌拉圭、玻利维亚、墨西哥、智利和哥斯达黎加。从变化趋势来看，转基因大豆在全球转基因作物种植面积中的比重在下降（从 2001 年占全球转基因作物种植面积的 63.3%下降到 2013年的 48%），同时在全球大豆种植面积中的比重在上升（2004 年在全球大豆种植面积中超过 50%，之后一直呈上升趋势，在 2013 年达到 80%）（崔宁波和宋秀娟，2015）。

美国转基因大豆的商业化速度在世界范围内处于前列。到 2000 年共有 3 例转基因大豆被批准允许进行商业化种植，分别为孟山都公司的抗草甘膦大豆，杜邦先锋良种国际有限公司的高十八烯酸油酸大豆，德国艾格福生物科学有限公司的抗草丁膦大豆。从1998～2013 年，美国转基因大豆种植面积从 1020 万 hm² 增长至 2922 万 hm²，增长了约1.86 倍，转基因大豆种植率从 35.05%升至 93.06%，增长了约 1.65 倍。迅速发展的主要原因：①多且基本固定的种植面积（涵盖 30 个州，占作物总面积的 30%）；②全球需求量大、市场广阔（2014 年美国大豆出口量约占世界大豆出口量的 41%）；③自然生态环境适宜（作物因天灾等原因产生的产量损失小）；④轮作与免耕制度完善（利于土壤肥力的持续保护）；⑤经营管理状况良好（大机械化、规模化，且适时引进新品种）；⑥大豆附加值高（所以生产者愿意种植）；⑦本国市场大豆消费种类繁多（食用菜豆、食用豆制品、食用油、生物柴油、饲料等需求）。美国有强大的大豆研发团队、良好的自然条件、高水平的经营管理及对市场的良好把控，使得美国大豆生产发展迅速。

　　巴西主要的农作物及农业收入来源之一就是大豆，其生产量和出口量仅次于美国，位居世界第二。从 1998～2013 年，巴西转基因大豆种植面积从 105 万 hm^2 增长至 2728 万 hm^2，15 年间增长了约 25 倍；转基因大豆种植率从 0.08%升至 92.47%，增速显著。巴西政府最开始不同意转基因大豆在本国的商业化种植推广，但最终考虑到农民收入和大豆产业竞争力而改变了态度。当政府终于在 2003 年官方批准允许转基因大豆的商业化种植后，仅 2003 年当年巴西转基因大豆的种植面积即达到 724 万 hm^2，占全球转基因大豆种植面积比例为 17.49%，转基因大豆种植率达 33.99%。在 2013 年，巴西第一次开始推广种植 220 万 hm^2 的抗虫和耐除草剂复合性状大豆。巴西能够快速进行转基因大豆品种审批得益于政府的快速审批制度。巴西的大豆科研体系先进适用，每年除了培育 2～3 个大豆新品种，保证大豆高产新品种更新外，还推广整套的高效大豆高产栽培技术，快速提高单产。社会化服务体系比较健全，国家、各区均有提供相关技术的服务机构，农场联合体集中购买生产资料。政府大力支持，通过提供优惠的贷款利率、规范市场体系、农业保险制度、最低保护价政策等保护豆农积极性。

　　在阿根廷，转基因大豆从 1996 年开始推广到 2005 年开始普及，转基因大豆种植率自 1999 年起便升至 90%。从 1998～2013 年，阿根廷大豆总产量从 2000 万 t 增长至 5600 万 t，15 年间增长了约 1.80 倍；转基因大豆种植面积从 429 万 hm^2 增长至 2080 万 hm^2，15 年间增长了约 3.85 倍；转基因大豆种植率从 2010 年以来持续为 100%。大豆是阿根廷最重要的经济支柱，阿根廷农业的发展得益于三个方面，第一是 20 世纪 70 年代大豆的兴起，第二是 80 年代免耕法的出现，第三是 90 年代转基因技术的出现。通过种植发现，大豆很适合在阿根廷生产，豆农种豆能有盈余；免耕法使得阿根廷土壤得以改良，进而促进农业的可持续发展；转基因技术则使农户从土地中得以解放，节省人力和成本。阿根廷转基因大豆的发展还得益于政府对农业松绑减负及创造不断改善的外部环境，2015 年新上任的阿根廷农业部部长表示将把大豆出口关税下调至 30%，较当前的 35%调低 5 个百分点。

一、美国、巴西、阿根廷大豆种植情况对比

　　由图 5-1 可见：美国转基因大豆种植面积占比近年来较稳定、略呈下降态势；巴西转基因大豆种植面积占比从 1998 年不到 1%增长到 2013 年的 90%以上，增长速度最快；阿根廷转基因大豆种植面积占比在 1998 年就已达到 60%，从 2010 年至今其占比一直稳定在 100%。截至 2013 年，美国、巴西、阿根廷三国的转基因大豆种植面积占比分别为 93.06%、92.47%和 100%，各国占比不同的原因是高科技种子往往对生长环境和水肥条件的要求也很高，不是任何自然条件都适合种植，而非其他政治因素考量。

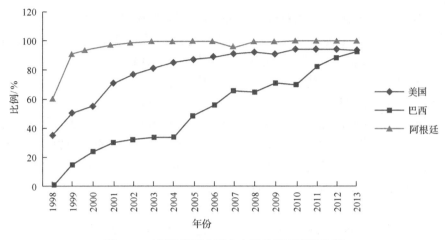

图 5-1　三国转基因大豆占大豆种植面积的比例

从图 5-2 可以看出，在 1998~2013 年，美国和巴西大豆单产均在 2.3~3t/hm²，15 年间单产平均为 2.70t/hm²。而阿根廷大豆单产水平年际波动较大，单产在 1.8~3.2t/hm²，15 年间单产平均为 2.65t/hm²。在 1986~1995 年没有进行转基因大豆商业化种植时，美国大豆的单产在 1.8~2.8t/hm²，年均单产为 2.3t/hm²。比较美国转基因大豆商业化种植前后的大豆单产会发现，单产有了很大的提高，但是在商业化种植之后依旧呈现年际波动，并没有随着转基因大豆种植面积占大豆总种植面积比例的上升而上升，并不能证明转基因大豆的单产一定高于非转基因大豆。单产受气候、土壤、种子、化肥等多方面因素的影响，单产的差距并不能武断地依据是否采用了目前商业化的转基因作物，生态条件、现实生产力和品种差距也是影响作物单产水平差距的重要原因。

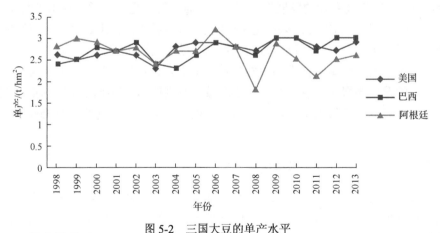

图 5-2　三国大豆的单产水平

二、转基因大豆商业化种植趋势

(一)转基因大豆种植面积继续扩大

自 1996 年转基因大豆商业化种植以来，种植面积持续增加。2014 年全球转基因作物种植面积为 1.815 亿 hm², 与 1996 年 1700 万 hm² 相比, 增加 100 多倍(James, 2015)。而转基因大豆种植面积也从 1996 年的 50 万 hm² 增至 2014 年的 9070 万 hm², 在转基因作物中所占比例最大, 年均增长率为 33.5%(杜艳艳和刘阳, 2015)。从地区分布看, 目前种植转基因大豆的国家, 南美洲有 6 个, 北美洲有 4 个, 非洲有 1 个。亚洲国家目前没有种植转基因大豆; 俄罗斯的 14 个地区已发表声明称是 "转基因自由区", 这些地区包括莫斯科、圣彼得堡、别尔哥罗德等各大地区, 但目前还没有地区种植。欧盟对待转基因的态度较为谨慎, 内部成员对待转基因的态度差别较大, 目前欧盟对大多数转基因产品都进行进口安全审批, 但存在的问题是审批过程时间较长, 此外欧盟对转基因阈值标识要求较高, 任何成分占比超过 0.9% 的产品都要标注清楚。

(二)反转基因作物的国家增多

尽管转基因大豆种植面积呈现稳定增长, 但也有一些国家开始明确反对种植转基因作物。盖红波和尹军(2014)报道, 2/3 的欧盟国家要求禁种转基因作物, 欧盟成员国可以依据土地和环境政策禁止在他们国家的土地上培育转基因种子。例如, 意大利对转基因技术基本否定, 对传统土地上转基因种子持 "零容忍" 态度; 匈牙利大力落实欧盟法律, 为实现农业零转基因, 强化 "非转基因" 标识; 秘鲁为保护生物和气候多样性, 于 2012 年通过禁种转基因作物相关法规; 2015 年 9 月 17 日, 法国宣称将通过欧盟 "选择退出" 计划, 以确保法国对种植转基因作物禁令继续有效; 德国也采取措施, 依据欧盟新规终止种植转基因作物的行为。

转基因大豆基础研究技术成熟, 因此推广速度较快。此外, 生物燃料对转基因大豆的巨大需求也在一定程度上推动了其种植面积的扩大。因此, 转基因大豆种植面积将持续增长, 研究向更深和更广领域发展, 研发的投入将不断增加。

第三节　我国转基因大豆研发现状及商业化趋势

国内转基因大豆研发多围绕构建高效、稳定规模化遗传转化体系, 大豆再生体系, 改良大豆性状(抗除草剂、抗虫、抗病、抗逆、品质性状等)转基因育种, 转基因检测及安全性评价等方面展开。

一、转基因大豆性状改良

陆玲鸿等(2014)在优化遗传转化体系基础上, 利用 *G6-EPSPS* 和 *G10-EPSPS* 2 个具有自主知识产权草甘膦抗性基因, 成功建立以草甘膦为筛选剂的大豆转基因体系, 并获得对草甘膦有更高抵抗力大豆新种质。蓝岚等(2013)通过根癌农杆菌介导法, 以大豆'东农 50'子叶节作外植体, 导入 *cry IA* 抗虫基因, 并采用 PCR、Southern 杂交法进行分子检测分析, 结果证明, *cry IA* 基因被成功整合至受体大豆基因组, 提高了'东农 50'对大豆食心虫抗性。黑龙江省农业科学院以外源 DNA 直接导入(DIED)法, 育成高产优质高蛋白大豆'黑生 101'品种, 于 1997 年正式推广(雷勃钧等, 2000); 中国在抗病毒(花叶病毒病、灰斑病、疫霉根腐病等)转基因大豆种质材料筛选、基因分子标记及载体构建方面也取得了一定突破(许宗宏等，2010；谷晓娜等，2015)。

二、转基因大豆遗传转化技术

转基因大豆遗传转化技术对功能基因鉴定、大豆品种选育起着重要作用。目前，国内多采用超声波辅助农杆菌转化法、花粉管通道法及基因枪转化法等(刘海坤和卫志明，2005)。钱雪艳等(2012)以吉林省大豆主栽品种'吉育 67'和'吉育 89'未成熟子叶为外植体，优化超声辅助农杆菌介导大豆遗传转化过程中处理液浓度、超声强度和时间等参数，提高栽培大豆遗传转化效率。刘德璞等(2006)采用花粉管通道技术，用雪花莲凝集素基因(GNA)转化吉林省主推品种'吉林 20 号'、'吉林 30 号'和'吉林 45 号'，证明 GNA 基因在改良大豆抗蚜性上的可取性。王晓春等(2007)采用基因枪转化法将 $CpTI$ 基因导入大豆品种'合丰 25'中，有效提高大豆产量与品质。

三、转基因大豆再生体系研究

1988 年，中国科学院上海植物生理研究所首次培养成功原生质体再生植株(佚名，1988)；张东旭等(2008)以 8 个优质大豆品种为材料，分别构建胚尖再生体系与子叶节再生体系，结果表明以胚尖作外植体再生率高。雷海英等(2012)以子叶节、下胚轴、上胚轴、子叶、真叶为外植体，诱导体细胞胚胎发生，获得再生植株，并发现下胚轴、上胚轴、子叶节、子叶、真叶诱导频率依次降低。南相日等(1998)通过 PEG 介导法将 Bt 毒蛋白基因导入大豆主栽品种'黑农 35'等原生质体，获得 3 株抗虫植株。

四、转基因大豆检测技术

目前转基因安全性问题尚存争议，中国转基因检测技术研发逐渐加快。目前国内检测技术主要分为两大类：一是核酸检测技术[包括聚合酶链反应(PCR)技术、环介导等温扩增技术、基因芯片法等]，二是蛋白质检测技术[包括酶联免疫吸附测定(ELISA)、聚丙烯酰胺凝胶电泳(SDS-PAGE)、试纸条法](罗阿东等，2012；刘颖，2016)。

张秀丰等(2008)利用五重 PCR 检测技术检测 5 种外源基因，检出限度为 0.2%～0.5%，证实该方法可靠、快速且节约成本。陈颖等(2003)采用实时荧光定量 PCR 技术，定量检测大豆中内源基因 $Lectin$ 和转基因大豆中外源基因 $EPSPS$，结果显示该方法可将检测灵敏度控制在 0.01%之内。王永等(2009)利用环介导等温扩增技术检测含有 $CaMV35S$ 启动子转基因作物，灵敏度可达常规 PCR 技术的 10 倍。杨苏声等(1993)利用 ELASA 技术完成对慢生型和快生型大豆根瘤菌的检测。金红等(2010)利用 SDS-PAGE 电泳方法分别检测转基因和非转基因大豆，根据蛋白带表达量区分出转基因样品。阚贵珍和喻德跃(2005)利用试纸条法和 PCR 两种方法检测抗草甘膦转基因大豆，均能检测出抗草甘膦基因 $CP4\ EPSPS$。

世界其他转基因作物商业化种植的国家所采用的技术大部分来源于跨国公司，中国与之不同，我国目前种植的转基因作物技术绝大多数来自政府研究机构或企业(陆宴辉和梁革梅，2016)。因此，中国大豆产业的发展需要进一步加强转基因技术方面的研发，包括各相关研究组织的合作，生产出高效、稳定的大豆遗传转化受体系统的安全的转基因大豆。

作为历史上大豆的原产国和主产国，中国目前种植的大豆都是非转基因大豆，转基因大豆商业化种植处于空白阶段。在中国，转基因大豆研究始于 20 世纪 80 年代，在 2007年被批准进入生产性试验阶段，至今处于基础研究阶段，育种一定程度上还处于转基因安全性评价的中试和环境释放阶段。研究主要包括抗虫、抗病、抗除草剂、抗逆、品质、生长发育方面的性状，目前已获得抗虫、抗除草剂、高含油率的稳定品系（王志刚和彭纯玉，2010）。大豆胚胎结构的特点使其成为遗传工程改良最困难的作物之一（李晓芝等，2011）。目前，我国转基因大豆的研究主要集中在提高大豆间接性状改良，包括：抗虫、抗病、抗逆等和大豆直接性状改良，包括品质及营养成分（张兵和李丹，2012）。总体来说，我国已经成功研发出一批具有独立知识产权的重要基因，进一步优化了大豆遗传转化体系，得到了一批具有良好发展前景的转基因材料，建立起安全评价和检测监测技术体系（余永亮等，2010）。

近十年来，中国大豆种植面积整体下滑。2014 年，国产大豆种植面积仅 608.7 万 hm^2，比上年减少 11.6%。目前，中国粮食生产能力相当部分建立在牺牲生态环境基础上，从 1991～2013 年中国每公顷大豆种植化肥投入增长近 1.7%。转基因大豆的产业化种植或许有助于解决以上问题。尽管国内对转基因大豆产业化尚存在争议，然而在促进农业可持续发展、实现农业现代化的大环境之下，转基因大豆产业化应用存在较大发展空间，转基因大豆产业化应该交由市场主导。

第四节　我国转基因大豆研发及商业化种植面临的问题

一、转基因技术研发体系不完善

截至 2014 年 6 月 30 日，中国种子企业申请植物品种权数为 4633 件，占国内申请总量的 37.2%，实际授权数量为 1450 件，占总授权数量的 32.3%；而高校和科研机构申请品种权数和最终授权数量各为 6322 件和 2713 件，分别占总授权数量的 50.8% 和 60.4%。由此可见，高校与科研机构是农业生物技术研发的主导力量，他们拥有丰富的种源和研发人才，掌握着严谨的育种理论与技术，承担着基因开发、筛选、转化与品种选育的责任。而转基因作物品种的推广工作，大多交给种子企业完成。从 1985～2009 年的 25 年间，中国共受理农业转基因专利事件 1763 件，其中，国外在中国申请的农业转基因专利数为 1223 件，国内申请专利数仅为 540 件，种子企业申请数量占 50 件。在转基因技术领域，中国种子企业研发能力较弱，与跨国种子公司难以抗衡。中国科研单位与种子企业还缺乏产权保护意识，转基因方面的产权保护形式只有新品种权和专利技术两种，而国外则将遗传资源与"转化体"捆绑式进行产权申请及保护（黄季焜等，2014），使中国在基因序列构建问题上陷入被动局面。

截至目前，中央一号文件有 7 年谈及转基因问题，从 2008 年开始"启动研究"，2009年、2010 年提及产业化之后，便注重转基因基础研究，直到 2016 年，商业化问题才再次被提及，但却"慎重推广"，这对于追求市场利润最大化的种子企业，转基因种子难以推广就无利可图，更淡化其研发兴趣。同样在实际研发环境中，科教单位在技术研发上也出现了上、中、下游衔接松散问题，"兼业化"现象严重。实验室培养出的植株不允许大规模田间试验，因此也很难选育出具有稳定性状的品种。

二、审批过程漫长

在美国，种子获得安全证书就可以大面积种植。在中国，转基因作物从开始研发到产业化要经过较为复杂的审批程序(图 5-3)。审批过程涉及农业行政部门、安全委员会、检测机构、种子局等部门，转基因作物商业化也涉及政府与非政府组织、研发机构、公众等利益主体。群体之间权责不同，监督制约机制不健全，存在利益博弈。审批严格遵从《农业转基因生物安全管理条例》《主要农作物品种审定办法》等规定，而转基因作物品种审定过程有关实验尚无参照标准，而且品种审定时间过长，甚至超过安全证书有效时间。《主要农作物品种审定办法》指出转基因农作物(不含转基因棉花)品种审定办法另行制定，实际并未给出相关明示。这样一来，转基因大豆商业化"道阻且长"。

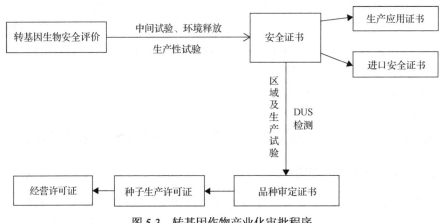

图 5-3 转基因作物产业化审批程序

三、缺乏具有完全知识产权的转基因技术和可用基因

目前，国内多数种子企业的技术来源为科教单位专利买断，涉足转基因技术领域的种子企业较少，而转基因技术储备也多针对玉米、棉花、水稻、油菜、马铃薯等农作物，大豆专项研究停留在基因克隆和转化方面，技术研发缺乏创新性；对于转基因大豆育种技术，中国科教单位掌握的遗传转化结合杂交选育技术、多基因聚合共转化技术较为成熟，而在大规模筛选和高水平表达等核心技术方面明显缺乏竞争优势。大豆基因方面，中国也获得了一些具有自主知识产权的 *cry1Iem*、*pta*、*aha*、*hrf2* 等抗病虫基因，但在抗旱耐盐等功能性基因挖掘方面还缺乏研究，克隆的多数基因都是国外受专利保护的无价值可用基因。

截至 2013 年，美国申请专利在遗传工程育种和组织培养再生技术方面所占比例分别为 87.68%和 92.37%，欧洲国家相关专利比率为 53.92%和 68.63%，且都呈现向大豆品质改良领域扩展趋势。而中国则把聚焦点放在大豆种子纯度鉴定方面，同时在申请的所有专利中，只有 20.93%得到授权保护，不利于转基因大豆的商业化(吴学彦等，2013；苗润莲，2015)。

四、转基因大豆安全管理面临挑战

转基因问题并非单纯技术性问题，实质包含社会、宗教、政治等各方面，当前转基因作物及其衍生转基因食品安全性问题是中国转基因大豆产业化发展最为突出的障碍。转基因安全问题主要涉及人类健康和环境生态两个方面，引发转基因安全性问题主要包含以下方面：一是中国对转基因的科普宣传力度不够，大众缺乏对转基因技术的充分认知，加上网络上对转基因作物不实负面宣传，使大众对转基因作物愈发抵制；二是国内转基因决策体系比较封闭，相关信息缺乏透明化，对转基因实验及其他程序监管不足，当个别转基因作物研究或应用出现问题时，往往全部叫停转基因作物研究，过度行政化干预延缓了中国转基因技术研发和应用进程，如"黄金大米"事件、转基因低调标识都使得转基因安全问题朦胧化，不利于转基因作物产业化进程；三是转基因在专利持有者、推销者、种植者与消费者之间产生的利益不均衡性、模糊性客观存在，在一定程度上使转基因安全性认识偏离理性，造成对转基因的曲解。总之，转基因安全问题应用科学研究数据分析，用科学态度来看待。

转基因大豆的安全管理存在困难主要体现在两个方面，一是安全性评价落后于技术的研发，对于转基因大豆存在的风险或可能存在的风险难以把握、控制，在推动其商业化的过程中受到阻碍；二是尽管我国已建立起转基因作物安全监管体系，但是还存在不完善和需要进一步完善的地方，转基因作物的安全性方面，需要长期且持续的测算，在现有的科学试验和评估水平下，难于开展有效的防控手段，进而制约转基因大豆的商业化推进。此外，转基因大豆的商业化需要涉及农业、卫生、专利等相分离又相关联的众多管理部门，而我国没有形成协调各部门合作管理的机制，一系列的问题结合在一起共同制约了我国转基因大豆的商业化推进。

五、转基因与其他技术的配套不够完善

转基因作为一种新技术，需要与相应的耕作、栽培和管理等一系列措施相配套使用，技术只是改善农业生产收益的一个方面，而不是全部。要实现转基因大豆的收益最大化，除了使用转基因技术生产出来的转基因大豆种子外，还需要相应的耕作栽培和土壤保护制度等综合措施的配合。问题在于，中国目前在转基因作物的一些应用环节并未建立起相应配合制度，管理措施也不完善，转基因技术的优势得不到充分显现。以美国为例，转基因大豆种植在土壤气候条件均良好的玉米带，产量高的部分原因得益于优质的自然生长环境，而收益高的部分原因得益于农户管理水平、免耕体系及大机械化等方面的影响。

参 考 文 献

阿拍. 2010. 杜邦 Plenish 高油酸大豆种植获美农业部批准. http://www.xiaomai.cn/html/news/20100609/174496. html [2018-6-25]

敖聪聪. 2003. 农达除草剂会丧失除草效果吗. 农药市场信息, 10(3): 24.

陈颖, 徐宝梁, 苏宁, 等. 2003. 实时荧光定量 PCR 技术检测转基因大豆方法的建立. 食品与发酵工业, 29(8): 65-69.

崔宁波, 宋秀娟. 2015. 国外转基因大豆研发种植研究进展. 东北农业大学学报(自然科学版), 03: 103-108.

邓金保. 2014. 杜邦在美首次推出新大豆除草剂混合物 Trivencea. 南方农药, 18(3): 55-56.

杜艳艳, 刘阳. 2015. 全球转基因作物种植现状及启示. 全球科技经济瞭望, 30(7): 38-42.

盖红波, 尹军. 2014. 意大利转基因生物技术概况及其启示. 全球科技经济瞭望, 29(6): 63-67.

谷晓娜, 刘振库, 王丕武, 等. 2015. hrpZ_(Psta)在转基因大豆中定量表达与疫霉根腐病和灰斑病抗性相关研究. 中国油料作物学报, 37(1): 35-40.

黄季焜, 胡瑞法, 王晓兵, 等. 2014. 农业转基因技术研发模式与科技改革的政策建议. 农业技术经济, (1): 4-10.

金红, 孙琪, 张斌, 等. 2010. 利用蛋白质 SDS-PAGE 电泳方法检测转基因大豆的初步研究. 食品研究与开发, 31(5): 148-150, 156.

阚贵珍, 喻德跃. 2005. 试纸条法和 PCR 法检测抗草甘膦转基因大豆的外源基因. 中国油料作物学报, 27(4): 18-21.

蓝岚, 吴帅, 申丽威, 等. 2013. 根癌农杆菌介导大豆转 Bt-cryIA 抗虫基因. 中国油料作物学报, 35(1): 29-35.

雷勃钧, 钱华, 李希臣, 等. 2000. 通过直接引入外源 DNA 育成高产、优质、高蛋白大豆新品种黑生 101. 作物学报, 26(6): 725-730.

雷海英, 武擘, 贾彦琼, 等. 2012. 大豆体细胞胚胎发生再生体系的建立与优化. 华北农学报, 27(3): 29-34.

李晓芝, 张强, 赵双进, 等. 2011. 美国大豆生产、育种及产业现状. 大豆科学, (2): 337-340.

刘德璞, 袁鹰, 唐克轩, 等. 2006. 大豆花粉管通道技术转化雪花莲凝集素(GNA)基因. 分子植物育种, 4(5): 663-669.

刘海坤, 卫志明. 2005. 大豆遗传转化研究进展. 植物生理与分子生物学学报, 31(2): 126-134.

刘颖. 2016. 转基因大豆检测技术分析. 中外企业家, (3): 271.

陆玲鸿, 韩强, 李林, 等. 2014. 以草甘膦为筛选标记的大豆转基因体系的建立及抗除草剂转基因大豆的培育. 中国科学: 生命科学, 44(4): 406-415.

陆宴辉, 梁革梅. 2016. Bt 作物系统害虫发生演替研究进展. 植物保护, 42(1): 7-11.

罗阿东, 焦彦朝, 曹云恒, 等. 2012. 转基因大豆检测技术研究进展. 南方农业学报, 43(3): 290-293.

苗润莲. 2015. 基于专利分析的转基因大豆技术现状研究. 大豆科学, 34(4): 723-730.

南相日, 刘文萍, 刘丽艳, 等. 1998. PEG 介导 BT 基因转化大豆原生质体获转基因植株. 大豆科学, 17(4): 41-45.

钱雪艳, 郭东全, 杨向东, 等. 2012. 超声波辅助农杆菌介导转化大豆未成熟胚的研究. 安徽农业科学, 40(2): 658-661.

苏燕, 许丽, 徐萍. 2015. 全球商业化转基因作物发展现状和趋势. 生物产业技术, (5): 42-47.

王晓春, 季静, 王萍, 等. 2007. 基因枪法对大豆进行 CpTI 基因的遗传转化. 华北农学报, 22(2): 43-46.

王永, 兰青阔, 赵新, 等. 2009. 转基因作物外源转基因成分环介导等温扩增技术检测方法的建立及应用. 中国农业科学, 42(4): 1473-1477.

王志刚, 彭纯玉. 2010. 中国转基因作物的发展现状与展望. 农业展望, (11): 51-55.

吴学彦, 韩雪冰, 戴磊. 2013. 基于 DII 的转基因大豆领域专利计量分析. 中国生物工程杂志, 33(3): 143-148.

许宗宏, 郝青南, 陈李淼, 等. 2010. 基于大豆花叶病毒衣壳蛋白基因的 RNA 干扰植物表达载体的构建. 华北农学报, 25(增): 1-4.

杨成凤, 高初蕾, 乔峰, 等. 2014. 耐除草剂转基因大豆商业化研发现状与展望. 陕西农业科学, 60(5): 53-55.

杨苏声, 谢小保, 李季伦. 1993. 酶联免疫吸附技术(ELISA)对大豆根瘤菌的鉴定. 微生物学通报, 20(3): 129-133.

佚名. 1988. 我国首次育成大豆原生质体再生植株. 内蒙古农业科技, (1): 6.

于文静, 董峻. 2013. 农业部批准转基因大豆进口包含孟山都两个品种. http://news.qq.com/a/20130613/020806.htm [2018-6-25].

余永亮, 梁慧珍, 王树峰, 等. 2010. 中国转基因大豆的研究进展及其产业化. 大豆科学, 29(01): 143-150.

张兵, 李丹. 2012. 论转基因大豆对我国大豆产业的影响. 西北农林科技大学学报(社会科学版), 12(06): 98-104.

张东旭, 张洁, 商蕾, 等. 2008. 大豆胚尖再生体系的研究. 河北农业大学学报, 31(4): 7-13.

张秀丰, 苏旭东, 张伟, 等. 2008. 五重 PCR 检测转基因大豆. 中国粮油学报, 23(3): 194-198.

Beazley K A, Burns W C, Robert H C I I, et al. 2014. Soybean transgenic event MON87751 and methods for detection and use thereof: U. S. Patent Application 14/303, 042.

Benbrook C, 1999. Evidence of the magnitude and consequences of the roundup ready soybean yield dray from university-based varietal trials in 1998. Sandpoint, ID: Benbrook Consulting Services.

Berman K H, Harrigan G G, Riordan S G. 2009. Compositions of seed, forage, and processed fractions from insect-protected soybean MON 87701 are equivalent to those of conventional soybean. Journal of Agricultural & Food Chemistry, 57(23): 11360-11369.

Bernardi O, Malvestiti G S, Dourado P M, et al. 2012. Assessment of the high‐dose concept and level of control provided by MON 87701× MON 89788 soybean against *Anticarsia gemmatalis* and *Pseudoplusia includens* (Lepidoptera: Noctuidae) in Brazil. Pest Management Science, 68(7): 1083-1091.

Brinker R J, Burns W C, Feng P C C, et al. 2013-8-6. Soybean transgenic event mon 87708 and methods of use thereof: U. S. Patent 8,501,407.

Cerdeira A L, Duke S O. 2006. The current status and environmental impacts of glyphosate-resistant crops: a review. Journal of Environmental Quality, 35(5): 1633-1658.

Demeke T, Grafenhan T, Holigroski M, et al. 2014. Assessment of droplet digital PCR for absolute quantification of genetically engineered OXY235 canola and DP305423 soybean samples. Food Control, 46: 470-474.

Fast B J, Schafer A C, Johnson T Y, et al. 2015. Insect-protected event DAS-81419-2 soybean (*Glycine max* L.) grown in the United States and Brazil is compositionally equivalent to nontransgenic soybean. Journal of Agricultural & Food Chemistry, 63(7): 2063-2073.

Hamison J M, Breeze M L, Harrigan G G. 2011. Introduction to Bayesian statistical approaches to compositional analyses of transgenic crops 1. Model validation and setting the stage. Regulatory Toxicology & Pharmacology, 60(3): 381-388.

Homrich M S, Wiebkestrohm B, Weber R, et al. 2012. Soybean genetic transformation: a valuable tool for the functional study of genes and the production of agronomically improved plants. Genetics and Molecular Biology, 35(4): 998-1010.

James C. 2015. 2014 年全球生物技术/转基因作物商业化发展态势. 中国生物工程杂志, 35(1): 1-14.

Kim J H, Jeong D, Kim Y R, et al. 2013. Development of a multiplex PCR method for testing six GM soybean events. Food Control, 31(2): 366-371.

Manzanares-palenzuela C L, Mafra I, Costa J, et al. 2016. Electrochemical magnetoassay coupled to PCR as a quantitative approach to detect the soybean transgenic event GTS40-3-2 in foods. Sensors & Actuators B Chemical, 222: 1050-1057.

Mcnaughton J, Roberts M, Smith B, et al. 2008. Comparison of broiler performance when fed diets containing event DP-3Ø5423-1, nontransgenic near-isoline control, or commercial reference soybean meal, hulls, and oil. Poultry Science, 87(12): 2549-2561.

Miki B, Mchugh S G. 2004. Selectable marker genes in transgenic plants: applications, alternatives and biosafety. Journal of Biotechnology, 107(3): 193-232.

Myers J P, Antoniou M N, Blumberg B, et al. 2016. Concerns over use of glyphosate-based herbicides and risks associated with exposures: a consensus statement. Environmental Health, 15(1): 1-13.

Padgette S R, Kolacz K H, Delannay X, et al. 1995. Development, identification, and characterization of a glyphosate-tolerant soybean line. Crop Science, 35(5): 1451-1456.

Perry J N. 2003. Genetically-modified crops. Science & Christian Belief, 15(3): 95.

Vanhoef A M A, Kok E J, Bouw E, et al. 1998. Development and application of a selective detection method for genetically modified soy and soy-derived products. Food Additives & Contaminants, 15(7): 767-774.

Vries B D D, Fehr W R. 2011. Impact of the MON89788 event for glyphosate tolerance on agronomic and seed traits of soybean. Crop Science, 51(3): 1023-1027.

Xiao H. 2015. DuPont canopy blend herbicide in the United States approved registration. http://www.zhongnong.com/News/1020544.html [2018-6-25].

Zheng L. 2015. 转基因作物除草剂引争议. http://www.bioon.com/tm/index/614223.shtml [2018-6-25].

第六章 农户转基因大豆的种植意愿及影响因素分析

转基因大豆作为采用转基因新技术的作物品种，其经济效益、生态风险、安全性等方面都备受争议。农户作为生产者，是转基因大豆供给的主体，他们对转基因大豆的认知、种植意愿对于转基因大豆产业化的推进具有重要影响。近些年来，伴随着养殖业与大豆压榨产业持续扩张的需求，我国对转基因大豆的进口量一直居高不下，加之国内大豆的品质不尽人意，新增俄罗斯与加拿大的非转基因大豆继续冲击国内市场。如何促进国内大豆产业的健康发展，争得国际大豆市场上的话语权，使得转基因大豆研发将来不会受制于人，是一个值得深思的重大利害问题。众多学者关注的焦点往往在于转基因作物的安全性问题和社会的伦理道德，忽视了农户作为供给主体其生产意愿的重要性。2016年7月28日，国务院印发《"十三五"国家科技创新规划》，将转基因生物新品种培育列为国家科技重大专项之一，明确提出抗除草剂转基因大豆等重大产品的产业化。由此，事前研究农民对转基因作物的认知及种植意愿具有很强的现实意义和参考价值。

近年来也有一些学者针对农户转基因作物种植意愿进行研究。何光喜等(2015)研究发现中国公众对推广种植转基因大米的接受度不高，认为大众媒体、对"专家系统"的制度性信任都是重要的影响因素。薛艳等(2014)对黑龙江、吉林、山东、河南和福建五省723个农户进行实地调查，研究玉米和水稻的转基因抗虫品种和抗病品种，分析认为相对于安全等问题，多数农户关心的还是经济效益，即我国转基因技术商业化应用推动在生产者层面上的难度和阻力将远小于消费层面上。学者针对转基因作物的种植意愿影响因素研究主要包括两个大方面，一是农户自身因素，如农户的受教育程度(徐家鹏和闫振宇，2010)、收入来源(陈梦伊等，2013)、转基因技术的认知水平(陈梦伊等，2013；王国霞等，2013；刘旭霞和刘鑫，2013)、作物的种植历史(陈梦伊等，2013)、种植作物面积(朱诗音，2011)、个人风险偏好(陆倩和孙剑，2014)、"经济-道德人"的行为决策(马述忠和黄祖辉，2003)等；二是对作物的预期，如产量预期(徐家鹏和闫振宇，2010；朱诗音，2011；陈梦伊等，2013；王国霞等，2013；刘旭霞和刘鑫，2013)、品质和营养价值预期(朱诗音，2011；陈梦伊等，2013；王国霞等，2013；刘旭霞和刘鑫，2013)、销售预期(陈梦伊等，2013)、食品安全预期(徐慎娴，2007；陈梦伊等，2013)、生态预期(徐慎娴，2007)、投入预期(种子和化肥的投入)(朱诗音，2011；薛艳等，2014)、政府的支持与指导预期(朱诗音，2011)等。在针对转基因大豆种植意愿的调查中，徐慎娴(2007)得出农户抗除草剂大豆的种植意愿不高的结论。

农户对转基因作物的种植意愿随地区和时间变化而各不相同，这可能是接收信息量及国家政策导向、宣传所导致的差异。在研究方法上大抵相同，多为Probit、Tobit等模型；在研究结论上，农民作为理性经济人，经济效益是他们最看重的方面。2015年中央一号文件首次提出转基因科学普及，可能会有助于提高农户对转基因作物的认知。东北三省及内蒙古是大豆目标价格补贴政策的试点地区，目前少见有人就大豆主产区农户转基因大豆种植意愿问题展开研究。本节对主产区农户进行了调查，了解各地区大豆种植的基本情况及农户对转基因大豆的认知，并通过建立 Logit 模型对影响农户转基因大豆种植意愿的因素进行分析。

第一节　样本选择与基本情况

一、调研地点及调研对象的确定

根据中国大豆主产区的统计材料，选取 2014 年大豆目标价格补贴试点地区的东北四省：黑龙江省、吉林省、辽宁省及内蒙古自治区作为调研地点，具体调研样本市（含农场管理局）依次为黑龙江省齐齐哈尔市、绥化市、黑河市、农垦九三管理局，吉林省敦化市、辽源市，辽宁省铁岭市、沈阳市，内蒙古乌兰浩特市、呼伦贝尔市，共 10 市 22 县（区、管理局、旗）53 个村作为调研地点，每个村选择 10 个农户，共做问卷 530 份，有效问卷520 份。调研对象均为大豆种植者，调研队伍由东北农业大学研究生、本科生组成，调研时间为 2015 年暑假 7～9 月。首先，选取具有代表性的调研地区，由于东北是我国的大豆主产区，农户种植大豆的时间均在 10 年之上，生产经验丰富，对转基因大豆的关注应更多些；此外，由于转基因大豆话题较为敏感，为确保调研质量，调研成员均提前接受相关培训辅导。

二、调研地区大豆种植的基本情况

调研地势以平原、丘陵为主。就样本地点来说黑龙江省大豆种植面积最大，其次是内蒙古自治区，而辽宁省和吉林省种植大豆的比例较低，辽宁省大豆主要用作食品，吉林省大豆也主要集中在敦化市。调研地区均未采用免耕技术，农场每年秋天整地一次，普通农户每年春天、秋天各整地一次。

农户作为理性经济人，在玉米收益高于大豆收益的情况下，会偏向于种植玉米，这在全国范围内的趋向都是一致的。图 6-1 是大豆、玉米的收益分析图，图中明显显现出

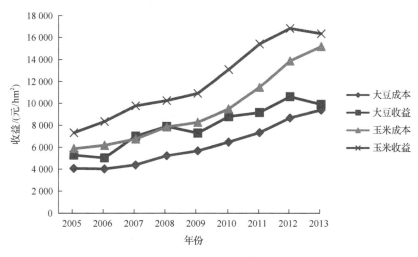

图 6-1　大豆与玉米的比较收益分析图

种植玉米的利润所得要比种植大豆利润所得要高。其次，2014 年我国对东北三省及内蒙古地区实施了大豆目标价格补贴的试点改革，改革整体上取得了理想成效，但政策在具体实施过程中暴露出的如市场价格监测点设置不当引起的检测价格偏高、补贴面积的认定与补贴资金的发放等问题，一定程度上影响了部分农户的满意度和继续种植意愿。2014 年国内大豆目标价格为每吨 4800 元，这对农民的种植积极性也没有产生多少实质性影响，今后一段时间内，大豆将继续对玉米、水稻等种植效益更高的粮食作物做出让步。

当然也存在农户因其他原因会选择种一部分大豆。以黑龙江省为例，嫩江县农户因为距离尖山农场较近，主要品种跟随农场学习，选择种大豆的农户认为种植大豆风险小，年初生产投入要低于玉米，而且种大豆不费人工；拜泉县农户种大豆的原因在于轮作倒茬，有些土地适宜连作玉米，有些土地根据地况则需玉米—大豆轮作；望奎县种大豆的原因是出于积温的考虑，自然环境受限更适宜种植大豆，从比较效益的角度出发做出科学的种植决策。总之，农户出于比较收益的考虑，弃大豆而种玉米；出于地况、积温、种植习惯、轮作倒茬、劳动力情况、耕作时间、风险性等方面的考虑选择种植一部分大豆。

三、农户样本基本情况

被调查的 520 个有效样本农户：就性别而言，共有 463 个男性，57 个女性；就年龄而言，最小为 21 岁，最大为 74 岁，其中，20～30 岁共 25 人、31～40 岁共 96 人、41～50 岁共 216 人、51～60 岁共 131 人、61～70 共 42 人、71～80 共 10 人，平均年龄为 47 岁；就受教育年限而言，0～5 年共 88 人、6～10 年共 283 人、11～15 年共 141 人、16～20 年共 8 人，其中最低学历为未接受过正规教育，最高学历为大专，平均受教育年限为 8.96 年；就业情况而言，纯农 407 人，农兼非人员 113 人。

各样本地区相比较，吉林省和辽宁省的女性受访者较多，男性外出务工者较多，农户兼业化程度较高；九三管局农场农户学历水平要高于其他地区，平均受教育年限为 12 年；黑龙江省嫩江县受访农户数量最少，三村共采访农户 10 人，因为土地规模经营发展较好，每个村从事农业生产的农户数量都较少；内蒙古受访者年龄偏大，主要原因在于新生代农民工不愿意回乡务农，土地主要由留乡的老年人经营管理。

第二节　农户对转基因的认知

一、农户对转基因技术及转基因食品的认知

农户对转基因技术及转基因食品的认知见表 6-1。大部分农户对转基因技术及转基因食品只是听说过，实质并不了解，了解途径也多为电视广播和手机上网，其次是邻里和朋友间的口头传授。

表 6-1　农户对转基因技术及转基因食品的认知

问题	选项(人数)
是否知道转基因技术	没听过(155)；听说过，不太了解(315)；了解一点(50)；很了解(0)
得知的途径(多选)	广播(39)；电视(233)；技术员(18)；朋友邻里(35)；网络(60)
是否知道转基因食品	没听过(198)；听说过，不太了解(269)；了解一点(53)；很了解(0)
得知的途径(多选)	广播(42)；电视(223)；技术员(11)；朋友邻里(46)；网络(71)；超市(42)

二、农户对转基因大豆的了解程度

520 份问卷中有将近 59%的农户表示听说过转基因大豆，但并不了解；近 28%的农户表示了解一部分，可见农户对转基因大豆的认知程度较低，如表 6-2 所示。农户虽人数众多但没有形成集团优势，转基因技术相关知识匮乏，对转基因大豆的种植更是知之甚少。受文化程度的影响，农户在转基因大豆的产量预期、农药化肥投入预期、销售难易预期及食用安全性预期方面难以做出科学的判断，在一定程度上影响了农户的种植意愿。

表 6-2　转基因大豆认知统计表

选项(多选)	人数
产量高	130
产量低	14
成本高	83
销售价格低	14
治理杂草见效快	18
少耕技术	18
节省人工	7
收益好	79
出油率低	90
蛋白质含量低(含营养价值低)	32
不健康	126

对于现种植的大豆品质方面，是否具有抗虫、抗病、抗草等抗逆性，农户并不关注也不甚了解，他们最在意的就是产量和销售价格。农户关注大豆品质排在前三位的分别是：产量、抗逆性和安全性。435 个农户最关注的是大豆的产量，304 个农户认为抗逆性很重要，141 个农户认为品种的安全性很重要。其余还有 39 个农户选择高油、35 个农户选择高蛋白、25 个农户选择抗倒伏及 11 个农户选择早熟。农户并不十分了解自家所种大豆的特性，影响选择哪种大豆的因素主要有：他人经验(邻居种植效果和经销商推荐)、是否好销售、产量是否高、生长期是否适宜、是否早熟及是否抗倒伏。可见，对于农户来说最关注的就是大豆产量。对于大豆投入方面，农户普遍认为种子、化肥、农药对大豆影响较大，分别有 354 个、354 个和 276 个农户选择；其次是节省劳动力共有 127 人

选择，田间管理共有 117 人选择。

农户普遍认为转基因大豆产量高、不健康、出油率低、成本高（主要体现在种子比非转基因大豆种子贵）、收益好。通过邻里朋友及种子经销商处听说转基因大豆产量高，但是从网络、媒体的途径了解到转基因大豆对人体有害，具体认为会导致流产、不孕，也有人认为转基因大豆只能种一年，第二年不长苗。总之，农户道听途说的居多，对于转基因大豆的了解较少，途径多为网络、电视等，对于诸如"转基因大豆第二年再种不发芽，只能种一年"这种说法他们也不知道真假。大多数人表示转基因大豆对人存在健康威胁，但是如果国家发表声明说转基因大豆无害，农户则相信政府的说法，并且会自家食用，否则会认为有害，更不会吃。可见，农户获取转基因知识的渠道比较狭隘，无法从自身去综合判断信息的准确性，再加上相关媒体的负面报道，农户对转基因大豆的安全性自然又多了几分疑虑，认知逐渐趋于负面。

在对转基因大豆认知的调查中，发现如下规律特征：男性比女性了解多，年轻人比年纪大的人了解多，种植大豆的人比不种植大豆的人了解多，经济条件好的农户比普通农户了解多，并且更愿意尝试。

从农户个人特征角度来看，25～35 岁人群中女性比男性了解程度高，主要途径为电视、网络，家庭以男性外出务工、女性留守家中的情况居多；35 岁以上农户中，男性比女性了解程度高，他们是家庭中农业种植的主要劳动力，关注农业生产信息较多，从销售农资的商店、乡镇技术员处了解较多。而 55 岁以上的纯农户对转基因大豆了解很少，只有少数人表示听说过，并且没有了解的意愿，认为无关紧要。在学历分布上，农户多为初中，差距不大，对于转基因大豆的了解与农户阅历有关，从事粮食运输、农资经营、乡村超市的人比普通农户了解更多。

在地区分布上，内蒙古相对了解较少，农户种养结合或青壮年劳动力外出务工的家庭居多，使得农户空闲时间较少，加之了解意愿不强烈，所以整体认知程度低。吉林和辽宁由于比较效益明显，种植意愿最低，但是了解程度要高于内蒙古，原因在于农村种植玉米为主，空闲时间较多。黑龙江省农户的认知程度和种植意愿均高于其他三个省份，原因在于纬度位置高，出于自然环境的原因不得不种植大豆，所以愿意接受新技术进行尝试。

第三节　农户转基因大豆种植意愿及影响因素

一、农户转基因大豆种植意愿

由于农户对转基因大豆的了解不多，所以当被问及"转基因大豆是什么时"将其解释为，一种具有转基因技术的新大豆品种。对于转基因大豆"了解一些"的农户共有 144人，约占样本总数的 28%。其中，87 人表示愿意尝试，希望国家允许转基因大豆的商业化种植；57 人表示不愿种植转基因大豆，其中一部分农户听说过转基因大豆的一些劣势。如果国家允许转基因大豆的商业化种植，77 人选择在商业化第一年进行小面积试种，效果好第二年再大面积种植；10 人表示不会在第一年试种，想看看别人的种植效果再决定。当问及大豆品种时，农户并不十分看重大豆是否具有抗旱、抗寒、耐盐碱或者抗草甘膦除草剂等特性，普遍希望转基因大豆具有高产、抗倒伏、好销售的优势。

可能基于"技术成本非对称"原理,且无法在短期内对正面效益与反向效应进行考量、权衡,农户对新技术背后的风险显得异常敏感。甚者,在对新技术缺乏或是完全不了解的情况下,农户凭主观认知往往又会放大风险。

二、农户种植转基因大豆意愿的影响因素分析

(一)理论背景与研究假设

Illukpitiya 和 Gopalakrishnan(2004)曾指出农户行为并不是由单一的个人因素决定,还受到来自经济、社会、心理等因素的影响。姜明房等(2009)研究也发现,农户对水稻新技术的采用行为受到诸如文化程度、人口数量等内部因素的影响及如政策环境、预期效益等外部因素的影响。陆倩和孙剑(2014)利用回归分析法得出农户对转基因的认知对种植意愿影响显著,而认知又受到农户年龄、文化程度、家庭收入和教育水平的影响。薛艳等(2014)将农户风险偏好与技术效益作为关键解释变量,同时把农户年龄、教育年限等个体特征、种植面积等生产性特征纳入分析体系,发现转基因技术带来的预期收益越高,农户的种植意愿越强;农户的受教育程度、年龄、种植面积与种植意愿呈现负相关关系。朱诗音(2011)对淮安市稻农的实地调查表明,农户种植时间与种植面积都会显著正向影响转基因水稻的种植意愿。基于上述理论,为保证结论更加科学,本节以调研数据为基础并结合农户的认知情况,将农户个体特征、生产特征、外部因素、自我预期作为影响因素的分析对象(农户个体特征包括农户年龄、受教水平、家庭人口数、是否兼业化;生产性特征包括种植面积、大豆收入占比、打药次数;外部因素包括安全及健康性考虑、管理便捷度、技术指导、是否部分自用;自我预期包括产量预期与收益预期),并提出如下假说。

1)农户个体特征方面:农户年龄越大,学习能力越是低下,接受新鲜事物的主动性也会表现得越为缺乏,年龄与种植意愿之间可能存在负相关性;受教育水平高的农户,更能聚集多方面的信息做出判断,越可能选择种植转基因大豆;农户除经营农业以外,倘若有更多的如工资性收入等作为补充家庭开支的来源,则种植的可能性会降低;家庭人口数对种植意愿可能会有影响,但相关性难以确定。

2)农户生产性特征:大豆收入在农业收入中所占比例越高,农户会更加关注转基因大豆的区别优势而增强种植意愿;通常情况下,种植面积往往是影响农户种植意愿的重要因素;大豆生长期间用药次数越多,投入成本越大,农户可能更倾向选择种植转基因大豆。

3)外部因素:转基因安全性问题一直备受争议,如果农户考虑到消费者对健康的顾虑会影响其对转基因大豆的接受程度进而影响到销路,可能就不会选择种植转基因大豆;当地的农技部门通过提供技术服务可能会对种植意愿产生影响;农户若将转基因大豆自家食用,自然会更多地关注大豆的营养品质及安全性,则种植转基因大豆的可能性会较低;对外出打工的农户来讲,如果意识到种植转基因大豆可以降低农药施用量而节约管理成本,就会增强种植意愿。

4)农户是理性的经济人,当预期作物产量增加或是比较收益较为明显时,农户选择

种植转基因大豆的意愿更加强烈。

（二）模型构建及变量定义

因为种植意愿的取值只存在两种状态：是与否，所以我们选择构建 Logit 模型。变量定义见表 6-3。

令
$$P_{y_i=1} = \beta_0 + \beta_i x_i \tag{6-1}$$

式中，$P_{y=1}$ 表示解释变量（影响转基因大豆种植意愿的因素）为 x_i 时，种植意愿 $y_i=1$ 的概率值。对式（6-1）进行变换：

$$\ln \frac{p_i}{1-p_i} = \beta_0 + \beta_i x_i \tag{6-2}$$

式中，$\dfrac{p_i}{1-p_i}$ 为机会比率，即愿意种植转基因大豆的概率与不愿意种植概率之比。令 $\ln \dfrac{p_i}{1-p_i}$ 为 y^*，则

$$\frac{p_i}{1-p_i} = e^{y^*} = \Omega \tag{6-3}$$

建立影响转基因大豆种植意愿因素的 Logit 模型：

$$\begin{aligned}
y^* &= F(\text{农户个体特征，生产特征，外部因素，自我预期}) + \text{随机干扰项} \\
&= \beta_0 + \beta_i x_i \\
&= \beta_0 + \beta_1 x_1 + \beta_2 x_2 + \cdots + \beta_{13} x_{13} + \varepsilon
\end{aligned} \tag{6-4}$$

当其他解释变量保持不变而研究 x_1 变化一个单位对 Ω 的影响时，将新的机会比率设为 Ω^*，则有 $\Omega^* = e^{(y^*+\beta_1)} = \Omega e^{\beta_1}$，即

$$\frac{\Omega^*}{\Omega} = e^{\beta_1} \tag{6-5}$$

将式（6-5）写成一般化的形式：

$$\frac{\Omega^*}{\Omega} = e^{\beta_i} \tag{6-6}$$

式中，β_i 可以通过对式（6-2）两边求导得到，即

$$\beta_i = \frac{dy^*/y^*}{dx_i} \tag{6-7}$$

式（6-6）表明，在其他解释变量保持不变时，x_i 每增加一个单位将引起种植意愿扩大或缩小 e^{β_i} 倍。

表 6-3　变量选择、赋值及其对种植意愿的预期相关性

变量名称	变量描述	预期相关性
y	虚变量：愿意种植与否，是 1，否 0	—
x_1	虚变量：农户年龄，21～30 岁为 1，31～50 岁为 2，51～70 岁为 3，70 岁以上为 4	负相关
x_2	虚变量：受教年限，0～5 年为 1，6～10 年为 2，11～15 年为 3，16～20 年为 4	不确定
x_3	实变量：家庭人口数	正相关
x_4	虚变量：有无第二职业，有为 1，无为 0	负相关
x_5	实变量：大豆种植面积	负相关
x_6	虚变量：大豆收入占农业收入比重，10% 以下为 0，10%～30% 为 1，30%～50% 为 2，50% 以上为 3	正相关
x_7	实变量：打药次数	正相关
x_8	虚变量：种植之前是否考虑转基因大豆的安全健康性，是为 1，否为 0	负相关
x_9	虚变量：种植的转基因大豆是否部分作为自用，是为 1，否为 0	负相关
x_{10}	虚变量：预期收益，好为 1，差为 0	正相关
x_{11}	虚变量：管理便捷，是为 1，否为 0	正相关
x_{12}	虚变量：预期产量，高为 1，低为 0	正相关
x_{13}	虚变量：当地有无技术指导，有为 1，无为 0	正相关

（三）结果分析

本节采用 Eviews6.0 软件进行相关操作，输出结果见表 6-4。其中 LR（似然比）统计量为 156.737，对应的概率为 0.000，说明该模型的整体显著性水平较高。另外，通过观察伴随概率，可以得到，是否兼业化、安全及健康性考虑、预期收益在 1% 显著水平下，对种植意愿有显著性影响；农户年龄、大豆收入占比、家庭自用、预期产量在 5% 显著水平下，对种植意愿呈现出重要影响。

表 6-4　输出结果

变量	估计系数	标准差	Z 统计值	伴随概率 P	exp()
C	5.920	5.228	1.132	0.257	372.501
x_1	−2.309	1.118	−2.064	0.039	0.099
x_2	−0.538	0.668	−0.805	0.420	0.584
x_3	−0.624	0.519	−1.201	0.230	0.536
x_4	−4.095	1.296	−3.160	0.001	0.017
x_5	0.011	0.024	0.446	0.655	1.011
x_6	1.604	0.794	2.021	0.043	4.974
x_7	0.822	0.607	1.354	0.175	2.276
x_8	−5.642	1.687	−3.345	0.000	0.004
x_9	−2.392	1.029	−2.323	0.020	0.091

续表

变量	估计系数	标准差	Z 统计值	伴随概率 P	exp()
x_{10}	4.055	1.395	2.906	0.003	8.707
x_{11}	1.562	1.094	1.427	0.154	4.766
x_{12}	2.699	1.225	2.203	0.028	14.868
x_{13}	1.160	1.003	1.157	0.248	3.190
麦克法登 R^2			0.811		
似然比统计量			156.737		
概率风险统计			0.000		

1. 农户个体特征对转基因大豆种植意愿的影响

农户年龄越大，将来种植转基因大豆的可能性倾向越小，这与调研统计结果也相吻合(图 6-2)。越为年长的农户，对待非转基因大豆的态度越发审慎且显保守。首先获取信息的途径少，而且缺乏主动性，对转基因一时难以接受；其次，抑或考虑到种植转基因大豆存在可能的收益风险、市场也未形成，大多数农户不愿冒险一试。文化程度这一变量没有通过显著性检验，从调研对象来看，在 36% 的高中水平农户中，对转基因大豆持否定态度的占到 51%，可以看出受教育水平高的农户可能会有更多的途径来获取更全面的信息，对待转基因也会综合考虑，不再会单一局限于某一点。通过整理高中段农户不选择种植转基因大豆的原因来看，更多的人选择了转基因大豆不安全、不健康，而且认为转基因大豆种植成本高，对其能带来的高收益也持否定态度。家庭人口数未通过显著性检验的原因可能是家庭收入对种植意愿存在潜在影响，而人口数量与家庭收入不呈严格的比例关系。农户是否兼业化与种植意愿呈明显的负相关，农户的第二职业使得家庭收入多了一层保障，淡化了收益风险，使其不愿再重新学习新的东西，从而削弱了对转基因大豆的关注度。

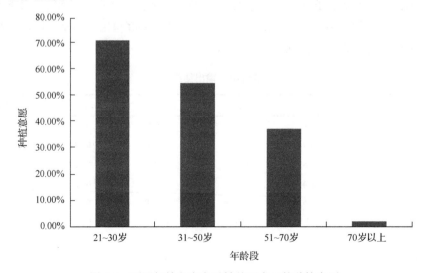

图 6-2　不同年龄段农户对转基因大豆的种植意愿

2. 农户生产性特征对转基因大豆种植意愿的影响

大豆收入在农业收入中所占比重越大，农户对转基因大豆的接受程度越高。结果显示，大豆收入占比每增长一个单位，种植意愿会提高 4 倍之多。大豆收入占比高的农户对大豆相关的信息与政策会比较敏感，通过电视、经销商等渠道对转基因大豆会有所了解。尤其是当获知转基因大豆在产量和收益上具有差异优势时，对转基因大豆种植的倾斜度会更高。大豆种植面积对种植意愿影响不显著，可能因为某些地区种植成本较高，存在规模不经济现象；或是已有规模效益，不愿改变当前的种植习惯。打药次数没有通过显著性检验，从调研结果来看，打药次数在两次及以下的情况所占比例为 83%，由于本身用药频率不高，大多数农户可能认为从缩减农药施用量来降低投入成本的可能性不是很大，不足以对种植意愿产生影响。

3. 外部因素对转基因大豆种植意愿的影响

转基因大豆的安全性对种植意愿有非常显著的负向影响，虽然现在确未出现转基因安全性事件，但一些负面言论尤其使得对转基因大豆不了解的农户更加心存戒备，担心无法在消费者中打开市场。大豆部分自用对种植意愿也有显著的负向影响，原因更多的在于转基因大豆的品质及安全性尚不能令农户满意。管理便捷虽对种植意愿有正向效应，但没有通过显著性检验的原因可能是农户实际对转基因大豆缺乏更深入的了解，对转基因大豆种植能够降低管理成本的隐性好处并不敏感。当地有无技术指导对种植意愿并不显著，原因可能是当地虽有农技部门，但并未发挥其实效性，农户依旧是凭自己积累的经验来种植。

4. 自我预期对转基因大豆种植意愿的影响

农户对产量及收益的预期与种植意愿之间呈明显的正相关性。出于产量高、收益好的原因而去选择种植转基因大豆在众多原因中占比都在 70%左右。因为农户是理性经纪人，只要认识到产量高和收益好的好处，农户便选择种植，其他诸如安全性问题就另当别论了。

不同的农户有理性的共性也有其各自重视程度的不同，转基因大豆种植意愿的背后实际上是一场来自于多种相关因素间的博弈，农户身上既体现出对利益的角逐，又显露出对安全性的疑虑；既有在自我方面的感知能力，又或多或少会受到外界因素的干扰。对于一个完全以农业作为收入来源的农户来讲，收益是其最为关注的一个对象，如果转基因大豆产量高、收益好，农户就会很自然地选择种植，而不会过多地考虑大豆的安全与品质。而对一个种植面积不大且将大豆部分自用的农户来讲，情况就可能有所不同，即使大豆收益高些，也不会选择种植，因为其最为关切的是大豆的安全与品质。大豆收入在农业收入占比中不是很高的一些农户即便意识到转基因大豆可能会带来高产，但基于安全隐患可能会在一定程度上影响销售市场，也不会贸然选择转基因大豆。兼业型农户如果能看到转基因大豆方便管理带来的隐性好处，那么种植意愿将会有所增强，然而事实并非如此。从调研收集的数据来看，在 520 份调查问卷中，仅有 28%的农户对转基因大豆有所了解，且了解狭隘、不够深刻。在这些对转基因大豆有了解的 144 位农户中，愿意种植转基因大豆的人数为 87 人,他们认为转基因大豆具有产量高、便捷和收益好的优点;不愿意种植转基因大豆的人数为 57 人,他们认为转基因大豆具有安全性和健康性差、经济效益不稳定的缺点。农户实际上是在有限的知识水平和并不宽泛的了解度下,更多地进行了安全与经济的博弈,然而农户虽有着理性经济人的身份,博弈的结果却并不总是显得有"理性"。农户作为转基因大豆的供给主体,在对转基因认知程度低、获取信息质量不高的情境之下,如何对待转基因的发展问题,现提出以下对策建议。

1. 重视科普工作,引导农户理性看待转基因大豆

大多时候,我们的恐惧不是新事物本身,而是"不知情"。公众具有知情权和自主选择权,要充分尊重而不能剥夺。加大转基因大豆的科普工作,使公众对转基因的认知逐步回归理性,提高公众对转基因技术与转基因食品的接受程度。科普转基因有助于农户突破自我主观,是更加充分与科学地了解农户种植意愿的重要一环。科普转基因,要始终站在科学的立场,通过与不同声音之间的交流沟通,达成广泛共识。为此要进行多方位的宽泛性宣传,如开展公益性讲座、公众网上参评、专家答疑热线等形式,使转基因知识的宣传更具透明化与真实感。另外,对不同的种植主体要区别指导,使农户能够准确评估转基因作物安全风险。科普语言要通俗易懂、深入浅出,把握农户的心理认知规律,以此引导公众理性对待转基因作物。

2. 引导媒体正确传递转基因大豆相关信息,杜绝虚假信息传播

农户对转基因大豆的初始态度通常是不坚定的,易被信息质量所影响。积极的信息会增加农户对转基因大豆的收益感知,负面的信息会增加农户的风险感知,而矛盾信息让农户无法判断,增加农户对转基因大豆的疑虑。媒体是传播信息的一种重要形式,当前环境下,难以对媒体实施有效的全面监管。在农户对转基因知识普遍缺乏了解的情况下,一些媒体高调、刻意宣传产品(如大豆食用油)的非转基因性,无形中增加了消费者对转基因的质疑,有关转基因大豆的流言也借助媒体之手恣意横流,给转基因加上了莫须有的罪名。媒体在宣传转基因大豆时应充分意识到舆论的严重导向意义,宣传越客观、科学,越有利于农户理性认知转基因大豆。政府要及时公布有关转基因作物纠纷的案例,引导媒体正确传递转基因大豆相关信息,避免媒体不当报道及猜测刺激农户敏感的神经而引发农户的恐惧心理,对不负责任发布不实言论的媒体进行问责,充分发挥媒体宣传优势。

3. 加大科研投入,保障转基因大豆的可持续发展

当前,科教单位依然是育种主力,国家虽有 8000 多家种子企业,但繁育推一体化的种子企业不到 100 家,绝大部分企业小而散,企业研发能力薄弱、投入严重不足(仅为销售额的 1%左右)、品种竞争力差。国家要加大对转基因大豆研发上的财政投入,尤其加大对种子企业的投入,并尝试建立科研成果共享机制,形成上中下游一体化发展的科研体系。同时,要加强转基因育种技术与传统育种技术的配套与结合,努力使大豆育种技术升级换代。

参 考 文 献

陈梦伊, 柯晓溪, 金琦等. 2013. 稻农种植转基因水稻的意愿及影响因素——基于湖北省随州市的调查研究. 中国食物与营养, 19(2): 22-26.

何光喜, 赵延东, 张文霞, 等. 2015. 公众对转基因作物的接受度及其影响因素——基于六城市调查数据的社会学分析. 社会, 35(1): 121-142.

姜明房, 吴炜炜, 董明辉. 2009. 农户采用水稻新技术的影响因素研究——以江苏兴化、高邮两市的调查为案例. 中国稻米, (2): 39-44.

刘旭霞, 刘鑫. 2013. 中国湖北农户种植转基因水稻意愿实证调查. 湖北社会科学, (11): 76-79.

陆倩, 孙剑. 2014. 农户关于转基因作物的认知对种植意愿的影响研究. 中国农业大学学报, 19(3): 34-42.

马述忠, 黄祖辉. 2003. 农户、政府及转基因农产品——对我国农民转基因作物种植意向的分析. 中国农村经济, (4): 34-40.

王国霞, 杨玉珍, 陈刚. 2013. 河南省转基因农作物种植情况及农民认知态度调查. 安徽农业科学, 41(19): 8106-8108.

徐家鹏, 闫振宇. 2010. 农民对转基因技术的认知及转基因主粮的潜在生产意愿分析——以湖北地区种粮农户为考察对象. 中国科技论坛, (11): 142-148.

徐慎娴. 2007. 黑龙江省豆农抗除草剂大豆种植意愿研究. 南京农业大学硕士学位论文.

薛艳, 郭淑静, 徐志刚. 2014. 经济效益、风险态度与农户转基因作物种植意愿——对中国五省723户农户的实地调查. 南京农业大学学报(社会科学版), 14(4): 25-31.

朱诗音. 2011. 稻农对转基因水稻的认知、种植意愿及影响因素研究——基于江苏省淮安市稻农的实证分析. 科技管理研究, (21): 211-214.

Illukpitiya P, Gopalakrishnan C. 2004. Decision-making in soil conservation: application of a behavioral model to potato farmers in Sri Lanka. Land Use Policy, 21(4): 321-331.

第七章 农户种植转基因大豆的经济效益估算

第一节 农户种植非转基因大豆生产成本及收益分析

假定转基因大豆试验田自然环境与非转基因大豆种植地块自然环境无差异。由于测算转基因大豆与非转基因大豆产量差异时选择试验田与全国大豆平均产量作为对比对象，所以假设转基因大豆试验田与全国大豆产区平均气温、土壤肥力等相同，两种大豆所体现出来的产量差异主要取决于种子的不同。

假定常规大豆与转基因大豆的市场销售价格没有差异。中国之所以会大量进口转基因大豆，进口转基因大豆之所以会打压国产大豆的发展，是因为转基因大豆相较我国国产大豆具有价格上的优势。由于我国没有商业化种植转基因大豆，本国种植转基因大豆的市场销售价格不好测算，为了简化研究，本节假定常规大豆与转基因大豆的市场销售价格没有差异。

假定常规大豆与转基因大豆的销售量不受消费者消费意愿的影响。在现实情况下，消费者会有健康性、安全性方面的顾虑，对转基因大豆会存在一定的抵触心理，因此对常规大豆和转基因大豆的消费倾向是有差异的，而这种现象会影响转基因大豆的销售量。但是，考虑到消费意愿的影响难以量化，本节假定消费者对转基因大豆的接受程度与对常规大豆的接受程度相同。

假定调研数据中的全国大豆品种，与本节研究的转基因大豆品种相对应。由于国产大豆分许多不同的品种，转基因大豆也分许多不同的品种，然而中国地域辽阔，不同地区的主栽品种各不相同，本节所研究的转基因大豆品种又处于试验阶段，并没有在其他地区商业化种植过，而品种的差异导致与转基因大豆的非可比性，产量、其他性状的差异必然导致生产成本上的差异，进而影响收益分析的结果。然而，在现实生活中，这种苛刻的假设条件几乎不可能，但为了研究需要，我们假设转基因大豆与非转基因大豆的品种相对应。

假定转基因大豆与常规大豆的运输成本相同。也就是在计算成本构成时，不考虑运输成本及由此增加的管理费用。在现实生活中，我国对转基因农产品要求严格，在运输和储藏过程中要求与常规作物隔离开来，不能一起储运。除此之外，还存在诸如安全检测等方面的安全管理成本。但是，此项成本的差异大小在未进行商业化种植之前无法进行具体的量化分析，因此本节假定二者的运输成本无差异。本节假定转基因大豆在种植过程中，种植成本不会随种植年限的增加而增加。

一、农户种植大豆的基本情况

(一)大豆区域分布

我国种植大豆历史较长，产量仅次于美国、巴西和阿根廷。就地区分布而言，主要分布在以下三个地带：一是包括东北三省(吉林省、辽宁省和黑龙江省)及内蒙古自治区等省份的东北春大豆区，多与春小麦进行轮作，或是与玉米进行间作和混作；二是包括河北、河南、安徽、山东等省份的黄淮海流域夏大豆区，一般与冬小麦进行轮作；三是包括江苏、湖北及四川等省份的长江流域春夏大豆区，这些地区种植较为分散，油料作物以花生、油菜为主，大豆不是主要的种植作物，并且在这些地区大豆的产量也相对较低。

(二)大豆种植面积、总产量及单产

2000~2014 年，中国大豆种植面积稳定在 650 万~1000 万 hm²，存在年际波动(表 7-1)。其中自 2010 年开始，种植面积呈下降趋势，究其原因，主要是水稻和玉米的单产较高，进而更容易被生产者接受，且政府也愿意农户种植水稻和玉米。大豆销售价格偏低，比较效益低，种植所获得的利润要少于其他作物，同时进口大豆价格低廉也给国产大豆造成一定程度的冲击。大豆总产量主要由播种面积和单产两个因素决定。比较各年大豆单产可以发现，我国大豆的单产自 2008 年开始一直呈上升态势而不是下降，单产总体上升中年际波动主要是受自然条件和病虫害发生情况的影响。因此，我国大豆总产量的下降主要是由播种面积的下降引起的。

表 7-1　2000~2014 年中国大豆生产情况

年度	总产/万 t	播种面积/万 hm²	单产/(t/hm²)
2000	1541.2	930.7	1.7
2001	1541.0	948.3	1.6
2002	1651.0	872.0	1.9
2003	1539.4	931.3	1.7
2004	1740.4	958.9	1.8
2005	1635.0	959.9	1.7
2006	1596.7	928.0	1.7
2007	1272.5	875.4	1.5
2008	1154.2	912.7	1.3
2009	1498.2	919.0	1.6
2010	1508.3	851.6	1.8
2011	1448.5	788.9	1.8
2012	1305.0	717.2	1.8
2013	1215.0	679.0	1.8
2014	1240.0	693.0	1.8

资料来源：中华人民共和国国家统计局，http://www.stats.gov.cn/tjsj/[2015-9-20]

(三)大豆目标价格政策

2014 年我国实行大豆目标价格政策，取代临时收储政策，价格为每吨 4800 元。具体而言，就是将目标价格与市场价格进行比较：当前者高于后者时，依据价格差、种植面积、产量等因素，对试点地区生产者给予补贴；当前者低于后者时，国家则不进行补贴。试点地区包括：东北三省和内蒙古四个大豆主产省份。例如，采集的大豆平均价格为 4500 元/t，按照大豆目标价格政策每吨大豆补贴 300 元。以 2015 年 12 月为例，进口大豆价格约为 3100 元/t，国产大豆收购价格约为 3700 元/t，与大豆目标价格补贴分别相差 1700 元/t 和 1100 元/t。4800 元/t 的大豆目标价格很难激发农民种植大豆的积极性，短期内大豆将继续让位于玉米、水稻等种植效益更高的粮食作物（宋秀娟和崔宁波，2015）。

二、农户种植非转基因大豆的生产成本构成

（一）大豆生产单位面积成本收益

表 7-2 列举了 1990～2014 年每隔 5 年的中国大豆单位面积的生产收益情况，以便比较分析大豆生产成本的变动趋势。可以看出，产值、物质与服务费用、总成本均呈现上升态势，单位面积成本利润率在 1995 年达到最高值，之后下降，在 2014 年为 -3.86%。本节将从大豆的产出、物质与服务费用、人工成本、总成本、收益等方面进行分析。

表 7-2　全国大豆单位面积（1/15hm²）生产成本收益情况

生产成本收益情况	1990 年	1995 年	2000 年	2005 年	2010 年	2014 年
主产品产量/kg	100.40	116.10	121.20	132.20	148.03	143.60
产值合计/元	125.43	316.41	261.59	352.02	586.35	641.61
主产品/元	117.60	299.44	249.11	339.42	573.19	630.14
副产品/元	7.83	16.97	12.48	12.60	13.16	11.47
物质与服务费用/元	36.94	76.48	85.19	113.45	165.08	202.89
直接费用/元	31.72	65.25	72.59	103.95	155.96	189.91
种子费/元	11.13	18.44	20.26	21.72	29.92	38.58
化肥费/元	6.57	18.82	16.33	35.41	46.42	46.66
农家肥费/元	3.69	4.19	3.23	2.32	1.05	1.42
农药费/元	1.04	2.98	5.52	8.65	11.56	15.90
农膜费/元				0.06	0.02	
租赁作业费/元	7.42	17.46	23.82	30.95	63.64	84.54
燃料动力费/元		0.06	0.02	1.01	0.13	0.18
技术服务费/元				0.25	0.02	
工具材料费/元				1.61	2.29	2.16
修理维护费/元	1.44	2.38	1.97	1.15	0.91	0.47
其他直接费用/元	0.43	0.92	1.44	0.82		
间接费用/元	5.22	11.23	12.6	9.5	9.12	12.98

续表

生产成本收益情况	1990 年	1995 年	2000 年	2005 年	2010 年	2014 年
固定资产折旧/元	2.10	5.05	5.64	5.22	1.79	1.07
保险费/元				0.80	3.19	7.46
管理费/元	2.87	4.80	4.63	1.55	3.27	3.89
财务费/元			0.65	0.68	0.17	0.01
销售费/元	0.25	1.38	1.68	1.25	0.70	0.55
人工成本/元	34.80	78.11	75.60	81.53	115.31	216.73
家庭用工折价/元	34.80	78.11	72.00	72.98	100.60	197.01
雇工费用/元			3.60	8.55	14.71	19.72
总成本/元	83.86	186.03	215.24	270.54	431.20	667.34
净利润/元	41.57	130.38	46.35	81.48	155.15	−25.73
成本利润率/%	49.57	70.09	21.53	30.12	35.98	−3.86

资料来源：国家发展和改革委员会价格司，2003～2015

大豆的产出：大豆的亩产和产值总体上呈上升趋势。大豆的亩产量从 1990 年的 100.40kg 增加到 2014 年的 143.60kg，增长了 0.43 倍，近几年受天气等自然灾害的影响，产量略有波动。亩产值从 1990 年的 125.43 元增加到 2014 年的 641.61 元，24 年间增长了 4.11 倍。

物质与服务费用：物质与服务费用从 1990 年的 36.94 元增加到 2014 年的 202.89 元，增长了 4.49 倍，略低于产值的增长速度。物质与服务费用由直接费用和间接费用两部分组成，其中，直接费用呈现上升趋势，而间接费用在 2005 年呈现下降趋势，这主要是国家于 2005 年在全国范围内取消了农业税。间接费用中，保险费用有所上升，主要是由于我国农业保险的覆盖面逐渐扩大，预计在之后仍会呈现上升趋势。但是，间接费用的下降并没有有效地阻止物质与服务费用的上升，直接费用中种子、化肥、农药、租赁作业等主要直接成本均在上升，在直接成本的上升和间接成本的下降两者共同作用下，物质与服务费用在 2014 年较 1990 年增加 449%。可见，农业税的取消没有导致物质与服务费用的下降，反倒是一些直接成本的上升导致生产成本刚性增长。

人工成本：人工成本由家庭用工折价和雇工费用两部分组成。人工成本由 1990 年的 34.8 元增加到 2014 年的 216.73 元，涨幅为 522%，是涨幅较大的成本支出项目。并且，从人工成本的构成金额可以看出家庭用工折价占人工成本比例较大，2014 年家庭用工折价和雇工费用占人工成本的比例为 90.9%和 9.1%。可见，大豆生产更多倾向于使用家庭劳动力。

总成本：总成本由 1990 年的 83.86 元增长到 2014 年的 667.34 元，增长了 6.96 倍。这其中固然有经济发展带来的社会总体物价水平的上涨及土地租赁等方面成本的上升，也不排除种子、化肥、租赁作业等直接费用的大幅度增加。

收益：1990 年中国每亩大豆生产的净利润为 41.57 元，成本利润率为 49.57%。2014 年中国每亩大豆生产的净利润为–25.73 元，成本利润率为–3.86%。在不同年份，大豆的净利润及成本利润率年际波动较大，除了受不同年份大豆单产的影响外，大豆的价格、成本的变化也是影响收益的重要因素。

（二）大豆生产的成本结构及其变化

在大豆的生产成本中，机械费用、人工成本等占比较大，而在转基因大豆经济效益的分析中将会用到种子费、化肥费、农药费等，因此针对这几种成本将分析其费用额及占总生产成本的比重。2014 年我国大豆亩总成本为 667.34 元，比 2013 年 625.90 元上升6.62%，如表 7-3 所示。种子费、人工成本、化肥费、农药费和机械费的绝对数额上升，这是经济水平不断提高的结果。

表 7-3　大豆生产的成本结构及其变化

年份	种子费		人工成本		化肥费		农药费		机械费	
	数额/(元/亩)	比重/%	数额/(元/亩)	比重/%	数额/(元/亩)	比重/%	数额/(元/亩)	比重/%	数额/(元/亩)	比重/%
2002	17.35	7.31	81.03	34.15	18.22	7.68	5.13	2.16	10.98	4.63
2003	19.21	7.54	86.56	33.99	20.79	8.16	5.18	2.03	11.38	4.47
2004	22.82	9.02	74.16	29.31	29.52	11.67	8.82	3.49	22.62	8.94
2005	21.72	8.03	81.53	30.14	35.41	13.09	8.65	3.20	26.18	9.68
2006	20.84	7.79	81.87	30.60	35.49	13.27	7.43	2.78	31.07	11.61
2007	23.56	8.08	87.70	30.06	36.97	12.67	8.23	2.82	34.30	11.76
2008	34.37	9.88	88.32	25.38	53.75	15.45	9.81	2.82	43.54	12.51
2009	29.15	7.71	103.53	27.38	45.95	12.15	10.61	2.81	47.74	12.62
2010	29.92	6.94	115.31	26.74	46.42	10.77	11.56	2.68	60.39	14.01
2011	31.29	6.40	136.38	27.90	52.04	10.65	12.01	2.46	68.29	13.97
2012	34.44	6.00	177.50	30.70	58.19	10.06	14.89	2.58	78.38	13.56
2013	35.06	5.60	200.95	32.11	54.28	8.67	14.33	2.29	81.30	12.99
2014	38.58	5.78	216.73	32.48	46.66	6.99	15.90	2.38	76.61	11.48

资料来源：国家发展和改革委员会价格司，2003～2015

由于种子价格的刚性上涨，种子费用绝对额呈现上升趋势，2014 年每亩种子费用达到 38.58 元，是 2002 年的 2 倍多。种子成本占总成本的比重在 5%～10%，变化不大，呈下降趋势。人工成本是大豆生产成本的主要部分，将近占总成本的 1/3。虽然单位面积的用工数量呈现下降趋势，但由于劳动力工价的上涨，人工成本绝对额逐年上升，在 2014 年达到 216.73 元/亩（张桃林，2015）。农药费用占总成本的比重呈现年际波动，比重在 2%～4%。机械费占总成本的比重呈现快速上升趋势，从 2002 年的 4.63% 上升到 2014 年的 11.48%；由于机械使用量的增加，机械费的绝对数额也从 2002 年的 10.98 元/亩增加到 2014 年的 76.61 元/亩，增长了 5 倍多。

三、农户种植非转基因大豆的收益分析

我国大豆的总成本连年上涨,净利润却未呈现同样的趋势,在 2014 年净收益为负数,原因在于成本的上升速度快于大豆产量及价格的上涨速度。依据《全国农产品成本收益资料汇编》的数据,2000～2004 年、2005～2009 年、2010～2014 年的平均收益分别为76.69 元/亩、122.1 元/亩、82.74 元/亩。可见,大豆的收益不高。

四、农户种植非转基因大豆与其他作物收益比较

由于土地资源稀缺,大豆、稻谷、玉米和小麦属于竞争性作物,农户总是倾向于种植效益高的作物。从表 7-4 中可以看出,在 2002～2014 年,我国大豆种植的单位面积净利润不及稻谷和玉米,但高于小麦的净利润。大豆、玉米、稻谷和小麦的亩均净利润分别为 102.68 元、143.40 元、219.80 元和 82.35 元。可见,稻谷盈利能力最强,小麦盈利能力最弱,大豆的单位面积盈利能力不及稻谷和玉米,位居第三。分析四种粮食作物的利润率可以看出,我国大豆的单位面积成本利润率仅次于稻谷,位居第二位。在 2002～2014 年,我国大豆、玉米、稻谷和小麦的亩均成本利润率分别为 31.1%、26.01%、32.80% 和 16.09%。因此,从单位面积的土地投资回报率来看,我国大豆比玉米、小麦竞争力强,比稻谷竞争力弱。

表 7-4　四种作物的亩净利润及利润率

年份	大豆		玉米		稻谷		小麦	
	净利润/元	利润率/%	净利润/元	利润率/%	净利润/元	利润率/%	净利润/元	利润率/%
2002	71.81	30.27	30.82	8.77	37.55	9.03	−52.67	−15.36
2003	111.73	43.88	62.8	18.06	97.30	23.35	−30.28	−8.91
2004	127.06	50.21	134.94	35.92	285.09	62.71	169.6	47.65
2005	81.48	30.12	95.54	24.36	192.71	39.06	79.4	20.37
2006	67.84	25.36	144.8	35.16	202.37	39.05	117.7	29.08
2007	175.21	60.05	200.82	44.66	229.13	41.27	125.3	28.57
2008	178.45	51.28	159.22	30.42	235.62	35.43	164.51	33
2009	107.52	28.43	175.4	31.82	251.2	36.77	150.51	26.54
2010	155.15	35.98	239.7	37.89	309.82	40.41	132.2	21.36
2011	121.95	24.95	263.1	34.43	371.27	41.39	117.92	16.56
2012	128.63	22.25	197.68	21.39	285.73	27.08	21.29	2.56
2013	33.68	5.38	77.52	7.66	154.79	13.45	−12.78	−1.4
2014	−25.73	−3.86	81.82	7.69	204.83	17.41	87.83	9.10

资料来源:国家发展和改革委员会价格司,2003～2015

目前我国农业的首要目标是确保粮食安全,可知大豆不会大面积侵占其他高产作物的种植面积,但出于结构调整种植面积可能会增加。鉴于国内大豆市场需求强劲,而供给增长量又有限,因此大豆进口量将继续增长。而农户出于经济利益考虑,追求收益最

大化，短期内大豆将继续让位于玉米、水稻等种植效益更高的粮食作物。

第二节　农户种植转基因大豆生产成本及收益预测

一、转基因大豆试验田生产数据

1) 种子成本。本研究调研的转基因大豆试验基地种植的转基因大豆为抗草甘膦转基因大豆，试验田面积为 4 亩，从 2012 年开始种植，方圆 50m 为隔离区。因为是展示试验田，所以品种较多，以 2015 年为例转基因大豆种子主要为 '龙抗 12-646'、'公 10-5849-2' 和 '哈 T12-78'，这三个品种最早来自于美国孟山都公司的转基因品种，之后经过杂交形成，不存在现金成本。

2) 除草成本。抗草甘膦除草剂转基因大豆，试验田需打苗前除草剂，还需进行铲地（苗与苗之间）。试验对比，分别喷施 0ml、200ml、400ml、600ml 的 '农达'，发现 200ml/亩的 '农达' 喷施量最佳，400ml/亩的喷施量产量会稍受影响，人工除草费用为 0 元。国外抗草甘膦大豆成本低主要是省人工，种植中省略了人工除草成本。而与国内小农户经营有所区别的是美国大农场机械化水平高，节省了其他一些田间管理所需的人工成本。美国采用免耕技术，玉米和大豆倒茬，联合收割机粉碎秸秆还田，无须翻地、整地，这种状态对除草剂要求非常高。也就是说，农民只能选择抗除草剂的作物，免耕技术的优势才能更好地体现。换言之，当我国机械化水平、免耕技术、田间管理等方面与美国不相上下时，农户种植抗草甘膦转基因大豆节省成本较多。

3) 农药成本。农药成本较低，以喷施 200ml '农达' 测算，每亩地的农药成本为 20.5元。试验田使用农药的方式为，将玉米瓢用敌敌畏泡过后扔到地里，因为试验田的品种都是经过审定不用防病的优良品种，因此不用采取抗病方面的措施，只需防大豆食心虫，较之大田推广，农药成本方面可能还有所不同。农药的价钱方面，500ml 的乙草胺 15 元/瓶，0.5 瓶/亩；敌敌畏 9 元/瓶，0.3 瓶/亩；草甘膦 10 元/瓶，200ml/瓶。

4) 化肥成本。施用大豆复合肥，每亩地的化肥费用为 45.3 元。大豆复合肥 85 元/袋，约 0.53 袋/亩。除草剂的施用与化肥投入量不存在相关性，大豆肥施得越多秧苗长得越高，容易倒伏，贪青早熟，所以肥不宜过多。

5) 机械费用。采用人工收割，田间管理的机械使用费约为 60 元/亩。

6) 管理费和仓储隔离费。试验阶段确实存在额外的管理费和仓储隔离费用，但是如果推广这部分费用不是由农户承担，所以对于农户而言，种植转基因大豆不存在额外的管理费和仓储隔离费。

7) 人工成本。由于是试验田，采取精耕细作的方式，雇佣工人的工资每亩平均为 150元，工作内容包括大豆试验田全部的体力劳动。

8) 外部性实验。抗虫的品种可能会对其他作物产生外部性，抗草的品种则不存在使得周边作物杂草丛生的负外部性。对于基因是否会漂移的疑问，吉林省农业科学院大豆研究所也做过相关试验：以同心圆方式在一部分扇形内种植转基因大豆品种，在其他距离圆心 1m、2m、3m、4m、10m、20m、30m 剩余扇形处种植非转基因大豆作物，经检测发现，确实在距离同心圆 4m 之内存在基因漂移，而距离圆心及其他转基因大豆较远的地区均不存在基因漂移的现象。由此可知，转基因是一项先进的技术，同时对种植者的种植、管理方面的要求也远高于常规大豆。而转基因大豆对环境影响的不确定性也是我国目前没有准许转基因大豆商业化种植的原因之一。

9) 试验田大豆产量。2014 年最好的产量可达 3000kg/hm²，即 400 斤[①]/亩，平均产量为 350 斤/亩。实验结果证明抗草甘膦转基因大豆对单个豆子大小影响不大，对单株结荚数量有影响，抗草甘膦转基因大豆单株结荚数量远高于国产常规品种。

10) 试验田大豆净收益。总之，试验田数据与大面积推广后的成本数据会有一定的差距，就吉林省农业科学院抗草甘膦转基因大豆试验田 2014 年数据而言，以 200ml '农达'喷施量为例，每亩转基因大豆的成本为 275.8 元。以 2014 年中国大豆收购价格 2.19 元/斤、产量平均为 350 斤/亩计算，大豆净收益为 436.8 元。试验田的成本中没有包含土地现金成本、种子现金成本，因此净收益很高。

二、转基因大豆与常规大豆的成本比较

(一)种子费用

种子费用：转基因大豆种子价格高于常规大豆，因为转基因大豆种子中包含了一个技术费，是支付给品种权所有者或者技术拥有者的，实际上就是知识产权使用费。

由表 7-5 可以看出，2002～2013 年转基因大豆种子技术费平均值为 15.1 美元，2008～2013 年 6 年间的种子技术费平均值为 16.9 美元，结合数据的走势，取每蒲式耳(1 蒲式耳等于 27.216kg)17 美元，按照 1∶6.07 的汇率折算成人民币，为 103.2 元/蒲式耳(3.8 元/kg)。12 年中种子成本平均增长率为 60.3%，近 6 年种子成本平均增长率为 49.9%。假如转基因大豆在中国商业化种植，从技术角度来讲不可能短期内推广到所有地区，因此，初期种植规模也不会太大。综合考虑美国与中国的实际情况，以中国转基因大豆商业化种植后的种子成本较常规品种的种子成本高 50%作为估算依据，估算每年的转基因大豆种子费用，具体如表 7-6 所示。

表 7-5　美国 2002～2013 年大豆种子价格　　　　　　(单位：美元/蒲式耳)

项目	2002 年	2003 年	2004 年	2005 年	2006 年	2007 年	2008 年	2009 年	2010 年	2011 年	2012 年	2013 年
所有种子	22.5	24.2	24.1	27.6	28.9	34.8	38.8	48.3	51.9	49.7	54.9	57.8
GM 种子	27.0	28.8	30.5	34.6	34.1	36.7	40.0	49.6	53.5	51.0	55.9	59.1
非GM种子	15.0	19.6	17.4	19.1	21.1	20.5	26.3	33.7	33.9	33.5	38.8	40.5
技术费	12.0	9.2	13.1	15.5	13.0	16.2	13.7	15.9	19.6	17.5	17.1	18.6
增长率(%)	80.0	46.9	75.3	81.2	61.6	79.0	52.1	47.2	57.8	52.2	44.1	45.9

资料来源：USDA，2014

---

① 1 斤=500g。

表 7-6　中国转基因大豆和常规大豆的种子费用　　　　　（单位：元/亩）

年份	常规大豆	转基因大豆	差额
2010	29.9	44.9	15
2011	31.3	47.0	15.7
2012	34.4	51.6	17.2
2013	35.1	52.7	17.6
2014	38.6	57.9	19.3

资料来源：国家发展和改革委员会价格司，2011~2015

　　1994 年我国成为具有自主知识产权转基因抗虫棉的国家。就种子费用而言，转基因棉花种子费用在种植前后均显上升态势，同时其用量在种植后呈下降态势，由此可知转基因棉花种子费用的上升主要是由种子单价上涨所致。如果转基因大豆能如同转基因棉花一般，本国拥有转基因种子研发能力，则可节省掉转基因大豆种子的技术费，降低农户种植中的种子成本。

（二）化肥费用

　　农户在大豆种植过程中存在过度使用化肥的现象，如果转基因大豆商业化种植，事先政府会对农户进行培训、技术指导等，估测化肥用量能达到最佳水平。以 2014 年转基因大豆试验田为例，化肥费用为 45.3 元，而实际全国农户平均使用化肥费用为 46.66 元/亩。则估计转基因大豆与常规大豆的施肥费用比为 0.97∶1，以此比例类推到其他年份（表 7-7）。

表 7-7　中国转基因大豆和常规大豆的化肥费用　　　　　（单位：元/亩）

年份	常规大豆	转基因大豆	差额
2010	46.42	45.0	-1.42
2011	52.04	50.5	-1.54
2012	58.19	56.4	-1.79
2013	54.28	52.7	-1.58
2014	46.66	45.3	-1.36

（三）农药费用

　　根据调查，杀虫剂的成本占农户农药总成本的 10%~20%，因此取农药费用的 85%作为防治大豆杂草的成本。本研究以转基因抗草甘膦大豆为例，'农达'费用以最佳状态 200ml/亩喷施量为准，则种植抗草甘膦转基因的农药费用为常规大豆农药费用×15%+'农达'费用，以此公式类推到其他年份（表 7-8）。'农达'费用为 10 元/瓶，200ml/瓶。

表 7-8　中国转基因大豆和常规大豆的农药费用　　　　　（单位：元/亩）

年份	常规大豆	转基因大豆	差额
2010	11.56	11.73	0.17
2011	12.01	11.80	-0.21
2012	14.89	12.23	-2.66
2013	14.33	12.15	-2.18
2014	15.90	12.34	-3.56

(四)人工费用

在人工费用方面,转基因大豆与非转基因大豆的区别仅在于人工除草。以 2014 年中国大豆的亩投入计算,用工量为 2.85 个/亩。根据农户调查的数据,每亩喷洒除草剂人工需 1.5 小时左右(包括混合药物、灌药和喷洒的全部时间),按照每天 8 小时为一个工计算,为 0.19 个工,一个生长期需喷洒除草剂平均为 1.8 次,共需要 0.34 个工。然而,在对农户调查中发现,除草效果不尽理想再次有杂草出现时需要人工手动除草,需要的用工量与喷洒除草剂的时间一样,为 0.34 个工,则中国非转基因大豆在除草方面的用工量为 0.68,占总用工量的 23.86%。即人工除草费用约占人工成本的 24%。可知,转基因大豆人工成本=常规大豆人工成本×76%,以此公式类推各年份人工成本(表 7-9)。

表 7-9　中国转基因大豆和常规大豆的人工成本　　(单位:元/亩)

年份	常规大豆	转基因大豆	差额
2010	115.31	87.64	−27.67
2011	136.38	103.65	−32.73
2012	177.50	134.9	−42.6
2013	200.95	152.72	−48.23
2014	216.73	164.71	−52.02

(五)生产总成本

转基因大豆生产成本=常规大豆生产成本−常规大豆与转基因大豆有差异的各项成本差之和。常规大豆与非转基因大豆的各项成本差异体现在种子费、化肥费、农药费、人工费,主要是种子费和人工费用差距较大。由表 7-10 可知,包含种子技术费在内的转基因大豆总成本比非转基因大豆总成本低约 4.52%。

表 7-10　中国转基因大豆和常规大豆的总成本　　(单位:元/亩)

年份	常规大豆	转基因大豆	差额
2010	431.2	417.11	−14.09
2011	488.77	470.2	−18.57
2012	578.2	551.01	−27.19
2013	625.9	593.69	−32.21
2014	667.34	633.26	−34.08

(六)大豆产量

转基因大豆目前在我国处于中间试验与环境释放阶段,数据来自于转基因大豆科研试验基地,由于中间试验都是小规模的,转基因大豆在小规模试验的表现与大面积推广的表现可能有所差异,所以需要乘以一个小于 1 的缩值系数。本节采用专家打分法的形式估算缩值系数,经 10 位农学和管理学专家判断后取平均值,确定缩值系数为 0.87。2014 年试验田转基因大豆产量为 350 斤/亩的平均产量,乘以缩值系数后产量为 304.5 斤/亩,

大田非转基因大豆的产量为 287.2 斤/亩，可知转基因大豆与非转基因大豆的产量之比为
1.06∶1，由此推及其他年份得出转基因大豆与非转基因大豆的产量差别（表 7-11）。

表 7-11　中国转基因大豆和常规大豆的产量　　　　　　（单位：斤/亩）

年份	常规大豆	转基因大豆	差额
2010	296.06	313.82	17.76
2011	292.64	310.20	17.56
2012	293.36	310.96	17.60
2013	276.08	292.64	16.56
2014	287.20	304.50	17.30

三、转基因大豆与常规大豆的收益比较

查阅《全国农产品成本资料汇编年鉴》可知，自 2010～2014 年中国大豆的价格分别
为 1.94 元/斤、2.04 元/斤、2.36 元/斤、2.34 元/斤和 2.19 元/斤。根据以上章节中国转基
因大豆与常规大豆各项成本收益比较差额、产量比较差额及各年价格，可得：转基因大
豆净利润=转基因大豆产量×大豆价格-转基因大豆生产成本。由表 7-12 可知，转基因大
豆比常规大豆净利润平均高出 59%。

表 7-12　中国转基因大豆和常规大豆的净利润　　　　　　（单位：元/亩）

年份	常规大豆	转基因大豆	差额
2010	155.15	191.71	36.56
2011	121.95	162.60	40.65
2012	128.63	182.86	54.23
2013	33.68	91.10	57.42
2014	−25.73	33.45	59.18

四、转基因大豆与其他作物的收益比较

由表 7-13 可见，转基因大豆的净利润不及稻谷，有的年份净利润比玉米和小麦净利
润高，有的年份净利润比玉米和小麦低。

表 7-13　中国转基因大豆与其他作物净利润比较　　　　　　（单位：元/亩）

年份	转基因大豆	玉米	稻谷	小麦
2010	191.71	239.7	309.82	132.2
2011	162.60	263.1	371.27	117.92
2012	182.86	197.68	285.73	21.29
2013	91.10	77.52	154.79	-12.78
2014	33.45	81.82	204.83	87.83

第三节　转基因大豆与非转基因大豆种植收益差异原因

一、种植转基因大豆产量提高

1996～2012 年转基因技术使全球大豆产量增加 12 230 万 t，2012 年增加产量 1205 万 t（Graham and Peter, 2014）。依据美国农业部的数据统计，在 1986～1995 年没有进行转基因大豆商业化种植时，美国大豆的单产在 1.8～2.8t/hm^2，年均单产为 2.3t/hm^2；而在 1998～2013 年，美国大豆单产在 2.3～3t/hm^2，年均单产为 2.7t/hm^2（李建平等，2012）。

二、种植转基因大豆节省成本

1996～2013 年，转基因作物在世界范围内产生约 1333 亿美元的收入，其中约 400 亿美元的收入来源于生产成本的降低，包括翻整地、农药使用、劳动投入等方面的成本，约 933 亿美元的收入来源于产量的提高；仅 2013 年转基因作物收益为 204 亿美元，其中 88%来自产量增加，12%来自生产成本降低（James, 2014）。2014 年转基因大豆种植面积占转基因作物总种植面积的 48%（8450 万 hm^2）。与种植非转基因大豆相比，转基因大豆的成本较低、产量较高，可带来较好的经济效益，因此农户更愿意种植转基因大豆。

三、栽培技术体系的不同

美国、巴西、阿根廷等大豆主产国，主要种植抗草甘膦转基因大豆，采用大机械化的作业方式，配合免耕、秸秆还田等手段保持土壤肥力，将大豆与玉米、小麦等农作物进行轮作形成常规化制度，建立起高产、高效、节本的大豆生产技术体系；但是中国农业区域范围较大，大豆的种植模式也是多种多样，有些地区的大豆耕种面积很小，没有办法如其他国家那样实现栽培技术的标准化（孙宾成，2012），而且农业国情不同。美国作物采用玉米—大豆（均有专用除草剂）轮作的免耕方式，在豆茬地上种玉米，不用施肥和翻地。而在中国农场需要秋翻一次，普通农户需要春翻、秋烧两次整地。免耕技术的使用前提是解决除草问题，而在中国不行。

如果中国种植转基因大豆采取免耕技术，可省去施肥、整地 2 次翻地费（约占机耕费用的 1/3），可见，生产成本将进一步降低。

第四节　转基因大豆商业化的目标选择与发展策略

一、转基因大豆商业化种植的前提条件与目标选择

转基因作物商业化种植的选择时机很重要，我国批准转基因抗虫棉商业化种植是值得学习的案例。中国转基因抗虫棉品种在刚被批准商业化种植时，主要以美国孟山都公司研发的品种占绝对优势，经过逐步发展，目前以国产品种替代跨国公司品种，不仅如此还使得国外品种边缘化（黄季焜等，2010）。原因在于，批准抗虫棉商业化种植的时候，我国具备自主知识产权的抗虫棉品种已基本成形。

为了最大限度地规避经济风险，如果我国要商业化种植转基因大豆，应当注意以下几个方面。

1) 我国转基因大豆商业化种植应当考虑自主知识产权转基因大豆新品种的研发进程。当我国完全拥有自主知识产权、具有持续研发新性状转基因大豆品种的能力时，转基因大豆的商业化将更有保障；当我国不具备转基因大豆自主知识产权研发能力时，商业化种植转基因大豆将会受制于人。

2) 出于安全性的考虑，转基因大豆商业化应采取先试点后推广的形式。中国政府对待转基因抗虫棉商业化种植的审批态度是：循序渐进、按流域逐步过渡(黄季焜等，2010)。在转基因大豆商业化过程中同样可采取相同方式。2015 年全球第一个获得专利保护的转基因大豆品种专利到期，农民能够种植"非专利版的"抗草甘膦大豆，这对于中国是一个机会。

3) 政府要有完善的监管体系和监管能力。目前我国生物安全管理的政策体系与制度架构已经建立起来，可以为转基因作物包括转基因大豆的规模化生产提供基础保障，但仍有一些方面需要引起重视，需要不断地完善和加强。

4) 转基因大豆的商业化要以安全性为前提，同时考虑到消费者对转基因大豆的消费意愿、转基因大豆相关知识的普及化程度等多方面因素。使用转基因技术生产出来的大豆是为消费者服务的，包括其相应副产品，因此转基因大豆的安全性尤为重要，关系到公众的身体健康。具有不同工作经历、知识背景、教育程度的人，看问题的角度不同，对待转基因大豆的态度不同，这些都很正常。改变消费者对转基因大豆的恐慌心理尤为重要，全民科普是可供选择的良好途径。

5) 需要考虑种植转基因大豆后，我国转基因大豆是否有能力与国外转基因大豆相竞争。与世界其他主要大豆生产国相比，我国非转基因大豆产量一直不高，严重依赖进口，大豆产业安全受到威胁。如果转基因大豆具有产量高、成本低、风险小的优势，种植后能提高我国大豆的竞争力，从农户角度出发，我们应该允许转基因大豆的商业化种植。但是同时，需要考虑中国种植转基因大豆后是否成本低于、产量高于国外转基因大豆，是否有与其相竞争的能力。

二、转基因大豆商业化种植的政策准备与发展策略

1) 国产非转基因大豆与转基因大豆应包容性发展，在批准转基因大豆种植试点的同时，将黑龙江、内蒙古设立为国家级非转基因大豆保护区，减轻对出口贸易的影响。把非转基因大豆当作品牌，并向全世界进行推广，让更大范围消费群体了解非转基因大豆的优点与品质。目前我国非转基因大豆相关行业内尚未形成合力。打响非转基因的牌子，提高大豆收购价格，对农户也是有经济收益方面好处的。将东北、内蒙古等大豆主产省份和地区设置为国家级的非转基因大豆保护区，配合实施相应的非转基因大豆保护制度和条例，如在其地理和物种方面加大保护力度。具体以启动东北和内蒙古大豆目标价格改革试点为契机，寻找试点、合理布局规划，形成大豆的规模化、规范化种植。保护非转基因大豆品种品质，建立其原产地标识和品牌，采取有效方式，如引进新技术、改进栽培模式、优化管理形式等，推动国产非转基因大豆的规模化发展和订单农业之路，通

过提升大豆品质来提高大豆的销售价格,从而使豆农受益。

2)提高公众对转基因技术的科学认知程度。为提高农户转基因大豆农户认知、降低转基因大豆销售风险,应加大对公众转基因大豆知识的科普力度。转基因知识的科学普及,需要建立在科学的层面上进行开展,搭建沟通的平台,形成不同主体可交流的渠道,使公众正确对待转基因大豆,在这个背景下,商业化的大环境才能成熟。一方面,开展多形式、多方位、多渠道的宣传,如专家讲座、公众交流、电视纪录片等各种形式,真实地呈现转基因大豆与食品的状态,使公众能够在现有的知识水平上准确评估转基因大豆安全风险,摆正态度,具有正确的认知。在科普教育的过程中要注意使用公众易接受的交流方式,语言本土化,把握公众的心理认知规律。另一方面,广大媒体作为社会舆论的监督者,他们的宣传方式方法对农户接受程度影响较大,因此媒体工作者在宣传转基因大豆时应注意宣传态度的严谨性和科学性,不实信息不得随意传播,以免造成公众对转基因大豆的恐慌心理。因此要做好社会舆论监督工作,使得媒体传播真实可靠信息。

3)加大转基因大豆技术研发力度。为避免转基因大豆种子成本的上升、降低转基因大豆知识产权风险和农户生产风险,加强转基因大豆的研发力度。如果转基因大豆真是大势所趋,既担心种子被外国垄断,又担心种植后可能出现的各种风险,在我们还不能自主研发出优质基因时,可选择与国际合作的折中道路。通过企业兼并的办法直接参与到种子研发当中去,用技术参股。此外,考虑到抗性问题,不仅抗除草剂大豆会产生抗性,抗虫棉花、玉米也是同样的道理,甚至包括化肥、农药长期使用都会产生抗性。如果真的商业化转基因大豆,不是看哪个基因最先进,而是看哪个更本土化,能和中国的环境、气候,包括基因结合得更好。

4)为确保转基因大豆的安全性,进一步加强和完善我国转基因生物安全监管体系。安全监管体系的作用是为了确保转基因生物技术的安全,进而为其技术的推广扫除障碍,同时避免出现类似巴西转基因种子偷种泛滥失控,只能被动接纳转基因技术的前车之鉴。我国现行相关法律法规和管理体系都有诸多需要完善和修订的地方,把握好关键环节、重要节点的安全监管至关重要,在监管实施过程中应以保证商业化的实施和开展为基础,以监管的真实性、可行性与可操作性为原则(谭涛和陈超,2014),控制好推广的进程。例如,对中国市场上现在销售着的转基因豆油与非转基因豆油在粘贴标签的基础上,开展定期抽样检测,并及时公布检测结果,保障消费者的知情权,增强其对转基因豆油和非转基因豆油标签的信任程度。

我国对转基因大豆技术研究应用的基本政策是稳定和安全为前提,大胆研究,慎重推广。一方面,要在研究上大胆创新,在转基因技术研发领域占有重要领域,不仅有自主知识产权还能够参与国际竞争;另一方面,要严格按照国际和国家的标准和规定,稳步推进转基因大豆的商业化推广,确保安全。

基于农户转基因大豆商业化种植的经济效益而言,在不考虑经济风险的条件下,商业化种植转基因大豆在经济上是合算的。首先对于种植转基因大豆的农民而言,能够获得比常规品种更高的利润,倘使置于免耕的背景下,种植转基因大豆的利润会更高。但是,在其他因素不变的情况下,如果转基因大豆的种子价格高于常规品种的比例达到一定数值,种植转基因大豆的净利润趋近零,转基因大豆种子价格越高,种植转基因大豆的净利润越小。

　　基于农户转基因大豆商业化种植的经济风险而言，农户商业化种植转基因大豆会面临一定的经济风险。主要表现在三个方面：首先是生产风险，如果大面积使用单一性状的品种，易导致杂草暴发、害虫肆虐，不利于土地的可持续发展；其次是销售风险，由于目前国内消费者对转基因大豆的认知程度和接受程度还比较低，生产出来后能销售出去至关重要；最后是知识产权风险，种子市场高度垄断的形式使得竞争效率大大降低，就目前而言，我国在转基因大豆研发方面与发达国家还有一定差距。

　　对于农户种植转基因大豆的意愿而言，农户对转基因大豆的种植意愿取决于农户对转基因大豆的收益和风险的判断。农户年龄、经济效益、政策支持显著影响农户转基因大豆种植意愿，与农户转基因大豆种植意愿成正比；经济风险、生态风险、人体健康也显著影响农户转基因大豆种植意愿，与农户转基因大豆种植意愿成反比。但是，影响农户种植意愿最主要的因素就是收益，当转基因大豆收益高于常规大豆时，大多数农户都愿意尝试。

　　转基因大豆的发展与政府的支持政策密不可分，在决定批准转基因大豆商业化种植之前，政府应首先确定是否已经在兼具自主知识产权和研发潜力的功能基因上取得突破进展，有能力打破转基因大豆种子市场的外国寡头垄断，同时应具备持续的技术储备以保障转基因大豆品种及时更新，设计好转基因大豆、转基因玉米等免耕与轮作方面的耕作制度配合。

　　为了最大限度地规避农户商业化种植转基因大豆的经济风险，我们应该做好各项政策准备。主要包括：加大转基因大豆技术研发力度；国产非转大豆与转基因大豆应包容性发展，在批准转基因大豆种植试点的同时，将黑龙江、内蒙古设立为国家级非转基因大豆保护区，减轻对出口贸易的影响；加强和完善转基因生物安全监管体系；提高公众对转基因技术的科学认知程度。

参 考 文 献

国家发展和改革委员会价格司. 2003~2015. 全国农产品成本收益资料汇编. 北京: 中国统计出版社.

黄季焜, 米建伟, 林海, 等. 2010. 中国 10 年抗虫棉大田生产: Bt 抗虫棉技术采用的直接效应和间接外部效应评估. 中国科学: 生命科学, 40(3): 260-272.

李建平, 肖琴, 周振亚, 等. 2012. 转基因作物产业化现状及我国的发展策略. 农业经济问题, (1): 23-28.

宋秀娟, 崔宁波. 2015. 国产大豆成本收益情况调查分析. 黑龙江粮食, 2: 24-26.

孙宾成. 2012. 东北高寒地区抗草甘膦大豆栽培技术研究. 中国农业科学院硕士学位论文.

谭涛, 陈超. 2014. 我国转基因作物产业化发展路径与策略. 农业技术经济, (1): 22-30.

张桃林. 2015. 科学认识和利用农业转基因技术. 民主与科学, 5: 14-19.

Graham B, Peter B. 2014. Economic impact of GM crops: the global income and production effects 1996-2012. GM crops & Food: Biotechnology in Agriculture and the Food Chain, (5): 65-75.

James C. 2014. 2015 年全球生物技术/转基因作物商业化发展态势. 中国生物工程杂志, 35(1): 1-14.

USDA. 2014. Commodity Costs and Returns. https://www.ers.usda.gov/data-products/commodity-costs-and-returns/[2015-9-20].

第八章　转基因大豆商业化的经济福利与风险分析

第一节　转基因大豆商业化的经济福利分析

转基因大豆作为全球范围内最早进行产业化种植的转基因作物，也是目前转基因农产品中种植面积最大的作物，其产生的巨大经济效益也吸引了全球的关注。我国在《"十三五"国家科技创新规划》中提出推进新型抗虫棉、抗虫玉米、抗除草剂大豆等重大产品的产业化进程，同时转基因抗除草剂大豆被预测为近五年最有可能率先进行产业化种植的转基因作物品种之一。转基因作物产业化经济发展提高了种植户的参与热情和经济收入、农业生产的市场化程度，这种发展不仅给各国的种植户带来影响，也使各国农业市场的经济发展格局得到一定程度的改变(吴李桃，2015)。若中国大规模种植转基因大豆，对于改善农业生产者收入、提高社会福利水平具有重要作用(韩天富等，2008)。通过对转基因抗除草剂大豆经济利益和潜在风险进行分析，发现种植转基因大豆节省了农药、化肥、劳动力投入，为农户在其他行业的劳动提供时间要素，直接或间接地促进了农户的经济收入(Cook et al., 2000; Hancock, 2003)。但是带来显著效益的同时也存在着潜在的风险，这也需要一系列的安全性评价指标体系(丁伟等，2010)。

关于转基因作物经济福利的研究，前人已经对转基因棉花、转基因抗虫玉米和转基因水稻等作物运用不同的方法进行了分析。运用大国开放条件下的农业研发经济剩余模型研究转基因棉花福利，发现农业技术进步产生的"农业踏步效应"使转基因棉花的种植朝着不利于农民福利的方向发展(韩艳旗等，2010)。采用 DREAM(dynamic research evaluation for management)模型分析转基因抗虫玉米的经济效益发现转基因抗虫玉米的种植能够带来较高的经济收益，其中消费者的经济效益大于生产者的经济效益，并且发现种子价格对转基因抗虫玉米商业化的经济收益影响较大(赵芝俊等，2010)。针对转基因水稻产业化的潜在动态影响中，运用一般均衡模型发现转基因水稻产业化带动了技术进步和单产增加，同时增加了我国水稻的出口量，使得国产水稻对进口水稻的替代率提高，进口量下降，在一定程度上保障了我国稻米的供给(展进涛等，2015)。通过对比以上学者对转基因玉米、转基因棉花和转基因水稻的经济研究发现，DREAM 模型采用经济剩余理论和局部均衡理论，充分考虑了市场类型、贸易政策、技术的溢出效益等多方面因子，更能全面系统地说明转基因作物产业化的社会福利分配情况，因此本研究将采用该模型作为分析转基因抗除草剂大豆产业化种植的社会福利测量工具。同时综合国内外研究学者的研究内容可以看出，关于转基因作物福利的研究对象集中在转基因玉米和转基因棉花，针对种植转基因大豆引起的福利分配的研究文献较少。本研究的主要目的是运用 DREAM 模型和时间趋势预测模型作为评价方法，以 2009~2015 年的数据为主对我国拟在 2018~2023 年产业化种植转基因抗除草剂大豆所产生的福利效应进行预研究，以期为我国制定相关决策提供参考。

一、DREAM 模型构建与相关参数的计算

(一)DREAM 模型的构建

DREAM 系统是由国际食物政策研究所开发的评价农业科研投资效益及科研分配效率的计量软件。其所涉及的理论和模型主要是经济剩余理论和局部均衡贸易模型，综合考虑了科研的滞后效应、技术的溢出效应、贸易政策等影响因子。具有易获取数据，综合考虑多方面因素对经济效益的影响，可区分生产者和消费者之间经济效益等优点(张社梅和游良志，2007)。

该模型的假设条件包括：存在一个或多个研究地区，农产品供求关系呈线性，转基因作物产业化种植等同于科研成果在农业领域的推广，农业技术进步导致的供求曲线都是平行移动的，考虑外生的供给和需求的增长等因素。本节利用该模型对转基因抗除草剂大豆产业化种植后的社会福利进行预评估，该模型如图 8-1 所示，其中，S_0 表示转基因抗除草剂大豆产业化推广前大豆的供给函数，D_0 表示大豆的需求函数。大豆的初始价格为 P_0，产量为 Q_0，产业化种植转基因抗除草剂大豆导致产出增加，生产要素投入减少，单位成本减少 k(或者单位产出增加的折算)，大豆供给曲线向下平行移动到 S_1，S_1 的移动导致大豆的生产量和消费量上升到 Q_1，市场价格下降到 P_1。其中，消费者剩余为四边形 P_0abP_1 的面积，生产者剩余为四边形 P_1bcd 的面积。总福利等于生产者剩余和消费者剩余之和，用节省的每单位成本乘以初始数量近似表示，即 kQ_0，因此，k 的估计值成为转基因抗除草剂大豆产业化种植所引起的经济效益的关键因素。

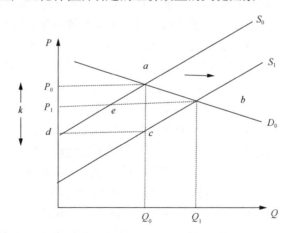

图 8-1　转基因抗除草剂大豆产业化种植后大豆市场变动情况

(二)相关参数的计算

1. 推广采纳率 A 的确定

本研究的转基因抗除草剂大豆推广采纳率等同于其推广后种植的最大面积占总种植面积的比例。我国作为大豆的原产国，大豆产业占据我国重要的农业地位，但随着我国由大豆出口国到世界最大大豆进口国的转变，转基因大豆大量涌进我国市场(郑金英和翁

欣，2015），给我国大豆产业带来了重大冲击，因此进行转基因大豆的福利预测研究尤为重要。与此同时，2016 年我国黑龙江省在发布的《黑龙江省食品安全条例》中明确提出黑龙江省行政区域内依法禁止种植转基因玉米、水稻、大豆等粮食作物，禁止非法生产、经营和为种植者提供转基因粮食作物种子，禁止非法生产、加工、经营、进境转基因或者含有转基因成分的食用农产品。同时我国很多学者在此研究上也提出在推进转基因作物产业化进程中要注重对非转基因作物产业的保护。综上所述，本研究将假设保留黑龙江省非转基因大豆的种植面积，除黑龙江省外在全国其他大豆产区进行推广，其中黑龙江省大豆种植面积为 321.47 万 hm^2，约占到全国大豆总种植面积的 45%，由此可推算出转基因抗除草剂大豆的最大采纳率约为 55%。我国产业化种植转基因抗除草剂大豆达到最大采纳率的时间参考了我国转基因棉花推广的时间和美国转基因大豆产业化种植的相关数据。自 1997 年转基因棉花在我国进行大范围推广，到 2005 年转基因棉花的采纳率达到 71%以上。自 1996 年美国开始产业化种植转基因大豆 12 年后其种植比例已达到92%。由此推算，假设我国 2018 年开始推广转基因抗除草剂大豆，那么约在 12 年的时间内我国转基因抗除草剂大豆的最大种植面积可达到近 55%。因此推算推广的峰值出现在推广后的 6 年左右，推广率为 27.5%。根据"S"形采纳曲线的计算公式，可以估算出未来 6 年的采纳率，分别为 0.001%、0.038%、1.421%、27.638%、53.607%和 54.962%。

2. 转基因抗除草剂大豆的单产增长率 Y

转基因抗除草剂大豆的经济效益体现之一就是能够挽回杂草所造成的大豆产量上的损失。我国并没有批准转基因大豆的商业化种植，所以不能通过实地调研得到相应的产量数值。而美国作为全球最早进行转基因作物产业化种植的国家，其转基因作物的种植面积已经达到了 7290 万 hm^2，已达到世界领先水平，因此本研究测算转基因抗除草剂大豆相较于常规大豆的单产增长率将采纳美国转基因抗除草剂大豆的单产水平相对于我国非转基因大豆品种的单产水平的增长幅度作为种植转基因抗除草剂大豆的单产增长率。公式表示如下：

Y=（美国转基因抗除草剂大豆单产–我国非转基因大豆单产）/我国非转基因大豆单产

根据 2009～2015 年我国大豆的单产水平和美国转基因大豆的单产水平，利用上述公式可计算出种植转基因抗除草剂大豆的单产增长率，如表 8-1 所示，并取其平均值作为我国未来推广转基因大豆时的单产增长率，其数值为 35%。

表 8-1　2009～2015 年我国非转基因大豆与美国转基因大豆单产对照表

年份	我国非转基因大豆单产/(kg/hm²)	美国转基因大豆单产/(kg/hm²)	增产率/%
2009	1931.85	2956.80	53%
2010	2220.45	2822.40	27%
2011	2194.80	2808.90	28%
2012	2200.20	2553.60	16%
2013	2070.60	2832.60	37%
2014	2154.00	2990.40	39%
2015	2005.80	2970.30	48%
均值	2111.10	2847.90	35%

根据 2006~2015 年我国大豆的单产，采用时间趋势预测法，拟合出我国 2018~2023 年非转基因大豆的单产水平，并根据拟合得出我国 2018~2023 年非转基因大豆的单产水平，利用上述求出的转基因抗除草剂大豆的平均单产增长率 35%，并以此作为 2018~2023 年转基因抗除草剂的平均单产的增长率，可计算出 2018~2023 年我国种植转基因大豆的单产，具体如表 8-2 所示。

表 8-2　2018~2023 年我国种植非转基因大豆与转基因大豆的单产　　（单位：kg/hm²）

年份	非转基因大豆单产	转基因大豆单产
2018	2423.55	3271.79
2019	2484.60	3354.20
2020	2545.65	3436.61
2021	2606.70	3519.03
2022	2667.75	3601.44
2023	2728.80	3683.85

3. 生产成本

转基因抗除草剂大豆相对于常规大豆品种来说，其产业化后的生产成本上的变动主要体现在农药费用、种子费用、人工费用三个方面，其他种植成本相对没有发生明显变化。

种子费用：美国明尼苏达州的转基因大豆的种子费用折合人民币为每公顷 600 多元即 40 元/亩，我国的非转基因大豆种子的费用约为每公顷 400 元即 27 元/亩，转基因抗除草剂大豆的种子费用高出普通大豆种子的 48%，并综合美国与中国的实际情况比较，考虑到转基因大豆种子的费用中包含了种子的专利费用，拟定中国转基因大豆种子的成本较常规种子的成本高 50%。

农药费用：通过对东北三省大豆种植户种植成本的实地调研，发现农户知识水平能力普遍偏低，农地杂草种类认识不足，所喷洒的除草剂对大豆植株产生的影响程度不明确，导致所喷洒的除草剂种类多，给耕地和农户的种植成本都造成了一定的增加。通过参考相关论文（宋秀娟，2016）中针对农户种植转基因大豆的意愿、效益和风险研究中的数据可知（此研究是以我国转基因大豆试验田数据为依据），杀虫剂的成本占农药成本的 15%，因此取农药的 85% 作为防治大豆田间杂草的成本。本研究以转基因抗除草剂大豆为例，因此，单位耕地面积上种植抗除草剂大豆的农药费用为我国非转基因大豆农药费用的 15% 与'农达'（除草剂）的费用相加，'农达'费用为 10 元/瓶，200ml/瓶。

人工费用：转基因抗除草剂大豆相对于常规大豆品种的人工费用的差别主要体现在人工除草的成本。根据参考上述文献可知种植常规大豆的人工费用中，人工除草成本占总人工费用的 24%。因此，可知转基因抗除草剂大豆的人工费用为常规大豆人工费用的 76%。

2009~2014 年非转基因大豆与转基因抗除草剂大豆生产成本如表 8-3 所示，采用时间趋势预测法，拟合出我国未来 5 年非转基因大豆和转基因大豆的生产成本如表 8-4 所示，由此得出种植转基因抗除草剂大豆相对于常规大豆的成本变化量 ΔC，如表 8-4 所示。

表 8-3　2009～2014 年我国非转基因大豆与转基因大豆的生产成本对照表　　（单位：元/hm²）

年份	我国非转基因大豆生产成本			转基因大豆的生产成本		
	农药费用	种子费用	人工成本	农药费用	种子费用（美）	人工费用
2009	159.15	437.25	1552.95	173.85	655.95	1180.20
2010	173.40	448.80	1729.65	175.95	673.50	1314.60
2011	180.15	469.35	2045.70	177.00	705.00	1554.75
2012	223.35	516.60	2662.50	183.45	774.00	2023.50
2013	214.95	525.90	3014.25	182.25	790.50	2290.80
2014	238.50	578.70	3250.95	185.10	868.50	2470.65

表 8-4　2018～2023 年我国非转基因大豆与转基因大豆生产成本预测表　　（单位：元/hm²）

年份	非转基因大豆生产成本			转基因大豆生产成本			ΔC
	农药费	种子费	人工成本	农药费	种子费	人工成本	
2018	151.50	679.20	4782.90	173.70	1020.00	3634.95	784.95
2019	159.60	707.40	5153.25	176.10	1062.30	3916.35	865.50
2020	167.70	735.45	5523.60	178.50	1104.60	4197.75	945.90
2021	175.80	763.65	5893.95	180.75	1147.05	4479.15	1026.45
2022	183.75	791.85	6264.15	183.15	1189.35	4760.70	1106.55
2023	191.85	791.85	6634.50	185.40	1231.80	5042.10	1158.90

注：2018 年及 2019 年对应的数据来源于崔宁波和刘望，2018

4. 大豆的供求数据

该模型中涉及大豆初始市场的供求数据，包括大豆的市场价格、产量、消费量等，由于大豆的供给和需求的价格弹性没有可直接取得的数据，因此参考粮食的供给和需求弹性分别为 0.58 和−0.2。本节中转基因抗除草剂大豆的初始价格为我国进口转基因大豆的到岸价格 500 美元/t，约合人民币 3.4 元/kg，约占非转基因大豆价格的 40%。假设我国大豆的生产量完全被本国消费，则产量等同于消费量。综上所述，利用上述的相关数据及成本节约比例的计算公式可计算得出 2018～2023 年种植转基因抗除草剂大豆的成本节约比例 C，分别为 0.0166%、0.0167%、0.0168%、0.0168%、0.0169%和 0.0194%。

5. 供给曲线的移动距离 k

DREAM 模型中对影响供给曲线移动距离 k 的估计的三类主要因素分别是：转基因大豆品种与非转基因大豆品种在经济性状上的区别，转基因大豆推广过程中农户的采纳情况及农户对转基因大豆推广采纳时间的差异。由此，k 的估计值可通过下式获得：

$$k_t = \sum_{k=1}^{t}\left(\frac{Y_{t-k+1}}{\varepsilon} - \frac{c_{t-k+1}}{1+Y_{t-k+1}}\right)\Delta A_k$$

式中，Y_i(%)是新品种单产的增长率；ε 是大豆的供给价格弹性；c 是单位产品中成本的节约比例；A 是转基因大豆的推广采纳率，用转基因大豆每年的推广量占全部大豆种植面积的比例表示，ΔA_k 是从 $(k-1)$ 年到 k 年的采纳率，$k=1,2,\cdots,t$。

根据已经求得的转基因抗除草剂大豆的单产水平 Y，变动成本的比例 C 及其推广采纳率 A，可计算出转基因抗除草剂供给曲线的移动距离 k。2018～2023 年计算结果分别为 0.000 000 6、0.000 223 2、0.008 343 97、0.158 173 35、0.156 676 9 和 0.008 174 78。

二、估计结果和分析

结合转基因抗除草剂大豆推广后大豆市场供需变动情况，由此可推导出转基因抗除草剂大豆产业化种植所带来的生产者剩余和消费者剩余的计算公式，如公式(8-1)、公式(8-2)、公式(8-3)所示，根据 DREAM 模型的基本原理，2018～2023 年转基因抗除草剂大豆在中国产业化种植的经济收益估算如表 8-5 所示，其中转基因抗除草剂种植所增加的经济效益为转基因抗除草剂大豆带来的消费者剩余和生产者剩余的相加值。

表 8-5　我国种植转基因抗除草剂大豆的经济收益　　（单位：亿元）

年份	生产者剩余	消费者剩余	经济剩余
2018	−0.0013	0.0038	0.0025
2019	−0.0493	0.1429	0.0937
2020	−1.8959	5.4709	3.5750
2021	−39.2508	103.8195	64.5687
2022	−39.7845	105.3215	65.5371
2023	−1.9939	5.7544	3.7604
总计	−82.9756	220.5131	137.5374

$$\text{生产者剩余} = (k + P_1 - P_0)[Q_0 + 0.5(Q_1 - Q_0)] = (k - z)P_0 Q_0(1 + 0.5z\varepsilon) \tag{8-1}$$

式中，$z = k\varepsilon / (\varepsilon + \eta) = -(P_1 - P_0) / P_0$ $\tag{8-2}$

$$\text{消费者剩余} = (P_0 - P_1)[Q_0 + 0.5(Q_1 - Q_0)] = P_0 Q_0 z(1 + 0.5z\eta) \tag{8-3}$$

式中，k 表示转基因大豆品种采用所引起的供给曲线的移动距离；P_0 表示转基因抗除草剂大豆的初始价格；Q_0 表示转基因抗除草剂大豆的初始产量；η 表示大豆的需求价格弹性；z 为价格的相对变化率所示，其余字母含义同前。根据公式(8-2)可计算出 z 值，2018～2023 年分别为 0.000 009 21、0.000 341、0.012 736、0.241 422、0.239 139 和 0.012 477。

根据估计结果，转基因抗除草剂大豆的产业化种植第一年给生产者造成了 13 万元的损失，给消费者带来了 38 万元的经济收益，且随着转基因抗除草剂产业化种植时间的延长，种植转基因抗除草剂大豆依旧没有给大豆生产者带来经济收益，相反给其累计造成了 82.9756 亿元的损失，但是给大豆消费者却带来了很大的经济效益，累计为 220.5131 亿元。

总体看来，转基因抗除草剂大豆的产业化种植促进了我国社会福利状况的改善，但是这种福利的改善更多来自于消费者，根据计算结果可以看出，转基因抗除草剂大豆的种植给消费者创造了很大的收益，对大豆生产者的福利产生了负面影响并没有改善其福利状况，但是消费者的福利的增加值大于生产者的损失值，使得整个社会的福利水平得到改善，六年累计增加的社会总福利为 137.5374 亿元。

(一)研究结论

利用 DREAM 模型及时间趋势预测模型对转基因抗除草剂大豆产业化种植的社会化福利进行预研究发现,转基因抗除草剂大豆的产业化种植有利于社会整体福利的提升,尤其是对于消费者福利,但是相对于农业生产者来说却给其造成了损失。但本节只考虑了单一性状转基因大豆的经济收益,而目前市场上已经具有复合性状的转基因大豆,其经济效益高于单一性状的转基因大豆。且本节是研究 2018～2023 年我国种植转基因抗除草剂大豆的社会福利问题,是对未来的一种预测,存在很多无法预知且不确定性的因素,导致数值会存在偏差,因此模型需进一步完善。

(二)政策启示

1. 制订科学合理的福利分配方式

由模型结果我们可以看出转基因抗除草剂大豆的产业化种植有利于增加社会的整体福利,但是在福利分配上,消费者的经济福利优于生产者的福利。这说明转基因技术在农业领域的推广过程中,国家也应该制定相应的配套措施及政策宏观调控技术进步对生产者和消费者之间的福利分配方式,同时政府也应该增加对大豆生产者的补贴力度,这对于保障农业生产者的福利水平,加快转基因大豆的产业化进程,提高大豆种植户的生产积极性,稳定我国大豆产业发展和保障我国粮食安全起着重要作用。

2. 宣传农业转基因知识提高公众认知度

加强对农业转基因技术的宣传力度,充分发挥高等院校、科研院所等引导作用,利用网络、媒体等渠道向大众传播转基因知识,改变社会大众对转基因作物的错误观念。对分配种植转基因作物产生的福利影响的一个主要因素是社会舆论,社会大众对转基因技术越是缺乏相关的知识理念,转基因农业技术的推广难度也越大。因此,政府应该采取转基因技术知识的科普活动来提高大众对农业转基因的认知水平,改变消费偏好,这对于提高社会整体的福利水平,使社会大众享有更多的经济福利具有重要作用,同时也为转基因大豆产业化进程创造良好的舆论环境。

3. 加大转基因大豆技术研发力度

通过提高转基因技术的研发力度,有利于转基因大豆技术应用所带来的经济福利的提升。我国目前转基因大豆的研发相对于发达国家而言仍处于落后水平,缺乏自主知识产权的基因,且我国在农业技术研究方面比较薄弱,人才匮乏,创新能力不足,因此加强转基因技术的研发,创新转基因农业技术,推动转基因技术在农业领域的应用进展,这对于保障转基因作物和农业生物技术的可持续发展起着重要作用,但在研发的过程中,参考国外经验的同时也应该注重研发适于我国生态环境的转基因品种。

4. 健全转基因作物的安全性评价体系

当前转基因产品的安全性并没有得到准确的定论,因此在拟定转基因作物产业化的相关政策时要秉持谨慎的态度。在进行转基因作物技术安全性评价体系建设时,对转基因作物在进行客观、全面的安全评估基础上严格把控与管理转基因作物，同时在确保转基因作物的推广和应用上也要存在与之相配套的技术管理方法，避免种植转基因作物而造成生态环境紊乱等问题的出现。同时健全转基因作物的安全监管制度对于保护我国传统农业环境、推广转基因作物产业化种植起着重要作用。

第二节　转基因大豆商业化的经济风险分析

一、农户种植转基因大豆的生产风险

(一)杂草抗性增强的潜在技术风险

一直以来，农作物与田间杂草就是既相互竞争又相互依存的矛盾统一体。传统农业中，我们倡导每年铲地但不一次性通过撒药等方式让草永远灭绝。这是因为杂草除了能影响农作物生长、抢占阳光和养分之外，还具有控制水土流失、保持土壤水分的良好作用。但是，抗除草剂作物却使杂草与农作物之间更多呈现出一种竞争性的对立关系。此外，转基因作物也存在自身会衍变为杂草或通过基因漂移使近缘物种转变为超级杂草的风险(孙宾成，2012)。例如，种植抗草甘膦大豆，为了保证大豆的产量就需要使用很多的除草剂，这就导致除了大豆以外的其他植物包括杂草等都被消灭殆尽。美国农业部调查显示，在1996～1998年刚开始商业化种植转基因作物的三年间，转基因玉米、转基因大豆和转基因棉花三种作物所使用的除草剂比常规作物少，但在2001～2003年，所使用的除草剂比常规作物多。美国国家研究委员会(NRC)发现抗除草剂作物的出现削弱了杂草控制实践的效力。比较引入抗除草剂作物与没有引入抗除草剂作物的地区，美国分别有10种和7种杂草进化为草甘膦抗性，随着杂草的蔓延，杂草控制费用将更高(路子显，2013)。如果农户使用除草剂的用量不够科学，则存在杂草抗性增强的风险。

(二)不利于土地可持续利用的潜在生态风险

农民对于土地，不只着眼于短期利益，也将土地的可持续发展作为生产目标，讲究"种地"与"养地"相结合，以求保证耕地的质量。然而研究表明，转基因作物可能会对泥土中的微生物、昆虫等产生非正面效应，使得植物的自然分解率和土壤肥力下降。不仅如此，转基因作物还可能通过破坏泥土的物种多样性而损害土壤环境的可持续生态平衡(肖琴，2012)，因此而存在不利于土地持续利用的潜在生态风险。对于转基因作物而言，外源基因的导入和表达可能会改变其代谢、生理生化性质和根系分泌物(赖家业等，2005)。这种变化将通过影响微生物群落而改变土壤结构、持水性、通透性和土壤肥力，影响较大。土壤动物功能群的作用很大，尤其是在土壤物质转化及养分释放的过程中，可以通过监测土壤生物功能群数量的多少来进行判断。转基因作物可以通过改变土壤的微生物，间接地影响土壤中的原生动物，促进其快速产生变化。如果种植转基因大豆真的存在不利于土地可持续利用的风险，当我国大面积推广种植后这种风险变为现实，想恢复到没有种植转基因大豆的状态是不可能的，因此在商业化种植之前就要做好生态风险的评估。

二、农户种植转基因大豆的销售风险

(一)消费者消费意愿带来的风险

农户在选择种植何种作物、何种品种时，最先考虑的是它是否能够带来较好的收益。只有给农民带来经济利益，生物技术产品才能大范围推广。如果我国进行转基因大豆的商业化种植，那么农户的种植意愿会高于消费者的消费意愿(薛艳等，2014)。但是，如果消费者不愿意消费转基因大豆，转基因大豆种植后卖不出去，对于种植转基因大豆的豆农也会造成销售上的经济风险。基于2013年北京市的实地调研发现，对转基因大豆与非转基因大豆制品的价格进行对比，当转基因大豆制品的价格相对较低时，16.83%的消费者愿意购买转基因大豆制品(王建武等，2002)；基于2002~2012年的调查数据研究表明，近年来消费者对转基因大豆油的接受程度显著下降，同时市场上出售的转基因大豆油数量却呈现迅速增长趋势(李蔚等，2013)，这或许可以解释为，消费者的接受意愿可能不等同于实际购买或消费行为。品牌与价格对于在超市里买食用油的顾客来说，比食用油是否由转基因原料制成更为重要(彭勃文和黄季焜，2015)。近年来消费者对食品安全的关注程度越来越高，对政府在食品安全管理方面的信任度也在下降(孙炜琳，2011)。目前，关于转基因大豆市场的研究较多，结论有相同之处，也有相悖之处，消费者意愿还有待进一步论证。

(二)转基因产品的安全管理增加了销售成本

转基因限量标准与标签制度可能会提高转基因产品的市场价格。2015年中央一号文件明确提出：加强农业转基因生物技术研究、安全管理、科学普及(张桃林，2015)。政府的监管主要包括：一是建立健全相关的法律法规、技术规程和管理体系，使其具有保障；二是加强技术支撑体系建设，使其发展具有持续动力；三是建立转基因生物安全监管体系，保障其安全性；四是加强对转基因标识的管理力度，对五类转基因作物产品实行强制标识；五是加强日常监管，定期抽检。严把品种审定关，一旦发现在参加审定的作物品种中检测到转基因成分，必须取消参试资格。转基因大豆商业化种植后，出于安全的考虑，要与非转基因大豆隔离运输、储藏和销售。与非转基因大豆相比，转基因大豆增加了运输成本、储藏成本、标签成本、检测成本等安全成本，由于诸如此类的安全管理措施的存在，势必导致转基因大豆销售成本的上升。

(三)国家政策导向的潜在风险

中国转基因技术的发展历程可以划分为两个阶段，第一阶段是1986~2000年，主要的研究工作是基因的克隆、植物转化，还包括一些初期的产业化尝试，目标在于追踪世界科技前沿，鼓励模仿，学习世界各国的先进技术(梁青青，2011)。第二阶段，我国开展基因组计划，一大批具有重要应用价值的功能基因包括高产、抗逆、优质等基因被克隆，目标在于实现从部分自主创新到全面自主创新，进而实现大规模产业化，最终建立起中国农业生物技术产业(梁青青，2011)。然而截至2014年，商业化转基因作物主要是棉花和木瓜，还没有主粮作物被允许。我国转基因大豆的研究尚在基础研究阶段，没有商业化种植。可见，对于转基因作物政府的态度就是积极研发，谨慎推广。截至目前，政府的态度就是特别慎重批准转基因植物商业化，包括禁止国内转基因大豆的商业化种植。相对于专家、学者及政府工作人员，农民对国家政策导向的了解不是特别及时，对国家种植转基因大豆的态度预期具有一定的风险，如果政府允许农户种植转基因大豆，经过长久的论证后发现我国不适合种植转基因大豆，再行禁止，对于农民损失是不可估量的。国家政策发生的变化，直接影响农民的生产选择行为。

三、农户种植转基因大豆的知识产权风险

(一)转基因大豆涉及基因和技术的知识产权现状

在与其他国家的比较中，我国转基因技术研发能力"比上不足，比下有余"：与国际先进水平有差距，在发展中国家居领先地位。目前，我国具有自主知识产权同时又具有研发潜力的功能基因较少，并且在一些基因改良的研究中用的是研发能力较强和跨国大型种业企业等研究机构所提供的基因材料。1980～2003 年，在针对转基因大豆进行专利申请的排名中，日本油脂株式会社所拥有的大豆专利件数为 90 件，位列第一，美国孟山都公司所拥有的大豆专利数为 86 件，位列第二。美国一个国家共有 6 家公司和一所大学研究机构共 7 个单位，共拥有转基因大豆专利数量 328 件，占全球转基因大豆专利申请的比重为 62%。我国在转基因大豆育种的专利方面与国际相比，还有一定差距。

(二)转基因大豆转化事件的权属

对于研发机构而言，是否研究一项技术、投入多少资源的决定因素是利润。从转基因大豆商业化种植的研发情况可以看出，在世界跨国生物技术公司中，按国别分类：杜邦先锋良种国际有限公司、孟山都公司和陶氏益农公司属于美国，而先锋良种国际有限公司是杜邦集团下的全资子公司，最终美国共有 21 个转化事件；拜耳作物科学公司和巴斯夫欧洲公司属于德国，最终德国共有 11 个转化事件；巴西农业研究院属于巴西，曾与巴斯夫欧洲公司合作参与 1 个转化事件；而中国并没有任何的相关转化事件。转化事件代表着转基因大豆的研发进展，拥有了转化事件的所有权，也就拥有了转基因品种的所有权。而没有转基因品种的所有权则意味着，如果要使用这些品种需要额外交付一定的种子费用，即知识产权使用费。并且，使用量越多，需要支付的知识产权使用费就越多。拥有转化事件的所有权意味着拥有转基因大豆种子市场的话语权，而我国没有参与任何的转化事件则意味着，如果想要种植进口转基因大豆就会受制于人。

(三)知识产权外国垄断对中国农户的潜在风险

目前世界发达国家的转基因大豆种子拥有者拥有知识产权优势和物种，研发能力也较强，如果他们的种子占领中国市场，存在大豆命脉受制于人的风险。除此之外，转基因技术在我国大豆中大量使用，可能会导致对转基因种子的依赖，长此以往，可能会出现跨国种业公司控制农民农业生产的局面(肖琴，2012)。农民作为理性经济人，为了应

对种子技术费的上涨，会通过扩大生产种植面积的方式降低成本，投入过多，农业生产风险越大。种子技术费是任何国家种植转基因大豆农户都需要承担的费用，在一定程度上提高了农户的种植成本。当本国没有转基因大豆种子的研发能力时，就需要进口外国的转基因大豆种子，价格上国家处于谈判的弱势地位，不仅影响了农户的收益，还会在一定程度上影响本国大豆产业的独立性和自主性，甚至使大豆产业的发展受制于人。

转基因大豆的产业化种植面临一系列的风险，而我国是否推广转基因大豆的产业化，需要综合考虑各方面的风险，主要有以下几点。

1. 我国转基因大豆产业化能否有持续的技术创新能力作为支撑

转基因大豆产业化涉及方方面面，既需要有合适的、发展前景良好的品种，也需要有完备的技术、人才、市场等各方面的体系作为支撑。比较而言，美国等国家在转基因大豆技术的研发方面具有较强的创新能力。经过20多年的努力，中国已具备了转基因大豆育种技术自主研发的体系，并已在一些重要作物的抗虫、优质等重要性状产品的研发上取得了重大成果，完全具备产业发展的潜力，前景看好。但应当看到，中国生物大豆育种的整体实力与发达国家还有相当差距。

2. 我国是否具备适合转基因大豆产业化的监管能力

就安全监管方面而言，我国虽已具备基本的监管体系框架，但是如果想商业化种植，还需要更加细致、全面的监管政策配合。在转基因棉花商业化种植的这些年中，我国相应配套的转基因生物技术的监管能力并没有与之协调发展，许多现行农业转基因生物安全管理条例的贯彻执行尤为重要。转基因大豆的商业化推广需要有完整的产业链。目前我国的转基因生物技术存在上、中、下游产业链不健全、不连贯的问题，同时也没有像国外那样实力雄厚的、综合实力较强的种业企业来保证整个产业体系的运作，这些都是中国转基因大豆商业化过程中需要尽快解决的问题(谭涛和陈超，2014)。

3. 我国国内种子公司是否能与跨国种业相抗衡

在种子市场层面，就目前现实情况而言，我国种子公司在研发技术、经营规模、销售能力、管理能力上都不能与跨国种业公司相提并论，转基因大豆商业化的市场条件有待提高改善。在中国，转基因的研发与推广脱节，研发上、中、下游脱节的状况，导致中国转基因大豆技术体系实力弱于跨国公司的实力。除此之外，中国的转基因大豆种子企业与转基因大豆市场都处于发展初期阶段，企业的研发能力有限，主要依靠政府研究部门的研发，然后购买技术和委托投资，而转基因大豆品种的推广则依靠企业自身营销，不难看出研发与推广严重脱节的问题影响到转基因大豆的商业化推进。

4. 我国生产者和消费者是否愿意接受转基因大豆

转基因作为新技术，刚开始被公众所知道，其被接受的过程是漫长的。转基因是一个中性技术，我们用这个技术研发出来的产品可能给我们带来非常多的好处，但也存在着风险。重要的是我们对它进行全面评估，更好地利用它给我们带来的好处，管控它可能产生的风险。将这两项工作做好，逐步统一公众对转基因的不同认识。在尊重公众的知情权和选择权基础上，通过多种途径提高公众包括生产者和消费者对转基因大豆及其附属制成品的认知程度和接受程度。生产者作为理性经济人，会综合考虑转基因大豆的收益与风险，在认知程度较低的情况下，还要先进行转基因科普。消费者在道听途说一些关于转基因大豆的负面信息后，可能会对转基因大豆产生抵触情绪，出于健康性、安全性的考虑，不愿意消费转基因大豆。这些都需要事先做好调查，做好沟通工作。

参 考 文 献

崔宁波, 刘望. 我国转基因抗除草剂大豆产业化的社会福利预测——基于 DREAM 模型. 江苏农业科学, 2018, 46(13): 304-307.

丁伟, 王振华, 李新海. 2010. 转基因抗除草剂大豆的效益、潜在风险及其安全性评价. 作物杂志, (6): 15-19.

韩天富, 侯文胜, 王济民. 2008. 发展转基因大豆, 振兴中国大豆产业. 中国农业科技导报, (3): 1-5.

韩艳旗, 李然, 王红玲. 2010. 大国开放条件下转基因棉花研发福利效应研究. 华中科技大学学报(社会科学版), (3): 19-23.

赖家业, 刘凯, 兰健, 等. 2015. 转基因植物的生态安全性. 广西科学, 12(2): 152-155.

吴李桃. 2015. 转基因作物商业化的经济社会影响分析. 山西农经, (7): 40-41.

李蔚, 颜琦, 刘增金. 2013. 消费者对转基因大豆制品的认知及购买意愿分析——基于北京市的实地调研. 调研世界, 9: 19-23.

梁青青. 2011. 我国转基因农产品发展现状研究. 生态经济, 12: 146-149.

路子显. 2013. 美国转基因大豆、棉花和玉米对农业可持续性影响的研究. 世界农业, (2): 92-97.

彭勃文, 黄季焜. 2015. 中国消费者对转基因食品的认知和接受程度. 农业经济与管理, 1: 33-39, 63.

宋秀娟. 2016. 农户种植转基因大豆的意愿、效益及风险研究. 东北农业大学硕士学位论文.

孙宾成. 2012. 东北高寒地区抗草甘膦大豆栽培技术研究. 中国农业科学院硕士学位论文.

孙炜琳. 2011. 转基因抗虫玉米在我国商业化种植的经济影响分析. 北京: 经济科学出版社: 162.

谭涛, 陈超. 2014. 我国转基因作物产业化发展路径与策略. 农业技术经济, (1): 22-30.

王建武, 冯远娇, 骆世明. 2002. 转基因作物对土壤生态系统的影响. 应用生态学报, 13(4): 491-494.

肖琴. 2012. 我国农作物转基因技术风险评价研究. 中国农业科学院硕士学位论文

薛艳, 郭淑静, 徐志刚. 2014. 经济效益、风险态度与农户转基因作物种植意愿——对中国五省 723 户农户的实地调查. 南京农业大学学报(社会科学版), 4: 25-31.

赵芝俊, 孙炜琳, 张社梅. 2010. 转基因抗虫(Bt)玉米商业化的经济效益预评价. 农业经济问题, (9): 32-36.

展进涛, 谢锐, 唐若迪. 2015. 转基因水稻产业化的潜在动态影响——基于可计算一般均衡理论模型模拟研究. 农业经济问题, (4): 11-18.

张社梅, 游良志. 2007. DREAM 系统及其在中国的应用评价. 世界农业, (11): 56-59.

张桃林. 2015. 科学认识和利用农业转基因技术. 民主与科学, 5: 14-19.

郑金英, 翁欣. 2015. 国际转基因大豆对中国大豆产业及其期货市场的影响. 亚太经济, (5): 39-46.

Cook R J, Persley G J, Lantin M M. 2000. Science-based risk assessment for the approval and use of plant agricultural and other environment. Agricultural Biotechnology & the Poor: Proceedings of an International Conference, Washington, DC.

Hancock J F. 2003. A framework for assessing the risk of transgenic crops. Bioscience, 53(5): 512-519.

第三篇
转基因玉米技术商业化的风险预判

第九章　转基因玉米技术商业化风险概述

第一节　转基因技术商业化风险的理论分析

转基因技术在农业、医疗、工业等多领域的不断渗透，使其得到了迅猛的发展，尤其是在农业领域。转基因作物自 1996 年进行商业化种植，超过 20 年的商业化进程中，种植面积由 170 万 hm^2 迅速上升到 1.851 亿 hm^2，实现了 110 倍的增长。全球市场价值达 153 亿美元。但转基因技术在为人类社会带来经济效益、社会发展等积极作用的同时，也因其存在的潜在风险性，引起了一系列如健康风险、生态风险、经济风险、伦理风险等问题。因这一系列问题导致转基因的争论在社会中不断升温，使得这场争论成为一场全民性质的讨论话题。但包含的风险性还尚不可知，在研究中出现过许多负面报道，此时的争论，更多的是来自转基因技术本身存在的不确定性，而关注者也多是含有专业知识背景的专家。即便转基因技术本身存在着一些无法预测的风险性，但是却没有成为阻碍该技术商业化推广的屏障，也没有受到除了专业人士以外更多人的关注和讨论。

整体来看，我国学术界对转基因技术商业化风险的研究呈现以下特点：首先，就研究内容而言，现有研究内容相对单一，研究停留在转基因作物商业化的风险研究上，尚缺乏对转基因技术本身及转化过程中风险的研究。同时，就风险测度方法而言，现有研究多采用单一的测度方法，如层次分析法和模糊综合评价法等，而且在数据的获取上主要采取专家调查法，存在主观性，会造成风险测度的偏差。因此，预先对转基因技术商业化风险的内涵及测度方法进行研究，对我国未来转基因技术商业化推广具有重要意义。本研究首先通过转基因技术、技术商业化及风险相关研究的相关文献整理对转基因技术商业化的内涵进行辨析，分析出转基因技术商业化的风险内涵。其次，通过整理已有的关于技术商业化风险划分的研究对转基因技术商业化的风险进行划分。最后，通过对风险测度方法现有研究的整理，以期为我国转基因技术商业化的风险测度方法提供借鉴。

一、转基因技术商业化风险的内涵辨析

（一）转基因技术

转基因技术（transgenic technology）又称为基因工程、遗传转化技术，是将生物体中分离出来的目的基因转移到宿主基因组中，使其在性状、功能、表型、营养和消费品质等方面满足人类需要的技术（骆翔等，2014）。转基因技术的理论基础来源于进化论衍生来的分子生物学。原理是将人工分离和修饰过的优质基因，导入生物体基因组中，从而达到改造生物的目的。导入基因的表达，引起生物体的性状、可遗传的修饰改变，从而产生新型的对人类有用的农作物或蛋白质。伴随着全球转基因技术的飞速发展，该技术

已广泛地应用在农业、医学、食品、生物及能源等领域。截至 2016 年，全世界共有 392 个转基因作物转化体被批准可用作粮食或饲料释放到环境中，主要集中在大豆、玉米、油菜和棉花等作物上(James, 2016)。近年来，RNAi 被认为是具有应用潜力的育种新方法，现阶段已经在番茄中实现了广泛的科学研究，具有良好抗虫性状的 RNAi 转基因作物也已研究成功，同时在转基因马铃薯等作物中实现了商业化流通(焦悦等，2018)。转基因技术通过改变生物的遗传性状来获取新物种的方法，加快了生物进化的速度，改变了生物进化的方向，同时为社会生产领域带来了新的变革，使各行各业都获得了新的发展空间，从根本上改变了农业、工业、医药、国防等领域的生产、管理和组织模式。

(二)技术商业化及其内涵相关研究

高新技术广泛地应用在人们的生活和生产中，提高了社会的经济福利。将其产品化并进行市场推广的过程是技术商业化的重要形式之一(Zahra and Nielsen, 2002; Krishnan, 2013; 江旭等，2017)。技术商业化活动在经济活动中的地位与日俱增，受到了社会及公众的广泛重视，吸引了大量学者对其进行广泛研究。Cooper 和 Kleinschmidt(1988)将商业化定义为实验性生产和销售、产品启动和投放市场的一系列活动。而对于技术来说，价值的实现包括了更为广泛的范围。本研究将对技术商业化内涵的相关研究进行整理，主要分为以下两个方面。

1. 技术商业化的概念研究

学术界对技术商业化并没有统一的概念界定，不同学者所强调的内容和范围也不尽相同。因此，列出以下几种主要的观点：台湾学者刘常勇等(1996)从技术商业化的创新过程出发，认为技术商业化是将具有潜力的技术创新与产品构想，突破政治、社会、经济、文化等现实限制和障碍，经由具体商业活动实现其功能设想，使技术价值和使用价值得以实现，增加其市场附加价值，并进而创造企业生存发展所需要的利润的过程。眭振南和王贞萍(1998)更侧重于技术活动链的后端，强调其商业价值，通过总结一些学者的观点，认为技术商业化是以可供转化的开发研究成果为起点，经过产品化阶段，实现商业化、产业化直至获得预期收益为止的一个过程。这与我国 1996 年颁布的《中华人民共和国促进科技成果转化法》中提出的科技成果转化的概念相似，其中指出科技成果转化是为提高生产力水平而对科学研究与技术开发所产生的具有使用价值的科技成果所进行的后续试验、开发、应用、推广直至形成新产品、新工艺、新材料，发展新产业等活动。陈国宏和王吓忠(1995)则强调技术商业化的实质就是技术扩散的过程，因此提出技术商业化就是技术传播过程，是创新技术的采用者通过各种途径从扩散源处获得创新技术，同时获得技术能量补充，然后通过消化、吸收进而再创新的过程。而科技成果转化的过程实质上是技术扩散的过程，也是科技成果商品化、产业化的过程，有其自身的特性。

因此，本研究所提到的技术商业化，更倾向于技术商业化与科技成果转化同等性的观点。即将具有实用价值的技术成果经过产品化、商品化阶段实现其技术价值和使用价值的过程，即研究成果的市场化过程。

2. 技术商业化的过程划分

新技术商业化是一个连续、复杂、长期的过程，各国学者根据各自研究的需要，将新技术商业化的过程划分成不同的阶段。1993 年国家社科基金资助的《高新技术商品化、产业化、国际化》研究项目将技术商业化过程划分为商品化和产业化两个阶段(陈勇忠，1996)。其中，商品化阶段是指通过科学研究和技术开发，使高新技术成果具有实用性和商品性，成为高新技术商品的过程。高新技术产业化是指通过生产开发和经营管理，使高新技术商品实现规模生产，从而形成高新技术产业的过程。国家科学技术委员会课题组在进行科技成果转化的问题与对策研究中，将科技成果转化过程分为技术成功阶段、工程成功阶段和商业成功阶段三个步骤(国家科学技术委员会课题组，1994)。陈通和田红波(2003)结合我国高新技术商业化的特点也将技术商业化划分为三个阶段，分别为技术转移、技术再创新和技术扩散三个阶段。聂祖荣(2002)则提出技术商业化要经过四个阶段：理论研究及试验、雏形开发、试点生产和产业化(规模化生产)。而台湾学者刘常勇等(1996)在进行创业投资评估研究时将技术商业化过程划分成五个阶段：概念阶段、初始阶段、成长阶段、扩张阶段和成熟阶段。瑞士学者 Vijay(2001)也提出将新技术推向市场的 5 个关键环节：洞察技术和市场之间的联系；孵化技术以确定其商业化的潜力；在适宜的产品和工艺过程中示范技术；促进市场接受；实现可持续的商业化。

综合国内外学者对技术商业化过程的划分，本研究中将技术商业化划分为技术研发、转让、产品化(或服务化)、生产、销售，而最终的标志技术商业化完成是技术转化为产品或服务进入市场并取得收益。

(三)技术商业化风险的相关研究

1. 风险的相关概念研究

风险的概念在社会学、心理学、经济学、医学等多个领域被广泛地研究。在众多关于风险的研究中，应用最为广泛的是 Douglas、Luhmann、Ewold、Beck 和 Willett 提出的关于风险的概念。Douglas 和 Wildavsky(1983)将风险定义为一个群体对危险的认知，认为风险是社会结构本身具有的功能，起着辨别群体所处环境危险性的作用。Luhmann(2017)也将风险定义为是一种认知或理解的形式，但强调风险并非一直伴随着各种文化，而是在具有崭新特征的 20 世纪晚期由于全新问题的出现而产生的，具有时间规定性的概念。Ewold(1991)认为任何事情本身都不是风险，世界上也本无风险。但是在另外一方面，任何事情都能成为风险，这有赖于人们如何分析危险，考虑事件(Roberts，2007)。Beck 和 Wilms(2001)认为风险是现代化成功所带来的自我危害和无法预测的后果，将风险界定为"认识、潜在冲击与症状的差异"。Willett(1901)认为，风险是关于不愿发生的事件发生的不确定性的客观体现。我国由于各种原因对风险管理思想的接纳较晚，其理论研究也相对滞后。"风险"一词较早是由周士富(1989)在《企业管理决策分析方法》一书中提出的。朱淑珍(2002)在总结各种风险描述的基础上，把风险定义为，风险是指在一定条件下和一定时期内，由于各种结果发生的不确定性而导致行为主体遭受损失的大小及这种损失发生可能性的大小。王明涛(2003)在总结各种风险描述的基础上，把风险定义为，所谓风险是指在决策过程中，由于各种不确定性因素的作用，决策方案在一定时间内出现不利结果的可能性及可能损失的程度。

2. 技术商业化风险的相关研究

新技术价值的创造是一个不断积累的过程，新技术商业化的成长实际上是成功地进行一系列转化工作，其中的每一个环节都使技术增值，而任何一个环节的失败都可能影响最后的结果，因而这一过程中影响绩效的都是技术商业化过程中存在的风险因素。而目前对技术商业化过程中存在的风险的研究主要体现在：朱吉(2008)认为新技术商业化过程中都存在着不同程度的风险。郑淑蓉和李金兰(2011)认为低碳技术成果转化具有高风险性，风险性来源于低碳技术发展的动态性、战略的先导性、资金的高投入性和市场的竞争性等。蒋咏华(2013)认为技术创新商业化风险是指由于外部环境的不确定性、创新项目本身的难度和复杂性及创新主体自身能力的有限性而导致的创新活动中止、撤销、失败或达不到预期的经济技术指标的可能性。

二、转基因技术商业化风险的划分

风险涉及领域广泛，因此其划分的标准也呈现多样化，目前对风险的划分大体分为以下几种：一是从管理的角度对风险进行划分，如张君(2003)等学者按照保险经营环节将保险企业风险划分为承保风险、定价风险、理赔风险和投资风险。二是按照风险来源和风险性质进行划分，尚庆琛和覃正(2008)将风险分为内部风险(包括：财务风险、技术风险、信息风险等)和外部风险(包括：市场风险、金融风险、政策风险等)。三是根据对信息掌握的程度进行划分，Renn(2005)把风险划分为简单风险、复杂风险、不确定风险和模糊风险。四是从风险感知和风险数量化角度，李宁等(2009)将风险分为新风险类、经济管理社会类、事故类、自然人为耦合类、物理化学自然类风险。我国学者大都是按照第二类划分风险。

(一)技术商业化的风险划分

本节按照技术商业化过程对技术商业化的风险进行划分，如表 9-1 所示。

表 9-1　技术商业化的风险划分

技术商业化过程	技术研发	技术转让	技术产品化 (或服务化)	产品生产与销售
风险划分	①决策风险；②技术风险；③管理风险；④人力风险；⑤资金风险	技术市场风险	①资金风险；②信息风险	①人才风险；②环境风险；③市场风险；④技术风险；⑤生产风险；⑥管理风险
具体风险	①技术市场定位。②知识产权；成果转换难；技术效果难估量；可替代技术出现。③投资者缺乏投资信心。④专业知识技能欠缺；团队精神匮乏	信用风险；道德风险；政策风险；技术交易风险(卖方寻售、买房寻购)	①信息收集；②信息整理	①国家财政调整；金融风险(利率、汇率)。②社会风险(消费者抵触、舆论等)；自然/生态风险；政治风险(环保、法律法规限制)。③法律风险；市场未成熟；市场滞后性；难以预测性(生产规模、成长速度)；与传统市场竞争。④技术尚未成熟；现有设备、生产体系、人才结构与技术不兼容。⑤工艺不适应；设备水平不够。⑥信息风险；人才风险；资金风险

(二)转基因技术商业化的风险划分

转基因技术是一把"双刃剑",一方面它对农业生产具有革命性的意义,但同时它对生物多样性、环境和健康方面的影响仍然是一个未知数。转基因作物商业化对生态、环境和人类健康的高度不确定性,这使得转基因技术一直备受争议。而目前对转基因技术商业化风险的研究较少,主要集中在转基因作物商业化及科技成果转化的风险研究。邬晓燕(2012)认为转基因作物及其商业化的风险主要有三类:生态环境风险、人体健康风险和社会伦理风险。洪进等(2011)认为转基因作物技术风险的主要因素包括高社会危害、低技术成熟度和较低经济净收益。郑淑蓉和李金兰(2011)将低碳技术商业化风险分为战略风险、市场风险和基础风险(主要包括低碳技术组织风险、人才风险、资金风险、信息风险和环境风险)。臧秀清(2000)将科技成果转化风险类型概括为技术不成熟性风险、投资分析风险、市场风险、社会风险、购买力风险和财务风险六类。谢科范(1994)认为科技成果在转化过程中,存在生产风险、市场风险、"寻售"风险、交易风险,这些风险以不同方式作用于科技成果所有者及科技成果转让的转让方和受让方。王立英等(2008)指出科技成果转化风险是指成果在产业化、商品化和资本化等转移过程中,由于受内、外部不确定因素的影响,而导致成果转化达不到预期目标的可能性,以及出现预期和实际变动差距的程度。

由于转基因技术成果转化具有较高的风险性,风险性来源与转基因技术密不可分,综合上述关于风险的划分及转基因技术自身的特殊性,本研究将转基因技术商业化的风险划分为技术风险、生态风险、伦理风险及市场风险。

1. 转基因技术商业化产生的技术风险

技术风险主要来源于两个方面:一是不成熟的技术的转让形成的风险,转化过程中,由于种种原因,常会出现一些不成熟的技术成果参与转化的现象,这无形中加大了转化失败的风险。二是技术不够先进。同类型的产品或性能更好的技术成果出现太快,使得这种成果的产品承受巨大的市场竞争压力,以至不能收回投资。另外,成果实施方的生产管理水平、技术消化能力也是技术风险的来源之一。以我国转基因抗虫棉的种植为例:我国在商业化种植抗虫棉的过程中并未建立避难所制度,由于玉米也是棉铃虫的侵害对象,在许多地区,玉米在一定程度上充当了棉铃虫的避难所,对于缓解棉铃虫抗性增加起到了积极作用。如果 Bt 玉米要商业化种植,棉铃虫必然就失去了避难所,那么就必须考虑在我国建立棉花和玉米害虫的避难所制度,以解决害虫抗性增加的问题。在我国目前分散的、小规模农户经营的背景下,实施避难所制度存在较大的困难;而如果不实施避难所制度就可能面临棉花和玉米害虫抗性增加的危险,害虫抗性增加对农业生产的危害是难以估量的(孙炜琳和王瑞波,2011)。

2. 转基因技术商业化产生的生态风险

科学家在转基因作物生态风险问题上存在着激烈的争论。一种观点认为,转基因作物不比传统农作物具有更多的环境风险;而另一种观点认为,转基因作物存在着不可忽视的潜在的环境风险。由于科学知识的有限性、生态环境的复杂性及转基因技术的新颖性，科学在转基因作物环境风险问题上还没有定论。而且一些科学家认为，种植转基因作物也会导致"超级害虫""超级杂草""基因漂移"等问题，不但会减少预期的收益，反而会增加化学药剂的使用，加大对生态的破坏。

3. 转基因技术商业化带来的伦理风险

自20世纪80年代以来，转基因技术迅速发展，并在医药、农业及食品工业等领域广泛应用，取得了巨大的经济效益和社会效益，但是"转基因"背后潜藏着巨大的伦理安全隐患，如转基因食品对人类健康构成的潜在威胁及其引发的代内和代际之间的伦理冲突，转基因作物的推广所带来的生态伦理问题，转基因动物所涉及的生命伦理、遗传伦理、医药伦理和动物伦理等层面的价值冲突和价值选择问题，转基因生物武器给人类带来的潜在生存灾难所引发的伦理冲突等，除此之外，利用转基因技术进行的器官移植，由于其打破了物种之间基因转移的自然限制而可能给人类的种群安全和文明发展带来更为严重的伦理挑战。

4. 转基因技术商业化带来的市场风险

市场风险是指市场结构发生意外变化，使企业无法按既定策略完成经营目标而带来的经济风险。导致市场风险的因素主要有：首先，企业对市场需求预测失误，不能准确地把握消费者偏好的变化。其次，竞争格局出现新的变化，如新竞争者进入所引发的企业风险。最后，市场供求关系发生变化。自主知识产权不足导致失去对品种的控制权。在转基因相关技术及品种的知识产权拥有量上，我国远远落后于发达国家。从我国的情况来看，如果Bt玉米在我国商业化种植，面临的市场风险可能来自于三个方面：一是转基因产品的标识、检测、追溯等安全管理方面的成本会导致Bt玉米的市场销售成本增加，影响市场销售；二是本国消费者对玉米及以玉米为原料的产品需求下降，从而影响玉米的市场销售；三是对转基因持谨慎态度的进口国一方面减少对玉米及其加工品的需求，另一方面由于担心基因漂移会"污染"其他非转基因农产品从而减少对我国相关农产品的进口(孙炜琳和王瑞波，2011)。

三、转基因技术商业化风险的测度方法探讨

在现有的研究文献中，针对转基因技术商业化风险的测度方法的研究还处于待发展阶段，因此，本部分将主要针对其他技术商业化风险测度的研究方法进行整理，以期找出适用于转基因技术商业化风险的测度方法。而当前针对风险的测度方法大体可以分为两大类即定量分析和定性分析进行评价，先后发展出专家打分法、敏感性分析法、概率统计分析法、蒙特卡洛模拟法、模糊风险综合评估法、AHP层次分析法等。本研究将主要从以下两个方面进行文献梳理。

(一)以层次分析法和模糊综合评价法为主的现代综合评价方法

肖琴(2012)利用层次分析法和模糊综合评价法结合对农作物转基因技术风险进行整体评价，结果表明农作物转基因技术应用的风险等级处于中等偏低的水平，面临的风险

状况相对良好。徐辉等(2005)通过构建风险识别指标体系，采用模糊综合评价模型对一公司科技成果转化项目进行了模糊定量测度，发现项目的风险水平较高。王立英等(2008)则借助模糊综合评价量化模型实证测算了高校研制的地膜技术的综合风险分数值，并评定风险等级为一般水平。另外，郭鹏和施品贵(2005)、刘希宋等(2008)将灰色理论引入到模糊评价方法中，构建出一种基于模糊灰色的风险综合评价方法。而在层次分析法的风险评估应用上，杨晔和杨辉(2016)通过文献研究首先构建出包含市场风险、技术风险等的制药企业新技术商业化风险的评估指标体系，后采用模糊综合评价法对该技术风险进行了测度。

(二)以计量方法为主的定量研究方法

肖琴(2015)在进行转基因作物生态风险测度及控制责任机制研究中，利用事故树分析法(FTA)找出了转基因作物生态风险的关键控制点，并基于改进的风险矩阵对转基因作物生态风险的等级进行测度。杨君等(2010)利用全因素层次模型(HHM)对转基因作物环境释放过程中可能涉及的各种风险因素及其相互作用影响进行了全面还原和深入分析。李晓峰和徐玖平(2011)在可拓学中物元与可拓集合理论的基础上，运用多维可拓物元模型和可拓测度方法对技术创新综合风险进行测度，较明确地给出待评企业技术创新项目的客观风险和决策者主观风险的定性、定量评价，从而全面地反映出企业技术创新的优劣势。张春勋(2008)构建一种基于 D-S 证据理论及 Fuzzy 集的产品开发项目风险综合评价模型，风险指标量化，通过专家的评判减少风险因素量化的复杂性，较好地解决风险因素的不确定性，评估产品开发项目风险因素的风险等级，在资源有限的情况下采取相应的风险响应措施，更好地回避风险或减少风险的影响，同时运用证据理论综合专家意见能更为客观地反映实际情况，较好地保证了评价结果的客观性。于永辉(2014)运用头脑风暴法和态势分析法(SWOT 分析法)对生物仿制品仿制研发项目风险进行识别，通过风险概率和影响程度分析法即改进的 SWOT 分析法建立概率与影响矩阵，完成了对生物制品仿制研发风险的评估(庞甲佩等，2015)。郭昆鹏(2010)则采用风险概率评估、风险影响程度评估和事件状态评估三个方面进行风险评价，提出了对医药企业新药研发的风险控制和监控策略。张晨琛(2014)在高速公路网风险评估中通过构建公路网风险评估层次化关联结构，利用 ANP 网络分析方法和模糊积分等理论方法得到风险测度的权重表示方法，建立起公路网风险评估方法。

四、既有研究文献述评与研究展望

在当前现代农业快速发展的背景下，农业转基因技术的商业化进程将是各国政府一直关注的热点，同时也是学术界密切关心的重要内容之一。总体而言，学术界对该问题的研究主要集中在转基因技术、转基因生物、转基因食品等方面所涉及的风险。在既有的文献中，发现转基因技术广泛地应用在各个领域，在全球范围内都得到了迅猛的发展。而当前对技术商业化及风险方向的研究主要集中在技术商业化的概念界定及阶段划分，但两者都没有明确界定方式，同时也可以看出对技术商业化风险的研究大多数从技术研发阶段的风险着手，而对其他阶段的风险研究较少。同时在风险测度的研究中，多集中在公共设施及金融、信贷等领域而对技术本身的风险测度很少，在对测度方法的既有研究中，多以计量研究为主，同时也多采用层次分析、模糊综合评价方法等现代综合评价方法，但这些多元化的研究方法为风险的测度提供了科学合理的渠道，增强了理论指导实践的可行性。

通过对既有文献的整理，本研究将转基因技术商业化风险界定为转基因技术自研发环节开始直到市场化推广阶段，由于转基因技术自身的复杂性及内在诸多变量交错变化产生的不确定性累加而导致社会系统发生变化，而产生的一系列潜在的风险，包括：技术风险、生态风险、伦理风险及市场风险。测度方法应该吸收定性和定量研究各自的优点，针对转基因技术本身的特性采用混合的研究方法，对转基因技术商业化的风险进行测度。

国内外学者在做出巨大理论贡献和实践指导价值的同时，也留下了明显的不足。首先，相关研究忽略了技术商业化风险中对转基因技术的研究，同时也忽略了对转基因技术商业化过程的划分。其次，对风险测度的研究多采用的是单一研究，要么定性，要么定量。得出的结果不一定能够真实地反映趋势信息及因果关系。基于上述分析，本研究认为转基因技术商业化风险应该充分考虑转基因技术的特性，找出转基因技术相对于其他高新技术的独特之处，进而对其技术商业化的内涵、划分及风险测度进行研究，同时要鼓励开展更多的学科交叉研究，也应充分考虑我国的基本国情。当前，由于我国转基因作物仅有转基因棉花和番木瓜批准商业化种植，因此，预先进行转基因技术商业化的风险研究，对我国转基因技术的商业化道路发展具有重要的参考作用。

第二节　中国转基因玉米技术发展概述

一、转基因玉米技术发展现状

(一)国外转基因玉米技术发展现状

1. 转基因玉米的主要遗传转化技术

转化技术即一种将目的性状的外源基因导入植物受体细胞或组织，经组织培养获得转基因植株的技术。转基因玉米的转化技术主要为农杆菌介导转化法和微粒轰击法，电穿孔法及化学介导原生质体转化法等其他方法也逐步得到应用。美国孟山都公司主要采用微粒轰击法和农杆菌介导转化法；瑞士先正达公司和杜邦先锋良种国际有限公司主要采用农杆菌介导转化法。遗传转化技术实现了基因在不同物种之间的定向转移，目的性强、操作高效，后代性状表现可以得到准确预期。

2. 转基因玉米材料的选育

国际农业生物技术应用服务组织(ISAAA)相关数据显示，截至目前，国外批准的转基因玉米转化品种为 230 个，占全球转基因作物转化品种的 46.2%，其中，独立转化品种 45 个，通过杂种优势利用得到的转化品种 185 个。在 230 个转基因玉米转化品种中，瑞士先正达公司和美国孟山都公司份额占据优势最为明显，占有量分别为 94 个和 48 个，其次为杜邦先锋良种国际有限公司，拥有 33 个转化品种。以 2015 年 8 月为时间基准，借助 Innography 专利检索分析数据库，检索到杜邦先锋良种国际有限公司、美国孟山都公司及瑞士先正达公司是转基因玉米专利申请数量排在前 3 位的研发机构，申请数量分别为 788 件、681 件及 455 件（单美玉等，2015）。遗传转化技术是应用最为广泛和成熟的技术，同时国外一些公司利用不同形式的遗传转化技术已培育出诸多具有商业价值的玉米品种。从表 9-2 可以看出，国外种子公司通过功能性基因挖掘并借助遗传转化技术已培育出抗除草剂、抗虫、抗旱及其他营养类品种。除此之外，通过配合使用常规杂交育种技术又培育出众多复合性状的转基因玉米品系。

表 9-2　玉米外源基因独立遗传转化情况

目标性状	外源基因	产物及作用机制	独立转化材料
抗草甘膦	mepsps	产生 5-烯醇式丙酮酰莽草酸-3-磷酸合成酶（EPSPS），获得对草甘膦的耐受性	GA21
	2mepsps	产生 EPSPS，可降低与草甘膦的结合力而获得草甘膦耐受性	MZHG0JG、HCEM485
	cp4epsps	产生 EPSPS，可降低与草甘膦的结合力而获得草甘膦耐受性	NK603、MON88017、MON87427、MON87411、MON832、MON810、MON809、MON802、MON801
	epspsgrg23ace5	产生修饰的 EPSPS 或 EPSPS ACE5 蛋白而获得对草甘膦除草剂耐受性	VCO-Ø1981-5
	gat4621	产生草甘膦-N-乙酰转移酶，催化草甘膦的失活	98140
	goxv247	产生草甘膦氧化酶，通过将草甘膦降解为氨基甲基膦酸（AMPA）和乙醛酸盐而获得对草甘膦除草剂的耐受性	MON832、MON810、MON809、MON802、MON801
抗草铵膦	bar	产生膦丝菌素-N-乙酰转移酶（PAT），通过乙酰化作用解除对草铵膦（草丁膦）除草剂的活性	Bt176(176)、CBH-351、DBT418、DLL25(B16)、MS3、MS6、TC6275
	pat	产生 PAT，通过乙酰化作用解除对草铵膦（草丁膦）除草剂的活性	33121、4114、59122、676、678、680、Bt10、MON87419、MZHG0JG、MZIR098、TC1507
	pat(syn)	产生 PAT，通过乙酰化作用解除对草铵膦（草丁膦）除草剂的活性	T14、T15
抗麦草畏	dmo	产生麦草畏单加氧酶，用麦草畏作为酶反应底物而获得耐麦草畏除草剂的抗性	MON87419
抗磺酰脲类	zm-hra	产生乙酰乳酸合成酶，对乙酰乳酸合成酶抑制剂类除草剂如磺酰脲类和咪唑啉酮等产生抗性	98140
抗 2,4-二氯苯氧乙酸	aad-1	产生芳氧基链烷酸酯双加氧酶蛋白（AAD-1），通过侧链降解及降解 R-对映异构体分别对 2,4-D 除草剂、芳氧基苯氧基丙酸除草剂产生抗性	DAS40278
抗鳞翅目昆虫	cry1A	产生 Cry1A 基因群 δ-内毒素，选择性破坏鳞翅目昆虫肠衬里而抗虫	33121
	cry1A.105	产生包含 Cry1Ab、Cry1F 和 Cry1Ac 蛋白的 Cry1A.105 蛋白，选择性破坏鳞翅目昆虫肠衬里而抗虫	MON89034

续表

目标性状	外源基因	产物及作用机制	独立转化材料
	cry1Ab	诱致产生 δ-内毒素，选择性破坏鳞翅目昆虫肠衬里而抗虫	Bt10、Bt11、Bt176、MON810、MON809、MON802、MON801
	cry1Ac	诱致产生 δ-内毒素，选择性破坏鳞翅目昆虫肠衬里而抗虫	DBT418
	cry1F	诱致产生 δ-内毒素，选择性破坏鳞翅目昆虫肠衬里而抗虫	4114
	cry1Fa2	产生修饰的 Cry1F 蛋白，选择性破坏鳞翅目昆虫肠衬里而抗虫	TC1507
	cry2Ab2	诱致产生 δ-内毒素，选择性破坏鳞翅目昆虫肠衬里而抗虫	MON89034
	cry2Ae	诱致产生 δ-内毒素，选择性破坏鳞翅目昆虫肠衬里而抗虫	33121
	cry9c	诱致产生 δ-内毒素，选择性破坏鳞翅目昆虫肠衬里而抗虫	CBH-351
	mocry1F	产生修饰的 Cry1F 蛋白，选择性破坏鳞翅目昆虫肠衬里而抗虫	TC6275
	pin II	产生蛋白酶抑制蛋白，通过降低叶片的消化率和营养质量，提高对昆虫天敌的防御能力	DBT418
	vip3Aa20	产生营养期杀虫蛋白，通过选择性破坏鳞翅目昆虫肠衬里而避免取食危害	33121、MIR162
抗鞘翅目昆虫	*cry34Ab1*	诱致产生 δ-内毒素，通过选择性地破坏鞘翅目昆虫尤其是玉米根虫肠衬里而抗虫	4114、59122
	cry35Ab1	诱致产生 δ-内毒素，通过选择性地破坏鞘翅目昆虫尤其是玉米根虫肠衬里而抗虫	4114、59122
	cry3Bb1	诱致产生 δ-内毒素，通过选择性地破坏鞘翅目昆虫尤其是玉米根虫肠衬里而抗虫	MON863、MON87411、MON88017
	dvsnf7	产生双链 RNA 转录物，其含有 *Snf7* 基因的 240bp 片段；通过 RNAi 干扰引起靶向 *Snf7* 基因功能下调，继而杀死西方玉米根虫	MON87411
	mcry3A	诱致产生 δ-内毒素，通过选择性地破坏鞘翅目昆虫尤其是玉米根虫肠衬里而抗虫	MIR604、MZIR098
既抗鳞翅目又抗鞘翅目昆虫	*ecry3.1Ab*	产生嵌合型的 δ-内毒素蛋白，通过选择性地破坏鳞翅目和鞘翅目昆虫的肠衬里而抗虫	5307、MZIR098
耐旱性	*cspB*	产生冷休克蛋白 B，通过保持 RNA 稳定性和翻译来维持在水胁迫条件下正常的细胞功能	MON87460
修饰氨基酸	*cordapA*	产生二氢吡啶二羧酸合酶，增加氨基酸含量	LY038
修饰 α-淀粉酶	*amy797E*	产生热稳定性 α-淀粉酶，通过增加用于降解淀粉的淀粉酶的热稳定性来增强生物乙醇生产	3272
雄性不育	*dam*	产生 DNA 腺嘌呤甲基化酶，通过干扰功能性花药和花粉的形成而赋予雄性不育性	676、678、680
	barnase	产生核糖核酸酶，通过干扰花药绒毡层细胞中 RNA 的产生而导致雄性不育	MS3、MS6
	zm-aa1	编码 α-淀粉酶，在花粉未成熟时表达产生 α-淀粉酶，水解淀粉使花粉不育	32138

续表

目标性状	外源基因	产物及作用机制	独立转化材料
育性恢复	*ms45*	产生 ms45 蛋白，通过恢复产生花粉的小孢子细胞壁的发育来恢复生育力	32138
增加穗生物量	*athb17*	产生一种同源结构域——亮氨酸拉链(HD-Zip)转录因子的Ⅱ类家族的蛋白质，调节植物生长发育和基因表达	MON87403
视觉标记	*dsRed2*	产生红色荧光蛋白，在转化的组织上产生红色染点，以获得视觉选择	32138
抗生素抗性	*bla*	产生 β-内酰胺酶，分解 β-内酰胺类抗生素，如氨苄西林	Bt10、Bt176(176)、CBH-351、DBT418、DLL25(B16)、MS3、MS6、T14、T25
	npt Ⅱ	产生新霉素磷酸转移酶Ⅱ酶，允许转化的植物在选择期间代谢新霉素和卡那霉素抗生素	MON801、MON802、MON809、MON810、MON832、MON863、MON87460
甘露糖代谢	*pmi*	产生 6-磷酸甘露糖异构酶(PMI)，代谢甘露糖，通过正向选择使转化植株再生	3272、5307、MIR162、MIR604

3. 转基因玉米技术的应用发展

转基因玉米是世界上种植面积仅次于大豆的第二大转基因作物。自 1996 年转基因玉米首次在美国商业化种植以来，其种植面积增长迅速，年均增长率为 30.4%，在转基因作物中的比重也增加了 21.7%。2016 年，全球转基因玉米种植面积达到 6060 万 hm^2，占转基因作物种植面积的 32.7%。同时注意到，玉米种植面积为 1.85 亿 hm^2，转基因玉米渗透率已接近 33%。

从产品性状来看，转基因玉米包含抗除草剂玉米(HT)、抗虫玉米(Bt)及复合性状的双抗转基因玉米。截至 2014 年，全球转基因玉米种植面积为 5430 万 hm^2，占玉米总种植面积的 30%，其中，耐除草剂转基因玉米种植面积在 1630 万 hm^2 左右。欧盟五国(西班牙、葡萄牙、斯洛伐克、捷克、波兰)现种植的转基因玉米全部表现为抗虫性状，种植面积达 116 870hm^2，其中西班牙种植面积最大，为 107 749hm^2。

从国别来看，国际农业生物技术应用服务组织(ISAAA)2015 年度转基因报告显示，全球共有 28 个国家批准了 29 种转基因作物的商业化种植，其中种植转基因玉米的国家上升到 17 个。美国是世界上最大的转基因玉米种植国，2016 年转基因玉米种植面积达到 3505 万 hm^2，占美国玉米总播种面积的 92%，其中 76% 为复合性状转基因玉米(表9-3)。2003 年，菲律宾引入抗虫转基因玉米，成为亚洲第一个批准种植转基因主粮的国家；2014 年转基因玉米种植面积达 83.1 万 hm^2，目前转基因玉米在玉米中的占有率已超过 25%。2015 年越南首次加入转基因作物种植行列，种植作物为复合性状的转基因 Bt/HT 玉米，到 2020 年转基因玉米种植面积有望占总作物种植面积的 30%～50%(鄢爱华，2014)。

表 9-3　美国 2000～2016 年转基因玉米种植面积及占有率

年份	种植面积/(×10⁶hm²)		占有率/%			
	玉米	转基因玉米	转基因玉米	抗虫玉米	抗除草剂玉米	复合性状玉米
2000	32.19	8.05	25	18	6	1
2001	30.64	7.97	26	18	7	1
2002	31.93	10.86	33	22	9	2
2003	31.81	12.72	40	25	11	4
2004	32.75	15.39	47	27	14	6
2005	33.09	17.21	52	26	17	9
2006	31.70	19.34	61	25	21	15
2007	37.85	27.63	73	21	24	28
2008	34.80	27.84	80	17	23	40
2009	34.96	29.72	85	17	22	46
2010	35.69	30.69	86	16	23	47
2011	37.21	32.74	88	16	23	49
2012	39.37	34.65	88	15	21	52
2013	38.59	34.73	90	5	14	71
2014	36.66	34.09	93	4	13	76
2015	35.61	32.76	92	4	12	76
2016	38.10	35.05	92	3	13	76

数据来源：根据美国农业部网站 http://www.ers.usda.gov/data-products/oil-crops-yearbook.aspx 相关数据整理

(二)中国转基因玉米技术发展现状

1. 转基因玉米材料的选育

2008 年，我国启动了转基因生物新品种培育科技重大专项，通过技术的不断拓展，现已建立了比较完备的转基因育种技术体系。"十二五"期间，我国获得具有重大育种价值的关键基因 137 个，挖掘出包含抗虫、耐除草剂、耐盐抗旱、品质改善等多种功能性的玉米基因(王开广，2014)。其中抗虫基因包括 *cry1Ah*、*cry1AcM*、*cry1Ie*、*cry1Ac3-cpti*、*cry1Ia8*、*gna* 等，耐除草剂基因包括 *deoA*、*2mG2-epsps*、*maroAcc*、*sxglr-11*、*SBgLR*、*SB401* 的高赖氨酸基因及 *mZmDEP*、*ABP9* 等抗逆基因。目前，我国已经培育和积累了大批转基因玉米材料，为将来培育适合生产环境的转基因玉米品种提供了必要的种质资源。

转植酸酶基因玉米 BVLA430101 是目前我国唯一获得商业化批准的转基因玉米品种，导入基因为中国农业科学院研究人员从黑曲霉菌株 963 中克隆出的具有自主知识产权的 *phyA2* 基因，该基因通过受体表达产生植酸酶，可将动物饲料中的植酸磷水解为无机磷酸盐，促进动物的吸收(姚斌和张春义，1998)。另外，我国还研发出 TPY001、TPY050 两个其他转植酸酶玉米品系；在抗虫转基因玉米方面，由中国农业大学国家玉米改良中心研发出的具有抗虫性质的转化体 Bt-799 目前已进入生产试验阶段，田间性状显示该转化事件达到大规模产业化的要求(陈平丽，2013)。中国农业科学院作物科学研究所也研发出包含 *cry1Ie* 基因的抗虫玉米 IE034；抗除草剂玉米主要拥有 G1105E-823C 品系和由中国农业大学国家玉米改良中心研发的 CC-2 品系等；复合性状转基因玉米方面，C0030.3.5 品系和浙江大学农业与生物技术学院研发的含有 *cry1Ab/2Aj* 和 *G10-epsps* 基因的抗虫抗除草剂的 12-5 品系是很有应用价值的玉米材料(王江等，2016)。

2. 转基因玉米应用现状

我国并未开展转基因玉米的商业化种植，只是选择部分进口转基因玉米品种加工饲料。截至目前，有效期内中国批准进口的转基因作物产品共涉及 50 个转基因品种或品种组合，其中转基因玉米品种所占最多为 19 个，涉及的性状包括抗虫类、抗除草剂类、提高品质类、耐旱类和复合性状类。所进口的转基因玉米的研发单位也主要为先正达公司、孟山都公司、陶氏益农公司、先锋国际有限公司、拜耳作物科学公司等，其中以先正达公司和孟山都公司占有数量最多，分别为 8 个和 7 个。表 9-4 为有效期内我国批准进口的具体转基因玉米清单。

表 9-4　我国批准进口的转基因玉米审批情况

转基因玉米事件	转基因性状	研发单位	有效期
Bt176	耐草铵膦除草剂、抗鳞翅目昆虫	先正达农作物保护股份公司	2018 年 12 月 20 日
Bt11	耐草铵膦除草剂、抗鳞翅目昆虫	先正达农作物保护股份公司	2018 年 12 月 20 日
MIR604	抗鞘翅目昆虫	先正达农作物保护股份公司	2018 年 12 月 31 日
GA201	耐草甘膦除草剂	先正达农作物保护股份公司	2018 年 12 月 31 日
3272	修饰 α-淀粉酶	先正达农作物保护股份公司	2018 年 12 月 31 日
Bt11×GA21	耐草铵膦、草甘膦除草剂，抗鳞翅目昆虫	先正达农作物保护股份公司	2020 年 6 月 12 日
MIR162	抗鳞翅目昆虫	先正达农作物保护股份公司	2020 年 6 月 12 日
5307	抗多种昆虫	先正达农作物保护股份公司	2020 年 7 月 16 日
MON810	耐草甘膦除草剂、抗鳞翅目昆虫	孟山都远东有限公司	2018 年 12 月 20 日
MON863	抗鞘翅目昆虫	孟山都远东有限公司	2018 年 12 月 20 日
MON87460	抗旱	孟山都远东有限公司	2018 年 12 月 31 日
MON88017	耐草甘膦除草剂、抗鞘翅目昆虫	孟山都远东有限公司	2018 年 12 月 31 日
MON89034	抗鳞翅目昆虫	孟山都远东有限公司	2018 年 12 月 31 日
NK603	耐草甘膦除草剂	孟山都远东有限公司	2018 年 12 月 31 日
MON87427	耐草甘膦除草剂	孟山都远东有限公司	2020 年 7 月 16 日
59122	耐草铵膦除草剂、抗鞘翅目昆虫	陶氏益农公司 先锋国际良种公司	2018 年 12 月 20 日
TC1507	耐草铵膦除草剂、抗鳞翅目昆虫	陶氏益农公司 先锋国际良种公司	2018 年 12 月 20 日
DAS40278	耐 2,4-D 除草剂	陶氏益农公司	2020 年 6 月 12 日
T25	耐草铵膦除草剂	拜耳作物科学公司	2020 年 6 月 12 日

二、中国转基因玉米技术研发与应用中存在的问题

(一)自主知识产权基因的缺失性

在转基因玉米方面，我国虽开发出一定数量的功能基因，但实质授权的基因少，而且基因的研发会涉及标记基因、启动子、终止子等多种类型的基因，如启动子 Ubiquitin、终止子 Nos、标记基因 *Bar* 等，而这些在国外都是申请过专利保护的。例如，美国孟山都公司就拥有标记基因 *Bar* 和 *Npt II* 的专利。同样，目的基因的导入离不开转化方法，我国目前使用最多的转化方法为农杆菌介导转化法和基因枪法。国外在申请专利时往往采取"转化体"式的捆绑式申请方式，即我国开发出的转基因玉米育种材料，其使用的基因序列与转化方法都可能会不同程度地涉及国外专利，无法实现完全知识产权。

(二)转基因技术研发体系不完善

在我国，国家在转基因技术上的投资多用于科教单位。国内种子企业资金缺乏，使得种子企业在技术研发上投入很少，仅为销售额的 1%左右，远低于跨国公司 10%以上的比例。而且企业难以吸纳人才，无法形成规模化科研力量。因此，科教单位无论从人才资源还是资金投入方面较种子企业都具有很大优势，是转基因技术研发主要力量的承担者。然而，实际环境下，科教单位虽能研发出一定数量的成果，但转化率偏低，即转基因技术研发体系仍存在些许问题。首先，现阶段，国内科教单位人员工资、职称等往往与论文、专利数量挂钩，考核指标欠规范。鉴于转基因下游的研究难度大，研发单位往往在上、中游做重复研究，无法实现从克隆基因到品种选育整个流程一体化。工作效率低，技术上也缺乏创新与突破，难以挖掘出有应用价值的基因、开发出具有市场导向的转基因产品，投入与产出不成正比；其次，我国转基因技术研发体制是以课题组为单位的，各课题组在执行过程中主要关注本课题组目标的实现，较少关注其研究对整个研发过程的影响，以至于难以形成上、中、下游高度融合的流水线式研发体系。课题组对于研究出的重大成果也不会毫无保留地转交给下一环节进行后续研究，成果无法在上、中、下游实现共享，一定程度上影响了技术的创新性和先进性；最后，项目成立之初都有较为理想的顶层设计，而执行过程中却缺乏动态的调节机制。由于项目涉及不同部门的领导小组，因此在现实情况和国内外的最新科研动态出现变化时，对课题项目既有的目标、任务、考核和经费支出等做出适当调整是比较困难的(黄季焜等，2014；胡瑞法等，2016)。

(三)审批程序冗长且严格

转基因技术研发的最终目的在于转基因技术的商业化应用，为促进转基因技术的健康发展，我国相继制定了诸多如《农业转基因生物安全管理条例》《农业转基因生物安全评价管理办法》等条例与法规。但在转基因作物商业化种植之前，要经过一系列的审批程序，审批程序的复杂化一定程度上削弱了研发主体的动力，也影响到技术的先进性"保

鲜"。在美国，转基因作物的商业化由农业部动植物卫生检验局负责监管审批，从图 9-1 可以看出，进行试验的种子公司在完成田间释放且作物的性状及安全性均满足相关要求后，便可以向动植物卫生检验局申请商业化的批准文件，即要求取消转基因安全法规的监管。检验局审核通过，对种子公司发出解除监管的通知，转基因作物品种就同普通品种一样自由用于杂交育种做亲本，自由进行种植。我国转基因作物商业化审批程序相对冗长且严格，首先，国家对田间释放的申请时间严格限制，一年只审批一次；其次，转基因育种材料取得安全证书后往往进行杂交选育获得转基因衍生品种，衍生品种也须通过转基因生物安全评价并获得安全证书；常规作物品种审定与转基因作物品种审定不能实现有效对接，致使转基因作物区域化试验受到相关法规的制约；转基因作物即使能够通过品种审定，但真正实现商业化，还要拿到种子生产经营许可证。而在涉及转基因种子安全审查方面，农业部科技教育司和种子管理局之间通常会存在一定的政策分歧，导致无法实现品种的及时推广（邵海鹏和任情，2014）；农业部修订的最新《主要农作物品种审定办法》依然没有给出除转基因棉花外其他转基因作物的品种审定制度，转基因玉米缺乏流程细则，便无法取得品种审定证书，难以促进转基因技术的深度开发和商业化应用。

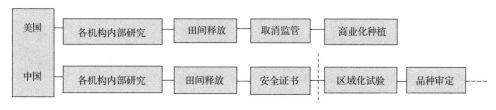

图 9-1　中、美两国转基因作物商业化种植的批准程序比较

（四）公众认知尚浅

诚然，转基因作物具有改善作物品质、缓解资源压力等方面的优越性，但转基因作物仍可能存在如对人类健康、生态环境方面潜在的风险。然而，注意到转基因棉花和番木瓜在我国已商业化种植多年，学者在安全性评价方面也开展了诸多方面的细致研究，积累了不少有参考价值的研究成果。但因我国目前尚未建立起完善的风险沟通机制，技术专家无法形成与公众的"同频道"对话，致使有关转基因技术风险或是安全评价方面的信息难以有效地输送给公众。而且，国内转基因决策体系相对较为封闭，有关信息缺乏透明化。以此，公众对转基因技术尤其风险的认知颇显不足。农户对转基因作物不甚了解，就会引发农户如"转基因作物种植后会对土地质量造成影响，无法再耕种其他作物"等的忧虑。同时，网络媒体的一些不实言论与宣传一定程度上造成了对转基因技术的"污名化"，潜在风险无形中被放大，使农户对转基因作物抵制情绪愈发强烈。另外，农户受教育程度普遍较低，农户考虑到转基因作物种植可能会引起原来管理习惯的改变，而学习新的管理经验又将花费成本，因此，进一步降低了农户对转基因作物的生产意愿，影响了转基因技术的应用与深度发展。

参 考 文 献

陈国宏, 王吓忠. 1995. 技术创新. 技术扩散与技术进步关系新论. 科学学研究, 13(4): 68-73.

陈平丽. 2013. 院士携网友试吃转基因玉米目前尚未获批上市. http://jingji.cntv.cn/2013/09/08/ARTI1378597884371688.shtml [2016-11-17]

陈通, 田红波. 2003. 高新技术的企业化、市场化和产业化深化——高新技术产业化路径的实证研究. 高新技术产业化, (1): 45-47.

陈勇忠. 1996. 高新技术商品化产业化国际化研究. 北京: 人民出版社.

国家科学技术委员会课题组. 1994. 科技成果转化的问题与对策. 北京: 中国经济出版社.

郭昆鹏. 2010. 医药企业新药研发的风险管理研究. 河南大学硕士学位论文.

郭鹏, 施品贵. 2005. 项目风险模糊灰色综合评价方法研究. 西安理工大学学报, (1): 106-109.

洪进, 余文涛, 赵定涛, 等. 2011. 我国转基因作物技术风险三维分析及其治理研究. 科学学研究, 29(10): 1480-1484, 1472.

黄季焜, 胡瑞法, 王晓兵, 等. 2014. 农业转基因技术研发模式与科技改革的政策建议. 农业技术经济, (1): 4-10.

胡瑞法, 王玉光, 蔡金阳, 等. 2016. 中国农业生物技术的研发能力、存在问题及改革建议. 中国软科学, (7): 27-32.

江旭, 穆文, 周密. 2017. 企业如何成功实现技术商业化? 科学学研究, 35(7): 1032-1042.

蒋咏华. 2013. 技术创新商业化风险及政府作用. 现代商业, (14): 157-158.

焦悦, 付伟, 翟勇. 2018. RNAi 技术在作物中的应用及安全评价研究. 作物杂志, (1): 9-15.

李宁, 张鹏, 胡爱军, 等. 2009. 从风险认知到风险数量化分类. 地球科学进展, 24(1): 42-48.

刘常勇, 段樵, 伍凤仪. 1996. 创业投资评估决策程序. 中外科技政策与管理, (12): 64-74.

刘希宋, 姜树凯, 喻登科. 2008. 科技成果转化风险的预警模型. 科技管理研究, (5): 283-284, 260.

李晓峰, 徐玖平. 2011. 基于物元与可拓集合理论的企业技术创新综合风险测度模型. 中国管理科学, 19(3): 103-110.

骆翔, 刘志颐, 章树民, 等. 2014. 植物转基因技术研究进展. 中国农学通报, 30(15): 234-240.

聂祖荣. 2002. 高校成果转化模式. 中国高校科技与产业化, (11): 32-33.

庞甲佩, 于永辉, 余正. 2015. 生物仿制药研发的风险控制. 山东化工, 44(03): 71-76.

单美玉, 王戴尊, 李彩霞, 等. 2015. 基于专利分析的转基因玉米发展态势分析. 农业图书情报学刊, 27(12): 5-10.

尚庆原, 覃正. 2008. 基于风险分类的企业全面风险管理目标体系. 经济与管理研究, (6): 46-50.

邵海鹏, 任倩. 2014-09-03. 转基因主粮有了安全证书为何仍难商业化?. 第一财经日报, B01.

睦振南, 王贞萍. 1998. 科研成果转化评估. 上海: 上海财经大学出版社.

王江, 武奉慈, 刘新颖, 等. 2016. 转基因抗虫耐除草剂复合性状玉米'双抗 12-5'对亚洲玉米螟的抗性及对草甘膦的耐受性研究. 植物保护, 42(1): 45-50.

王开广. 2014. 我国转基因专利总数位居世界第二. http://news.sina.com.cn/o/2016-06-06/doc-ifxsuypf5026252.shtml [2016-11-17].

王立英, 董兴林, 马媛, 等. 2008. 高校科技成果转化过程中的风险识别与度量. 科技管理研究, (6): 186-188.

王明涛. 2003. 证券投资风险计量、预测与控制. 上海: 上海财经大学出版社.

孙炜琳, 王瑞波. 2011. 转基因抗虫玉米商业化的风险分析及应对策略. 农业技术经济, (7): 95-103.

邬晓燕. 2012. 转基因作物商业化及其风险治理: 基于行动者网络理论视角. 科学技术哲学研究, 29(4): 104-108.

肖琴. 2012. 我国农作物转基因技术风险评价研究. 中国农业科学院硕士学位论文.

肖琴. 2015. 转基因作物生态风险测度及控制责任机制研究. 中国农业科学院博士学位论文.

谢科范. 1994. 论科技成果转化的风险. 自然辩证法研究, (11): 44-47.

徐辉, 蔡国华, 丁木华. 2005. 科技成果转化风险识别及其定量测度. 工业技术经济, (2): 82-84.

鄢爱华. 2014. 越南批准 2015 年进口四种转基因玉米品种. http://news.wugu.com.cn/article/408657.html. [2018-03-14].

杨君, 刘金涛, 杨德礼. 2010. 转基因抗除草剂作物全因素层次模型的建立与风险分析. 大连海事大学学报, 36(4): 132-135.

杨晖, 杨辉. 2016. 制药企业新技术商业化项目风险评估研究——以银河制药厂为例. 河南财政税务高等专科学校学报, 30(6): 5-13.

姚斌, 张春义. 1998. 产植酸酶的黑曲霉菌株筛选及其植酸酶基因克隆. 农业生物技术学报, 6(1): 1-6.

于永辉. 2014. 生物制品仿制研发风险管理研究. 山东大学硕士学位论文.

臧秀清. 2000. 科技成果转化的风险及防范措施. 中国软科学, (4): 49-51.

张晨琛. 2014. 高速公路网风险评估理论. 北京交通大学博士学位论文.

张春勋. 2008. 基于 D-S 理论及 Fuzzy 集的产品开发项目风险评价研究. 科技管理研究, (4): 39-42.

张君. 2003. 论我国保险公司的风险管理. 保险研究, (3): 10-12.

郑淑蓉, 李金兰. 2011. 低碳技术商业化风险探讨. 市场周刊(理论研究), (2): 76-77, 92.

周士富. 1989. 企业管理决策分析方法. 上海: 同济大学出版社.

朱吉. 2008. 新技术的商业化评估. 石油科技论坛, (5): 71-76

朱淑珍. 2002. 金融创新与金融风险——发展中的两难. 上海: 复旦大学出版社.

Beck U. 2004. 风险社会. 何博闻译. 南京: 译林出版社.

Beck U, Wilms D J. 2001. 自由与资本主义. 路国林译. 杭州: 浙江人民出版社.

Cooper R G, Kleinschmidt E J. 1988. Resource allocation in the new product process. Industrial Marketing Management, 17(3): 249-262.

Douglas M, Wildavsky A. 1983. Risk and Culture: an Essay on the Selection of Technological and Environmental Dangers. Oakland: University of California Press.

Ewold F. 1991. Insurance and risk. *In*: Burchell G. The Foucault Effect: Studies in Governmentality. Chicago: University of Chicago Press: 197-210.

James C. 2006. Global status of commercialized biotech/GM crops. ISAAA Briefs, 35: 96.

Krishnan V. 2013. Operations management opportunities in technology commercialization and entrepreneurship. Production and Operations Management, 22(6): 1439-1445.

Luhmann N. 2017. Risk: a Sociological Theory. New York: Routledge.

Renn O. 2005. White Paper on Risk Governance: Towards an Integrative Approach. Geneva: IRGC(International Risk Governance Council)

Roberts E B. 2007. Managing invention and innovation. Research-Technology Management, 50(1): 35-54.

Vijay K J. 2001. 新技术的商业化——从创意到市场. 张作义, 周羽, 王革华, 等译. 北京: 清华大学出版社: 9.

Willett A H. 1901. The Economic Theory of Risk and Insurance. New York: The Columbia University Press.

Zahra S A, Nielsen A P. 2002. Sources of capabilities, integration and technology commercialization. Strategic Management Journal, 23(5): 377-398.

第十章 转基因玉米技术商业化风险识别与成因分析

第一节 中国转基因玉米技术商业化风险分类与识别

一、转基因玉米技术商业化风险分类

在识别风险前，本节首先对风险进行分类，以使专家对技术商业化的风险轮廓能有整体性的认识和把握。

(一)按照技术商业化发展过程划分

根据本节对技术商业化概念的界定，技术商业化的过程大致划分为实验室环境下的技术研发、技术转让、产品概念开发、产品生产与销售等几个阶段。注意到，技术商业化的不同发展阶段对应于不同的活动内容，而活动内容本身又各具特点，借此可归纳出各阶段潜在的概括性的风险类型。具体来看，技术研发环节主要存在如技术成熟度等风险在内的技术本身引致的风险及其他如投入风险、管理风险等；技术转让环节主要面对的是技术市场延迟交易风险；产品概念开发环节主要存在技术应用风险；产品生产与销售环节需主要应对生产风险、市场风险、管理风险及财务风险。

(二)按照技术商业化依附的宏微观环境划分

"人"是一切行为的主导者和实行者，技术商业化过程既涉及科研院所、高校等技术供给方，也涉及企业方面的技术需求方和科技推广机构等技术中介方。不同的行为主体在技术商业化发展过程中承担着不同的风险，而人又处于客观环境之中，客观环境存在的不确定性因素同样会影响技术商业化的进程。首先从微观视角看，即从技术供需方与中介方角度看，技术成果的供给方在商业化过程中主要面临着技术本身风险、知识产权风险、技术人员的稳定性及信用性风险、投入风险及市场交易延迟风险；技术需求方则主要承担技术吸收能力风险、生产风险、市场风险、管理风险与资金风险；技术中介方总体来讲主要存在技术服务风险、资源缺位风险。其次从宏观角度来看，外界客观环境主要存在着经济文化与政策法律风险。

(三)按照经济学对产品属性归类划分

借用产品属性分类方法，从经济学角度划分，可将转基因玉米技术商业化风险分为具有搜寻品特征的风险、具有经验品特征的风险和具有信用品特征的风险三类。对于搜寻品，是指消费者在购买商品之前通过感官观察外在包装、新鲜程度等就能大致获取较充分质量信息的产品；经验品为只有购买体验后才能对其质量做出评价的商品；信用品则表示即使在消费体验后亦不能判断产品质量的商品。转基因玉米技术，具有搜寻品特征的商业化风险意为那些在技术转移之前由于人的行为过失所引致的风险。例如，转基

因技术研发之前，研发人员未充分查找尤其是包含国外有关转基因技术知识产权、转基因玉米技术转化方法等的资料信息，由此导致转基因玉米技术自主知识产权和先进性的缺失；技术研发过程中，组织管理者因为忽视工作环境条件对人的积极性的影响，未与处在"不满"状态下的工作者进行充分沟通而引起的人才流失风险；企业决策者为能及时实现技术交易而未对本企业的固有资金及后续资金投入情况进行全盘考量，从而引发企业的财务风险。具有经验品特征的商业化风险表示技术转移后在较短时间内就能显现出来的风险，发现成本较低。例如，种子企业在产品设计与开发环节面临的技术消化、转化与应用风险，企业能否参照转移的技术设计出合格的种子样品在短时间内就可以得到验证；企业对市场容量情况的估计，在产品预销售后就能有大致的判断。具有信用品特征的商业化风险指的是该类风险的发现需要花费较大的时间成本，如技术转移后传统农耕文化、环保文化等对农户接受意愿的影响；研发单位是否将技术完整的转移等。

本节最终选择第二种风险分类方式，并将涉及的风险合并归类后确定出技术风险、交易风险、生产风险、市场风险、投入风险、管理风险及环境风险七类风险。

二、转基因玉米技术商业化风险识别

(一)转基因玉米技术商业化风险识别方法

对风险进行分类后，下一步就需要对具体风险进行识别。本节通过查阅大量文献资料，整理出目前用于风险识别的方法主要集中于以下八种：第一，头脑风暴法。该方法是针对某一风险事件，组织相关领域专家召开专题会议。与会专家畅所欲言，相互激励，会上不对专家意见做出评价。最后通过对专家意见进行系统化处理，作为对风险的识别结果。第二，德尔菲法。是指通过邮件或信函的方式对相关领域专家发出讨论邀请，以此征求专家对某一研究问题的直观意见。具体执行时，通常先由组织者确定出咨询的问题，并选择问题所涉领域内的具有代表性的专家；其次，专家对所提问题独立分析并给出意见；后收集专家意见进行汇总整理与修正，并将结果予之反馈；以此反复循环几轮，最终将趋于一致性的意见作为风险识别的结果。上述两种方法是两种最常见的专家调查法，在尤其缺乏足够的历史统计数据时最为适用。第三，核对表法。是以发生过的类风险事件或从其他渠道积累的历史信息与知识为参照，将待处理风险事件的可能风险源罗列在一张表格上，以便风险管理人员开阔思路，完成对风险进行识别的方法。该方法优点是使用简单、方便快捷，缺点是先前类似事件的数量和资料内容对识别结果会产生重要影响。第四，情景分析法。该方法是一种直观的定性预测方法。使用该方法时，通常需要借助有关数字、图表等对事件未来的演变趋势进行细致的描述和分析，以此识别出引起事件风险的关键因素及其影响程度。另外，此方法对由因素变化引起的风险类别和风险损失的变化也能较好地进行演绎。此法适用于定量分析大型的风险决策问题，能够整体上把握风险因素的未来发展动向，但对数据的数量和质量要求较为严格。第五，故障树分析法。故障树分析法是通过逻辑图的方式将可能的事故按照"从上到下，层层剥茧"的原则进行剖析，以此寻找出事故发生的直接或间接原因。在风险识别方面，故障树分析可做定性和定量分析，其不但能够查找出引起事件风险的各种因素，确定出风险事件发生的概率，还能为风险控制提供决策参考。

但该方法本身复杂，对使用者有较高的要求，且做定量分析时须确定各基本事件发生的概率，而通常情况下是比较困难的。第六，流程图法。这是一种使用包括系统流程、工作流程图、因果关系图等一系列的图形去分析和识别某一事件风险的方法。借助流程图可以帮助风险识别人员去分析和了解事件各个环节之间存在的风险及事件风险的起因和影响，但流程图因为无法描述事件的一些具体细节，因此容易遗漏风险。第七，工作分解结构法。工作分解结构是将一项目按照其内在结构或实施过程的顺序进行逐层分解而形成的结构示意图，图中会清晰地描述出项目中可能发生的风险分类和风险子分类。利用工作分解结构法对风险进行识别，简单易行。但是对于较大项目的风险识别，分解过程将变得复杂，分解结构需要多次反馈、修正，而且分解合理性不易把控。第八，SWOT 分析法。SWOT分析法即态势分析法，就是通过运用各种调查研究方法，分析出项目所处的各种环境因素。于外部环境找出机会因素和威胁因素，于内部环境找出优势因素和劣势因素，并将各因素按照影响程度等进行排序，以此构造出 SWOT 矩阵，从而更有针对性地制订出相应的风险应对策略。运用该方法，有利于人们对项目风险所处情景进行全面、系统、准确的研究，但是对于优势、劣势、机会与威胁一般很难界定。

考虑到本研究无历史研究资料可供参考，转基因玉米技术研发上的细节也大都处于保密状态，因此本节拟采取德尔菲法对转基因玉米技术商业化过程风险进行识别。首先，根据转基因玉米技术商业化所依附的宏微观环境选定不同工作领域的专家，其次将商业化涉及的七类风险以邮件方式向每位专家发出意见征求函，后将专家意见即识别出的各类风险下的具体风险整理、归纳，并把结果以匿名方式反馈给专家，再次征求专家意见，再对结果进行汇总整理，再反馈，直到专家们的意见大体上保持一致。最终取专家们统一的最后意见作为风险识别的具体内容。

(二) 风险识别内容

风险识别是风险管理的首要环节，也是构建风险指标体系的重要基础。所谓的风险识别是指在风险事故发生前，认识事故潜在风险的风险认知过程。当然，过程的开展需配合使用各种识别方法，认识本身需具备系统性和连续性，分析也应尽可能地全面。对于转基因玉米技术商业化风险，风险识别需挖掘出潜藏在实验室、产品生产、产品商品化等阶段的风险，具体识别过程包含感知风险和分析风险两个方面。于感知风险，一般是基于感性认识和历史经验对风险进行识别分类；于分析风险，则需分析、归纳和整理各种客观的转基因玉米事件资料并咨询相关领域专家，加之借助合适的技术手段，从而找出各种明显和潜在的风险。本节对风险分类后，借助德尔菲法对转基因玉米技术的商业化风险进行了具体识别，识别内容如下所述。

1. 技术风险

技术处于技术商业化的始端，技术的风险对商业化成功将产生直接影响作用。作为一种新兴技术，转基因技术的研发不仅会涉及本学科领域科学研究的理论支撑，而且还需要相关配套学科的科学和技术的支持。我国在转基因技术研发上起步较晚，近些年来技术的研发虽得到了较快发展，但在技术研发体制、国外基因授权保护压力等不尽于如意的实际环境下，我国对转基因技术或是转基因玉米技术的把控度究竟如何，有待进一步检验。技术风险具体包含技术成熟度风险、配套技术可获得性风险、技术适用性风险、技术替代性风险、技术先进性及知识产权风险。其中技术成熟度风险是在实验室阶段开展技术研发所面临的主要风险，技术依赖的基本原理是否科学等都会影响技术的成熟度；转基因技术通常需要杂交常规育种技术及其他技术的配合研发，技术研发后能否有后续配套技术支持，这些都对转基因玉米技术将来的应用构成潜在威胁；技术适用性风险指的是转基因玉米虽表现出良好的性能，但其适用的环境条件可能是苛刻的，无法在不同环境下得到应用；技术替代性风险描述的是转基因玉米技术被其他在研发成本、功能实现等方面都更具优势的育种技术所替代的风险；技术的先进性通过国内外同类技术达到的参数指标来确定，技术的先进性越高越有利于技术向企业的转移；如上文所述，国外在转基因技术保护上有自己特有的方式，我国在转基因玉米技术研发上会不会触碰到基因(包括基因序列等)、技术手段等的产权问题，在技术商业化之前应有充分的考量。

2. 交易风险

转基因玉米技术研发出来以后，要通过技术转移将技术从实验室转交给种子企业。首先对于技术的研发单位来讲，技术的研发会涉及诸多具价值性的隐性知识，而其在技术转移过程中并不会全部披露给种子企业，种子企业则由于信息的不完全不愿购买该技术，这种信息的不对称会增加双方交易成本，影响技术的顺利转移，这就是所谓的信息风险；其次，我国技术中介机构呈现蓬勃式发展，但中介机构因资金、人才等限制因素，其专业水平、服务效能尚显不足，尤其是针对转基因玉米这一新兴技术，实际推广中可能会面临很多困难，即存在中介服务能力风险。

3. 生产风险

企业在得到转移的技术后，接下来就会进行技术投入生产的环节。然而，企业能否顺利启动生产，应首先审视企业对技术的吸收能力。技术吸收能力是指企业对引进技术消化、吸收与应用的综合能力。企业技术吸收能力不足会影响到转基因玉米产品设计与开发，影响到产品良好性能的实现。另外，企业也应考虑到自身生产设备、生产工艺是否迎合转基因玉米的生产，要改装、购置设备或是调节工艺流程都会增加企业的生产成本。同时，企业在原材料供应方面是否优质与持续，也是企业在引进技术时顾及的一个方面。对于转基因玉米的生产或是说能生产出预期功能性质的转基因玉米种子，需要企业产品开发、生产与管理等部门的良好协作。任何一个部门出现问题都将使转基因玉米生产无法正常有序开展。

4. 市场风险

市场是技术商业化的终端连接点，转基因玉米技术市场接受度如何，能否在市场中快速推广，产品有无竞争力等都是技术商业化应考虑的重要因素，只有市场推广得成功，转基因玉米技术商业化才能取得成功。具体市场风险包括产品竞争力风险、市场接受容量风险、市场接受时间风险、进入市场时机风险与市场营销能力风险。其中，产品竞争力风险是指转基因玉米种子虽在品种、抗性等方面优于常规品种，但由于企业生产成本高，种子价格通常也设置较高。在综合性能与价格因素后，转基因玉米种子是否仍具有竞争力都是不确定的；2017 年黑龙江省已推出禁止种植转基因粮食作物的法令，这将意味着转基因玉米将失去全国约 1/7 的市场，其他地区是否也会做出效仿类的行为，不得而知。同时注意到，在当前有关转基因流言依旧盛行的大环境下，农户因担心转基因玉米的种植会带来土地质量、生态污染等不良影响也会不予采纳该技术，影响到市场的接受容量；进入市场的转基因玉米(种子)是一种全新产品，农户在不了解其性能情况下很可能会抱有观望态度而慎于种植，继而引致市场接受时间风险。而市场接受时间越长，企业回收资金也将越困难；进入市场时机风险指的是生产出的转基因玉米种子因不符合当时实际种植生产环境，而使企业陷入被动发展的局面；企业营销能力风险表现为企业无法建立可行性的营销网络或是不能开展充分的市场调研而引起销售不畅的风险。

5. 投入风险

投入风险存在于转基因玉米技术商业化的不同环节，具体包含投入数量风险、投入结构风险与投入可持续性风险。其中投入数量风险涉及投入人才与投入资金两个方面，无论转基因实验室研发、技术转移还是生产环节的产品生产，前期都需要有足够的资金和人力资源作为支撑，这是硬件条件；投入结构风险指的是投入分布结构与技术商业化过程对投入的需求不相匹配而造成的风险；技术的商业化亦需要投入的可持续性，如实验室阶段的技术研发环节出现投入的不可持续性一定程度上会有碍于技术的深度研发和持续创新，从而影响到技术的实际效用水平。

6. 管理风险

管理风险为转基因玉米技术在商业化过程中管理不善而导致商业化失败所带来的风险，主要涵盖决策风险、组织风险、信用风险与人力资源风险。具体来看，决策风险是指技术研发团队领导在目标技术选择等方面的决策失误而造成技术不能适应市场的风险或是企业领导无法将引进技术与企业实际发展相联系而做出错误决策的风险；组织风险即为技术研发体系及企业组织结构不合理所引起的各单位间协作关系不畅而引致的风险；转基因玉米技术蕴藏价值较大，技术研发人员为谋个人利益可能将部分研究成果私自窃取，技术转移对象也可能会涉及多个，这就是所谓的信用风险；人力资源风险为对人事管理不当而引起团队成员对职称、薪资的不满，从而造成人才流失的风险。

7. 环境风险

环境风险为技术商业化不可回避、不可控制的风险，主要包括经济、文化风险和法律政策风险。对于经济风险，指的是国家经济结构、汇率水平、物价波动等造成企业资金损失的风险；文化风险是随着时间的推移，"天人合一""环保文化"等思想的渗透使农户对转基因玉米技术接受意愿降低的风险；国家在转基因品种审定与试验等相关政策上的规定存在着模糊性，这将影响到技术未来的实际应用价值。政府在产业政策上的导向同样也会影响到企业在转基因技术应用上的决策。这些都是外在法律政策所引致的风险。

第二节　中国转基因玉米技术商业化风险的可能成因分析

风险是客观存在的，而风险的存在也基于一定的诱因。对风险可能成因进行分析不仅是风险识别的重要内容，还可以在后期从源头上对风险更好地管控。本节根据上述风险识别内容，首先借用人-机-环境系统工程理论对风险可能成因进行大体分析，然后以此为基础，通过因果分析法(鱼刺图)对影响转基因玉米技术商业化风险的发生因素进行更为细致的分析，并绘制因果分析图(鱼刺图)。

一、基于人机系统工程理论的风险可能成因分析

人-机-环境系统工程是 1981 年在科学家钱学森指导下发展起来的一门研究人-机-环境系统最优组合的综合边缘性技术学科。该学科主要是应用系统科学理论和系统工程方法来研究人、机、环境三大要素性能及其互动关系，并试图通过三者间的信息传递、加工和控制达到最佳匹配状态，从而最大限度地实现系统"安全、高效、经济"等综合效能。在系统中，"人"即为活动的主体，可以是操作人员，也可以是决策管理人员；"机"指的是广泛意义上的人所能控制的一切对象，包括设备、技术、工艺流程等；"环境"为人、机共处的工作环境、自然环境、社会环境等。透过该理论得知，任何事件的发生或是风险的诱因都与人、机、环境密切相关，因此，可以借助人-机-环境系统工程理论从人、机、环境三个方面对转基因技术商业化的风险成因进行分析。

从人的角度看，在转基因玉米技术商业化过程中，"人"扮演着两种角色，一个是理性经济人角色，另一个是有限理性人角色。首先人作为理性经济人，其在经济活动中采取的行为总是力图以自己的最小经济代价去获得最大的经济利益。在转基因玉米技术商业化中，这就意味着转基因技术研发主体与技术推广者、种子企业、农户之间存在切实的利益博弈关系，且这种博弈在一定程度上会诱导道德风险的形成。以技术研发者与种子企业为例：对于转基因技术，其价值主要在于其内含信息，因此技术研发者在交易中并不会把技术的内含信息全部披露给种子企业。而企业在不知技术全部内含信息时，很难充分肯定它的价值，易对转基因技术的实际效用水平产生怀疑。此时企业出于自身利益考虑，可能会提出让企业技术人员共同参与转基因技术研发的要求。转基因研发者则为防止有价值的技术信息被"窃取"，会将部分技术进行多家转让。于是，种子企业也将进一步从资金支持等方面实行紧缩，从而最终达到违约目的。即人与人之间存在的博弈关系会影响到技术转移效率，影响到技术商业化的顺利进行；对于有限理性人角色，指的是无论出于转基因技术研发环节还是企业生产环节，由于人在工龄、受教育程度、心理等方面的限制，管理者在当时环境下都将难以做出完全契合目标的决策，对组织关系的协调也会存在一定的偏差。

从技术的角度看，转基因技术即是通过遗传转化方法人为地将外源基因(目的基因)导入受体植株，使该基因能够在受体植株内复制、转录、翻译、表达，从而产生出人们期望的转基因作物的技术。而将外源基因导入受体植株时，外源基因是随机插入受体作物的遗传物质中的，并在插入点随机性地将原有的基因切断。从理论上讲，转基因技术的处理目标是将外源基因插入特异性位点上，但实际上无法精确做到，即使插入了，也常常不是插入到不被破坏的合适位置。因此转基因遗传转化的随机性必然导致所产生的效应的随机性，插入点的非精确，也可能会导致不可预测的副作用。也就是说转基因作物或其产品的内外变化可能给蛋白质的产生和代谢带来无法预料的影响，从而无法使受体植株表达出期望性状。

以抗虫转基因玉米为例，转基因玉米研发主要涉及 Bt 抗虫基因、标记基因、启动子、终止子等基因；涉及的标准技术和方法包括将目的基因分离与克隆的技术、转化方法(如基因枪转化法、农杆菌介导法等)、导入外源基因的受体的培养基及培养方法、转基因植株的

再生方法等。由于还需要对 Bt 基因进行修饰以增强其表达，又涉及修饰 Bt 基因的方法。而 Bt 玉米研发可能涉及的基因和标准技术中有许多已被国外公司和研究机构申请了专利。这就意味着，在 Bt 玉米研发的过程中，许多环节都已经被国外公司和研究机构通过专利率先"抢占"。因此，我国转基因玉米技术的研发成熟度如何，是否依然能保持先进性和自主知识产权性都充满了不确定性。表 10-1 为转基因抗虫玉米研发可能涉及的一些专利。

表 10-1　转基因抗虫玉米研发涉及的部分专利

	专利名称	受保护的国家或地区	专利权人
转化方法	植物转化方法	美国/澳大利亚/巴西/加拿大/中国/欧盟/以色列/日本	Biogemma SAS（法国）
	单子叶植物转化过程	美国/澳大利亚/加拿大/欧盟/中国香港/日本	PLANT GENETIC SYSTEMS NV（比利时）
Bt 基因及其修饰方法	具有新型光谱杀虫活性的杂合 Bt 菌 δ-内毒素	美国/印度尼西亚/澳大利亚/巴西/加拿大/中国/欧盟/以色列/日本/土耳其/南非	孟山都公司
	合成杀虫晶状蛋白质基因	澳大利亚/加拿大/中国内地/日本/中国香港/欧盟/韩国/美国/新西兰	Lubrizol Genetics Inc/Mycogen
	新型杀虫蛋白质和菌株	澳大利亚/巴西/加拿大/中国/欧盟/以色列/日本/墨西哥/俄罗斯/新加坡/乌克兰/土耳其/南非/美国	汽巴-嘉基公司/诺华公司/先正达公司
终止子	Nos	澳大利亚/巴西/加拿大/欧盟/中国/日本/以色列/美国	RHONE POULENG AGROCHIMIE（美国）

从环境角度看，转基因玉米技术商业化所处的环境是一种由法律政策、文化、经济等相互融合的客观环境，且环境的变化呈现出动态性。首先在法律政策上，2001 年，国务院颁布了《农业转基因生物安全管理条例》，2002 年，农业部发布了《农业转基因生物安全评价管理办法》，同时农业部还发布了其他安全管理的配套办法监管转基因作物。虽然法律政策在此期间进行了一些修订，但随着我国转基因作物研发能力的提升和公众对转基因作物安全性要求程度的提高，现有的法律法规在可操作性上依旧显现出不足之处。例如，在环境安全评价中，对生物多样性影响和非靶标生物影响评价方面，缺少参考标准；在我国，转基因作物从开始研发到批准种植要经过较为严格且冗长的审批程序。审批过程涉及农业行政部门、安全委员会、检测机构、种子局等部门，转基因作物商业化应用也涉及政府与非政府组织、研发机构、公众等利益主体。群体之间权责不同，监督制约机制不健全，存在利益博弈。审批严格遵从《农业转基因生物安全管理条例》《主要农作物品种审定办法》等规定，而转基因作物品种审定过程有关试验尚无参照标准，而且品种审定时间过长，甚至超过安全证书有效时间。《主要农作物品种审定办法》指出转基因农作物（不含转基因棉花）品种审定办法另行制定，目前尚未给出相关明示。这样一来，转基因玉米在技术环节便遭受阻力，影响到技术成果的转移；其次，经济环境也充满着不确定性，这种不确定主要表现为经济周期的不确定性，对外关系的不确定性，汇率、利率、财政政策、货币政策和产业政策等的不确定性。种子企业在技术转移前，需要有良好的融资环境，技术转移又需要有良好的产业发展环境，宏观经济的波动将影响企业在产品生产上的资金投入和投入的可持续性；现阶段关于转基因技术的争论实际上也是一种科学文化与人文文化的冲

突。科学文化通常以严谨的科学理论、实验数据等专门知识为转基因的安全性和效用性辩论，而人文文化多渗透着人文情绪、怀疑与非理性的反智情绪。人文文化在争论中时常以直观外推的思维方式提出如"虫子不吃，人也不能吃"的论断，其认为人与自然本质相通，人应顺应自然(范敬群等，2013)。同时注意到在环境与健康的风险性问题上，科学文化呈现出的是"转基因应用几十年来，没有发生安全性问题"，人文文化则表示"现在安全不等于未来安全"。综上，客观的外在环境构成了转基因玉米技术商业化的重要风险来源如下，图 10-1 为基于人-机-环境系统工程理论的技术商业化风险成因分析图。

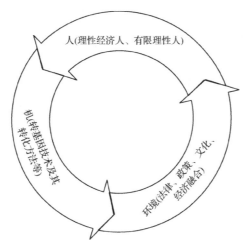

图 10-1　基于人-机-环境系统工程理论的技术商业化风险成因分析图

二、基于因果分析法的风险可能成因分析

转基因玉米技术商业化风险的发生涉及众多影响因素，是一个较为复杂的风险系统。在系统中，风险因素即为产生事故的原因，其与所造成的结果之间构成了错综复杂的因果关系。因果分析法就是将这种关系用简明文字和线条加以全面表示的方法。而通过该种方法绘制出的图被称为因果分析图，其形状像鱼刺，所以又称为鱼刺图。在进行因果分析时，要整体把握"执果索因、先主后次、层层深入"的原则。例如，技术风险主要囊括了技术成熟度、配套技术可获得性、技术适用性、技术替代性、技术先进性与知识产权六个方面。其中，技术成熟度的影响因素又涉及原理探索、概念提出及验证、假设条件、实验方案、实验过程等内容；配套技术可获得性指的是实验室技术研发过程中所用到的杂交育种技术及与转基因技术相配套的除草剂技术、栽培技术和田间管理技术；技术具有适用性的重要条件在于技术是否具备对环境的普遍适应性，即技术能否适应不同土壤性质、温度、气候等特征下的种植环境；技术替代性取决于该技术相比于其他技术，在研发成本、产出率水平、环境有益性、核心技术复杂性等方面表现出的差异；技术的先进性来自于技术手段和方法上的创新性；知识产权风险受国外转基因技术知识产权保护方式和保护时间的双重制约。同样其他交易风险、生产风险等风险类下的具体风险因素可按照上述原则依次进行分层后找出。本节为使因果分析图更加简明化，执果索因仅追踪到小要因。最终，通过因果分析法得到各风险影响因素，绘制出转基因玉米技术商业化的风险因果分析图(图 10-2)。

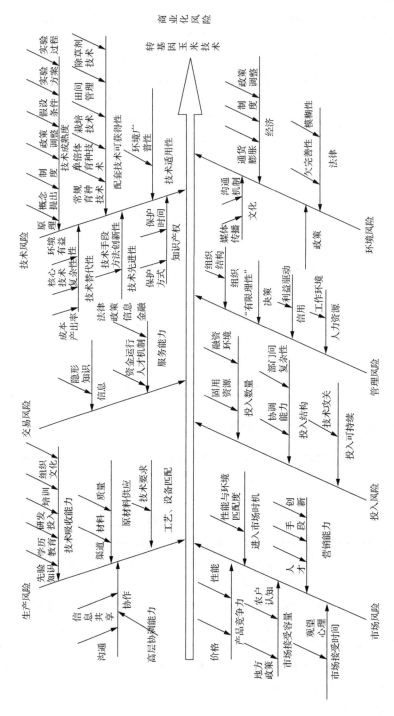

图10-2　转基因玉米技术商业化风险因果分析图

参 考 文 献

范敬群, 贾鹤鹏, 彭光芒. 2013. 转基因传播障碍中的文化因素辨析. 中国生物工程杂志, 33(6): 138-144.

第十一章　转基因玉米技术商业化风险预判

第一节　转基因玉米技术商业化的风险测度方法与指标选择

一、常见风险测度方法

风险测度应是在风险识别基础上，量化测评某一事件带来的影响或损失的可能程度，所用方法一般分为定性、定量或定性与定量的组合方法。通过以"风险测度"或"风险评价"为关键词检索中国知网中国学术期刊网络出版总库，统计分析出目前学者将测度方法主要集中于模糊综合评价、层次分析、树类分析(包括事故树、决策树、概率树)、风险矩阵、VAR、蒙特卡洛模拟、逼于理想解的排序技术、TOPSIS 及专家打分等方法，其中模糊综合评价、层次分析法、风险矩阵、BP 神经网络、贝叶斯网络、TOPSIS 及专家打分法所用数据来源多为专家群策或是专家评判，其他方法所用数据多基于历史资料、数据库或调研考察。

(一)模糊综合评价

模糊综合评价是借助模糊数学的一些概念，应用模糊关系合成的原理，将一些边界不清、不易定量的因素定量化，从多个因素对被评价事物隶属等级状况进行综合性评价的一种方法。该方法不受评价指标性质的影响，即指标无论表现出主观性还是客观性，此方法都可以做出相关评价，且其评价结果以非数值点的向量形式出现，能较为准确地反映事物本身的模糊状况。但需明确，该方法在评价过程中本身不能解决由评价指标间的相关性造成的评价信息重复问题。指标的权重也大多是人为确定的，具有较大的主观随意性。

(二)层次分析法

层次分析法(AHP)是 20 世纪 70 年代初由美国运筹学家萨蒂提出的一种解决多目标的复杂问题的定性与定量结合的决策分析方法。其原理是：首先把所研究的对象或是问题看作一个系统，将系统逐步分解成不同类因素，并按照因素间的关联性和隶属性将因素划分到不同层次中，最终形成一个递阶层次结构模型。然后，依据专家经验构造两两比较判断矩阵，并由判断矩阵计算出被比较元素的相对权重。最后依次进行层次单排序、层次总排序及其一致性检验。该方法的特点主要体现在系统性、实用性和简洁性三个方面，目前已在项目工程、方案选优、科研评价等领域得到了广泛应用。

(三)事故树分析法

事故树分析(FTA)是一种系统化的图形演绎方法，它将系统最不希望发生的事件作为顶事件，后通过对人与环境等可能造成这一事件失败的各种因素进行分析，并按此方式继续寻找造成下一事件失败的所有因素，直至找出事件的直接原因，即找到事故图的底事件为止。这种图形化的方法使得事件间的因果关系清晰且形象，不仅可以进行定性分析也可以进行定量分析，但在定量分析时如果大多数底事件缺乏数据且不能给出恰当的估计值时，该方法将不能使用。

(四)决策树分析法

决策树分析法是一种在给定各事件发生概率条件下，基于概率论和期望值原理对构建的树状图进行损益期望值计算，从而据此做出方案选择的风险分析决策方法。该方法具有使用方便、直观，易于处理较复杂的或是多阶段的决策问题等特点。

(五)概率树分析法

概率树分析是通过研究项目潜在的各种不确定性因素在发生不同变动幅度时的概率分布，由此测定出项目风险程度和进行方案优劣判断的一种定量分析方法，常用于工程项目评估与决策。该方法有严格的前提假设，即要求风险因素间保持相互独立性，而且风险概率的分布也不可避免地掺杂人为主观因素，因此方法使用也有一定的局限性。

(六)风险矩阵法

风险矩阵法是 20 世纪 90 年代中后期，由美国空军电子系统中心(ESC)提出的，可通过定性与定量综合对项目风险做出评估的方法。该方法的判断矩阵不是由专家直接给出，而是先由专家对风险影响和风险概率等级做出直观判断，由此确定出各风险因素的等级，再依据 Borda 序值法对风险重要性进行排序后，并由专家据此打分构造判断矩阵。同时，确定出每个风险指标更为客观的权重，最终实现对项目风险进行总体评价。

(七)VAR 法

VAR 法是在确定一定概率水平情况下，预测某一投资组合或金融工具可能遭受的最大损失的方法。该方法在金融数学领域广泛使用，可以简单明了表现市场风险大小，不需要专业技术手段；使用者不仅能掌握风险发生的规模还能明晰风险发生的概率，既能计算单个金融工具风险又能计算多个工具的投资组合风险，适用范围广；同时可以事前计算风险，起到较好的预测作用。但需明确该方法需要足够多的历史数据作为支撑，历史数据稀少或不具有代表性则会导致结果缺乏可信度；且单纯关注风险统计特征，无法体现经济主体主观态度；面对突发事件无法全面计量，无法单独处理市场极端情况。同时运用不同计算方法得到不同概率分布，可靠性难以准确把握。

(八)蒙特卡洛模拟法

蒙特卡洛模拟又称为统计模拟法或随机采样技术，是为解决随机问题，构造与解相关的概率模型，对模型进行试验得出参数估计量，从而求出参数的统计特征，得到所求解的近似值的方法。该方法收敛速度与问题维数无关，适应性强，算法简单，过程灵活，可分析多样风险因素变化,对连续性问题无须进行离散化处理,既能处理随机型问题,也可处理确定型问题。但需明确运用该方法应将确定性问题转化成随机性问题,结果误差是概率误差,计算步数较多,初始数据要求量大且必须准确,否则影响计算结果和效率。

(九)贝叶斯网络

贝叶斯网络又称为信度网络,是基于概率推理的图形化网络,用以解决复杂系统的不确定性和不完整性问题。该网络由贝叶斯网络结构和网络参数两部分构成,前者用有向五环图表示,后者用条件概率表表示。该方法的优点是能够对风险进行双向推理分析,效率高,而且其具有条件独立性假设,可以减少先验知识获取与推理的复杂程度;缺点是确定先验概率和条件概率的难度较大。

(十)BP 神经网络

BP 神经网络是 20 世纪 80 年代由 Rumelhart 和 McClelland(1986)提出的一种单向传播的多层前馈型神经网络,现在人工神经网络中应用最为普遍。该网络具有较强的非线性映射能力、自学习和自适应能力、泛化能力及一定的容错能力等优点,但同样存在如学习速度慢、学习时间过长,甚至可能达不到学习的目的及难以解决应用实例与网络规模之间、预测能力和训练能力之间的矛盾问题。

(十一)TOPSIS

TOPSIS 又称为优劣解距离法,对拥有多个指标的对象进行综合分析评价,根据有限个评价对象与标准化目标接近程度进行相对优劣排序的方法。该方法通过较少的主观数据即可解决决策问题,对样本无特殊要求,能评价多个对象,原理简单,结果分辨率高,评价客观,合理性适用性强,实用价值高。但该方法只能反映评价对象内部相对接近度,不能反映与理想最优方案相对接近度;只能对评价对象优劣进行排序,不能分档管理,灵敏度低。当两个评价对象的指标值关于最优方案和最劣方案连线对称时,无法得到准确结果。

上述风险测度方法各具特点(比较情况见表 11-1),在具体应用时应充分结合所研究的科学问题。本节拟选择风险矩阵法对转基因玉米技术商业化风险进行测度,主要源于该方法所具有的特殊优越性。具体优越性体现在:首先,如概率树等多数评估方法在实际应用中仅以风险发生概率或是风险影响程度单方面为切入点来开展研究对象的风险性评价,而风险矩阵则综合考虑了风险所具有的二维属性,评价更具科学性。其次,对各风险进行评判时,风险矩阵不同于层次分析法、模糊综合评价法等所依赖的"专家直接打分"式的单一化标准,而是借助风险等级量化公式等工具实现对概率和影响程度的量化处理并赋予其等级,更贴近人的直观感受;最后,风险矩阵能够依据重要性程度对所有风险进行排序,以找出最为关键的风险,来实施更有针对性的风险控制。当然,考虑到风险矩阵自身的一些缺陷,使用前本节将对风险矩阵进行必要的适应性改进。

表 11-1　风险测度方法的比较

风险测度方法	数据来源	优点	缺点
模糊综合评价	历史数据/专家评判	评价结果为矢量，能实现对模糊评价对象较为科学的评价	计算相对复杂；指标权重确定主观性太强
层次分析法	专家打分	系统性、实用性和简洁性	指标过时数据统计量大，且权重难以确定
事故树分析法	历史资料/专家咨询	逻辑性强，能直观表达出事件发生原因；既可定性分析，又可定量分析	计算过程复杂；底事件数量受限制；定量分析，要求对大多数底事件有恰当的估计
决策树分析法	现有数据库/调研考察	使用方便、直观，易于处理较复杂的、多阶段的决策问题	无法适用于不能用数量表示的决策；确定方案出现的概率带有较大的主观性
概率树分析法	历史资料/专家估计	简单明了，适用于所有状态有限的离散变量	风险概率的分布掺杂人为主观因素
VAR 法	历史数据库	表现市场风险简单明了，适用范围广	有特定的假设条件，较大的市场波动影响预测的准确性
蒙特卡洛模拟法	历史数据/经验	算法简单，过程灵活，可分析多样风险因素变化	对初始数据的丰富度和精确度要求很高
贝叶斯网络	专家群策（专家调查）	能够对风险进行双向推理分析，效率高	确定先验概率和条件概率的难度较大
BP 神经网络	历史数据/专家打分	有较强的非线性映射能力、自学习和自适应能力、泛化能力及一定的容错能力	学习速度慢、学习时间过长，甚至可能达不到学习的目的
TOPSIS	历史资料/专家打分	原理简单，结果分辨率高，评价客观	只能反映评价对象内部相对接近度；只能对评价对象优劣进行排序，不能分档管理，灵敏度低

二、风险矩阵方法概述与改进

（一）风险矩阵方法概述

1. 风险矩阵方法的起源

风险矩阵是项目管理中识别风险重要性的一种结构性方法，也是对项目风险潜在影响进行评估的一套方法论。该方法由 ESC 于 1995 年 4 月首先提出，随后在美国军方武器系统研制项目风险管理中被广泛用于识别项目风险、评估风险潜在影响、计算风险发生概率、评定风险等级，为风险的监控与化解提供基础数据。自 1996 年以来，ESC 的大量项目的风险评估都是采用风险矩阵方法进行的。ESC 还专门为此开发了 Risk Matrix 软件来减少计算量。运用风险矩阵方法能对各风险的风险来源、可能结果及预期发生概率等进行全面、有效的识别，后通过对风险等级的确定可进一步对风险因素进行梳理，以此更好地进行风险管理。

2. 原始风险矩阵

风险矩阵方法在美国国防部采办风险管理中应用时主要考察项目需求与技术可能两个方面，并以此为基础来分析辨识项目是否存在风险。将该方法用于技术商业化风险评估，应首先识别出技术商业化整个过程中潜在的风险因素，确定风险集合，后根据识别出的风险评估测度出风险集合对技术商业化造成的影响并求解风险发生的概率，再次通过预先设定的标准对各风险及整个技术商业化的综合风险进行风险等级的预判,最终确定出风险权重,分离出关键影响因素,为制订可行性的风险管理计划提供参考。

Garvey 和 Lansdowne(1998)在一篇关于风险识别、评估与排序项目风险的方法的文章中所提到的一风险矩阵示例,风险矩阵通常包含需求栏、技术栏、风险栏、影响栏、风险概率栏、风险等级栏和风险管理栏,矩阵部分内容见表 11-2。表中需求栏即表示列出项目的基本需求,一般包括两部分高级操作要求和项目管理需求;技术栏则根据项目实施需要列出可以采用的技术;风险栏即识别和描述具体的风险,本研究在上文中已对转基因玉米技术商业化风险进行了识别;影响栏意味着评估识别出潜在风险对项目构成的影响,通常将风险对项目的影响分为五个等级(表 11-3);风险发生概率栏即评估项目中风险发生的概率(表 11-4);风险等级栏通过将风险影响栏和风险发生概率栏的值输入风险矩阵来确定风险等级(表 11-5);风险管理降低栏由风险管理小组制定具体战略措施以管理降低项目中存在的风险。

表 11-2　原始风险矩阵示例

需求	所用技术	风险	风险影响	风险概率(%)	风险等级	风险管理
对讲系统 SINCGARS	ARC-201 GRC-114	算法导致无解, ICD 问题	关键	41~60	高	把演示论证作为资源取舍工作的重要部分
160km 通话要求	ARC-210	天线性能	严重	61~90	中	获得测试项目的关键参数
A-10 和 F-16 的 JSTARS 和 ABCCC 系统	当前技术不可用	错误的电源等级供应;错误链接; Cosite 问题	一般	0~10	低	通过地面小组会议对战斗机进行检查研究

表 11-3　风险影响程度等级说明(以技术的商业化风险为例)

风险等级	定义
关键	一旦风险发生,将导致技术商业化这一事件失败
严重	一旦风险发生,将难以实现技术商业化
一般	一旦风险发生,对技术商业化不会产生太大影响,技术商业化仍具备可行性
较小	一旦风险发生,技术商业化受到的影响较小,技术商业化仍能实现
可忽略	一旦风险发生,技术商业化几乎不会受到影响,商业化完全能实现

表 11-4　风险发生概率解释说明

风险发生概率	解释说明
0%~10%	风险非常不可能发生
11%~40%	风险较小可能发生
41%~60%	风险可能发生
61%~90%	风险较大可能发生
91%~100%	风险非常可能发生

表 11-5　风险等级对照表

风险发生概率	可忽略	较小	一般	严重	关键
非常不可能	低	低	低	中	中
较小可能	低	低	中	中	高
可能	低	中	中	中	高
较大可能	中	中	中	中	高
非常可能	中	高	高	高	高

3. Borda 序值法

通过表 11-5，会发现该风险矩阵等级表只是将风险等级划分成高、中、低三个类别，这样将导致对处于同一等级风险的重要性程度难以确定，无法从同是高等级的风险中剥离出对项目影响最为关键的风险因素，也就是说以原始矩阵的形式评估风险等级时极易出现风险结。为处理风险结，ESC 研究人员将投票理论应用到风险矩阵中，提出了能处理众多风险结的 Borda 序值方法，其基本原理如下所述。

设 N 为风险总个数，i 为某一特定风险，k 表示某一准则。由于风险矩阵主要综合风险发生概率和风险影响程度两大方面对风险等级进行评估，因此风险矩阵设有两个准则，$k=1$ 表示风险影响，$k=2$ 代表风险发生概率。我们以 r_{ik} 表示风险 i 在准则 k 下的风险等级（r_{ik} 意为在风险矩阵中比 i 风险影响程度大或是比 i 风险发生概率大的风险因素个数），于是风险 i 的 Borda 数可由公式 $b_i = \sum_{k=1}^{2}(N - r_{ik})$ 给出。后通过 Borad 数由高到低即可确定出 Borda 序值，从而可以实现对风险因素重要性的排序，其中 Borda 序值代表比该风险因素的 Borda 数大的风险因素的个数。Borda 序值越大，风险因素的排序将越靠后，意味着比该风险因素更为重要的风险因素越多，该风险因素的重要程度就越低。例如，通过 Borda 序值法得到某风险因素的 Borda 序值为 3，表示在整个风险指标体系中，有其他 3 个风险指标的重要程度要比该因素高。若 Borda 序值为 0，则表示该风险相较于其他任何风险因素重要性程度都要高。

通过 Borda 序值法对风险进行重要性排序，虽然它难以消除所有的风险结，但可以有效减少风险结，使风险之间的优劣排序更为清晰。同时，序值可以跨风险类别进行评价，即可以将技术风险、交易风险、生产风险、市场风险等七类风险的各项具体风险因素一起进行风险排序，因为序值法仅是输入风险影响程度和风险发生概率，这些量化值之间是相互独立的，且都是原始数据，所以可以跨风险类别进行客观评价。

(二)风险矩阵方法的改进

1. 风险等级的重新划分

使用风险矩阵法对风险进行评估，风险等级的确定最终取决于风险发生概率和风险影响程度的大小。在原始风险矩阵中，风险发生概率被依次划分为[0,10%]、[10%,40%]、[40%,60%]、[60%,90%]及[90%,100%] 5 个概率区间，风险影响程度也相应区分为可忽略、较小、一般、严重及关键五个影响级别，这较符合人们的逻辑思维，而风险等级却只是简单地分成"低、中、高"三个类别，这将容易引起风险等级划分与其概率和影响程度的等级不相匹配的现象，即会产生过多的风险结，从而不利于对风险的重要性进行排序。以此本节考虑增加另外两个类别，亦将风险等级归为五类，即划为"低、较低、中等、较高、高"，重新制定风险等级对照表。具体分类内容如表 11-6 所示。

表 11-6　风险等级对照表

风险发生概率	可忽略	较小	一般	严重	关键
非常不可能	低	低	较低	中等	中等
较小可能	低	较低	中等	中等	较高
可能	较低	中等	中等	较高	高
较大可能	中等	中等	较高	较高	高
非常可能	中等	较高	较高	高	高

2. 引入模糊理论

转基因玉米技术商业化的研究属于一种事前研究，实际环境下并无大量可供参考的可靠性历史资料，因此对风险的性质评判(包括风险发生概率和风险影响程度两方面判断)需要由专家来完成。但专家的主观评估，不仅存在评估语言的模糊性，也存在专家自身的偏好等问题，这些均给风险的客观度量带来一定的困难。一些学者为更方便地进行评估，对风险概率和影响程度按其等级进行了分值赋予或是直接给定分值区间(高昕欣等，2014；冯伟，2017)，这在很大程度上会框定专家评判思维，易造成原本处于同一水平下的风险被强制区分大小，不能切合专家做出的主观模糊判断。鉴于此，本节通过引入模糊理论，首先定义出风险发生概率、风险影响与风险等级的模糊评价集；其次，专家在给出各风险的模糊评语后，借助多值逻辑分别计算出风险发生概率与影响的三角模糊数，并由此确定出各自的精确值，继续得到各风险等级值；最后通过计算风险概率、影响程度的三角模糊数与评语集中各个评语的距离，以此还原为自然语言的定性描述，作为各风险的最终风险等级。在此，本节对在利用模糊理论确定风险等级过程中的主要计算细节进行说明。

(1)模糊评价集

由风险矩阵中给出的关于风险发生概率、风险影响程度和风险等级的自然语言定性描述，可确定出三者的模糊评价集分别为

$$H_P = \{非常不可能，较小可能，可能，较大可能，非常可能\}$$

$$H_e = \{可忽略，较小，一般，严重，关键\}$$

$$H_{re} = \{低，较低，中等，较高，高\}$$

式中，H 为模糊评价集，P 为风险发生概率、e 为风险影响程度，re 为风险等级。

(2) 多值逻辑即指将自然语言转化为三角模糊数和 α-截集运算

在进行运算之前，本小节拟对三角模糊数的理论给予简单介绍。

现实环境下，人类对某一事物进行评价时通常难以给出对象各自真正的原始值，只能通过自然语言给予模糊性评价。但基于实际评判或是对评价对象准确度量需要，这种不确定性的语言变量最终也需转化为确定数值，而三角模糊数便是一种很好的转化方法。三角模糊数概念由荷兰学者 Van Laarhoven 和 Pedrycz (1983) 提出，其定义为，设在实数集 $R = (-\infty, +\infty)$ 上存在一模糊数 M，当其隶属度函数 $\mu_M(X): R \rightarrow [0,1]$ 满足下列式子时，则称其为一个三角模糊数 (图 11-1)。

$$\mu_M(X) = \begin{cases} \dfrac{1}{m-1}x - \dfrac{l}{m-1}, x \in [l,m] \\ \dfrac{1}{m-u}x - \dfrac{u}{m-u}, x \in [m,u] \\ 0, 其他 \end{cases}$$

式中，l、m 和 u 的关系是：$l \leqslant m \leqslant u$，$l$ 和 u 分别为模糊数的上界和下界，m 是最可能的值，三角模糊数 M 可记作 (l,m,u)。

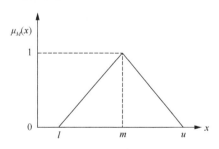

图 11-1 三角模糊数隶属函数图

在三角模糊数理论中，通常包含以下几个规则：

规则 1 自然语言型三角模糊数。设一组有序语言评价值的语言集合 $I = (i_0, i_1, \cdots, i_m, \cdots, i_n)$，显然 i_m 为该语言集合中的一个评价结果，则该评价结果的三角模糊数可表示为 $[(m-1/n), m/n, (m+1/n)]$。例如，给出语言集(低，较低，中等，较高，高)，对于语言集中"中等"这一评价结果，m 值对应为 2，n 值为 3，于是其模糊数可以表示为 $(0.25, 0.50, 0.75)$。

规则 2 每个三角模糊数都有一个非模糊数与其对应，对于 $M = M(l,m,u)$ 的三角模糊数，其非模糊数 $S(M) = l + 2m + u/4$，其中，$0 \leqslant (l,m,u)$，该值通常也作为三角模糊数的期望值。

综上，在给出三角模糊数的理论之后，由公式$[(m-1/n),m/n,(m+1/n)]$可将模糊评价集转化为相应的三角模糊数；α-截集运算指的是三角模糊数与 α-截集间的运算。对于一三角模糊数(l,m,u)，其 α-截集可表示为$[(m-l)\alpha+l,-(u-m)\alpha+u]$。反过来，由 α-截集也可求出三角模糊数。

通过模糊评价集与多值逻辑可得到用于后续风险评估与计算的基础表格，如表11-7 所示。

表 11-7　用于风险评估与计算的基础表格

模糊评语			三角模糊数	α-截集
风险发生概率	风险影响程度	风险等级		
非常不可能	可忽略	低	$(0,0,0.25)$	$[0,0.25-0.25\alpha]$
较小可能	较小	较低	$(0,0.25,0.50)$	$[0.25\alpha,0.50-0.25\alpha]$
可能	一般	中等	$(0.25,0.50,0.75)$	$[0.25+0.25\alpha,0.75-0.25\alpha]$
较大可能	严重	较高	$(0.50,0.75,1.00)$	$[0.50+0.25\alpha,1.00-0.25\alpha]$
非常可能	关键	高	$(0.75,1.00,1.00)$	$[0.75+0.25\alpha,1.00]$

3. 转基因玉米技术商业化风险矩阵设计

本节主要运用风险矩阵法对转基因玉米技术商业化的风险进行预判研究，在使用该方法之前也应对原始风险矩阵进行必要的改造与设计。风险矩阵法的具体实施遵循以下步骤：先由专家模糊评估矩阵求出各风险发生概率与影响程度的量化值及其对应的等级值，后计算风险当量水平确定出风险等级，再次通过 Borda 序值法对风险的重要性进行排序，专家根据排序结果构造判断矩阵，从而确定出各风险在风险体系中所占权重，最后确定出技术商业化的总体风险水平。为此，本节在原始风险矩阵基础上再添加风险权重栏和总体风险水平两个序列栏，以更好地满足转基因玉米技术商业化风险评估需要（表 11-8）。

表 11-8　转基因玉米技术商业化风险矩阵设计表

风险因素	风险发生概率		风险影响等级		风险等级		Borda 序值	风险权重	总体风险水平	
	量化值	等级	量化值	等级	量化值	等级			量化值	等级
技术成熟度风险 X_{11}										
配套技术可获得性风险 X_{12}										
⋮										

三、转基因玉米技术商业化风险指标选择

转基因玉米技术商业化风险指标的选择及风险评价指标体系的建立应遵从科学性、系统性、动态性原则，根据本节对转基因玉米技术商业化具体风险的识别，选择表 11-9 中风险指标并建立相应的风险评价指标体系。

表 11-9 转基因玉米技术商业化风险评价指标体系

一级评价指标	二级评价指标
技术风险 X_1	技术成熟度风险 X_{11}
	配套技术可获得性风险 X_{12}
	技术适用性风险 X_{13}
	技术替代性风险 X_{14}
	技术先进性风险 X_{15}
	知识产权风险 X_{16}
交易风险 X_2	信息风险 X_{21}
	中介服务风险 X_{22}
生产风险 X_3	吸收能力风险 X_{31}
	原材料供应风险 X_{32}
	工艺、设备匹配性风险 X_{33}
	协作风险 X_{34}
市场风险 X_4	产品竞争力风险 X_{41}
	市场接受容量风险 X_{42}
	市场接受时间风险 X_{43}
	进入市场时机风险 X_{44}
	企业营销能力风险 X_{45}
投入风险 X_5	投入数量风险 X_{51}
	投入结构风险 X_{52}
	投入可持续性风险 X_{53}
管理风险 X_6	决策风险 X_{61}
	组织风险 X_{62}
	信用风险 X_{63}
	人力资源风险 X_{64}
环境风险 X_7	经济、文化风险 X_{71}
	法律、政策风险 X_{72}

四、基于风险矩阵的风险水平测度

(一)风险发生概率确定

由于历史资料的欠缺,本研究基础数据来源于专家调查法的专家评判。基于模糊评价集,各专家在根据自身知识结构和经验水平给出各风险发生概率的模糊评估后,通过汇总首先构造出风险发生概率的模糊评价矩阵 P。矩阵的行代表每一位评判专家,列代表每一个风险元素,即矩阵中任一元素 p_{ij} 表示第 i 位专家对第 j 个风险所做出的风险概率性评估;其次,将专家的模糊评语依次转化为相对应的 α-截集。考虑到专家知识结构等的差异,为使评估结果更具科学性,需对专家赋权重为 w_{ij}。由此,可通过 $\alpha_j = \sum_{i=1}^{n} \alpha_{ij} w_{ij}$ 加权计算出每个风险的最终 α-截集;最后将得到的 α-截集借助截集运算求出相对应的三角模糊数，并求解出期望值作为每一风险概率的精确评估值，得到综合评估矩阵 $\boldsymbol{P}_{综合}=[P_1,P_2,\cdots,P_n]$（$P_i$ 为风险概率精确值）。

(二)风险影响程度确定

风险影响程度的确定与风险发生概率的确定相类似。步骤依旧是由专家给出各风险影响程度的模糊评估，构造影响程度的模糊评判矩阵 $\boldsymbol{E}$；通过 $\alpha_j = \sum_{i=1}^{n} \alpha_{ij} w_{ij}$ 加权计算出每个风险的最终 α-截集；求对应的模糊数及模糊数对应的期望值，构造出风险影响程度的综合评估矩阵 $\boldsymbol{E}_{综合}=[E_1,E_2,\cdots,E_i]$。

(三)风险等级确定

在确定各风险等级前应先确定出各风险的当量水平，目前当量水平的度量方法多见于风险概率与风险影响程度的乘积，即

$$R_{当量}=\boldsymbol{P}_{综合} \times \boldsymbol{E}_{综合}$$

但考虑到本研究样本数量的有限性可能会引起观测值与期望值出现偏误，因此借鉴相关学者做法，采用方差理论来计算风险的当量。同时注意到，虽然风险水平更多地取决于风险概率和风险影响程度，但两者对风险水平的贡献作用是有差异的，由此需对概率和影响程度权重赋值，即

$$R_{当量}=\sqrt{m\boldsymbol{P}_{综合}^2 \times n\boldsymbol{E}_{综合}^2}$$

式中，m 为风险概率系数，n 为风险影响程度系数，$m+n=1$。

(四)评估结果还原

通过上述步骤可计算出转基因玉米技术商业化各风险发生概率、风险影响程度及风险等级的综合评估结果。而结果是以三角模糊数和精确值两种方式呈现的，这与人们的思维习惯不太贴合，因此需进一步将评估结果还原为自然语言表述的形式。具体操作程序为，通过距离公式分别计算出风险模糊评语与预定的风险等级模糊评语的距离，然后取最小者作为风险概率、风险影响程度与风险等级的定性描述。

对于语义距离公式，拟参照 Dubois 和 Prade(1990) 提出的两集合间的欧几里得距离，以及 Ross 提出的改进欧几里得方法。定义风险 i 的概率 P_i 及影响程度 E_i 模糊数分别为 (l_1,m_1,n_1)、(l_2,m_2,n_2)，则风险当量 $\mathrm{RR}_i = \sqrt{mP_i^2 \times nE_i^2}$，设预定的风险等级模糊评语集 H 的三角模糊数为 (l_3,m_3,n_3)，于是 P_i、E_i 模糊数及 RR_i 与 H 的距离为

$$d_{P_i} = \sqrt{(l_1-l_3)^2 + 2(m_1-m_3)^2 + (n_1-n_3)^2}$$

$$d_{E_i} = \sqrt{(l_2-l_3)^2 + 2(m_2-m_3)^2 + (n_2-n_3)^2}$$

$$d_{RR_i} = \sqrt{\left(\sqrt{ml_1^2 + nl_2^2} - l_3\right)^2 + 2\left(\sqrt{mm_1^2 + nm_2^2} - m_3\right)^2 + \left(\sqrt{mn_1^2 + nn_2^2} - n_3\right)^2}$$

五、转基因玉米技术商业化总体风险评价

(一)各风险权重确定

本研究拟采用层次分析法(AHP)来确定风险指标的权重,但在确定各风险权重前,需通过上文中概述的 Borda 序值法对分析出的各个风险因素的风险等级进行重要性排序,并将排序结果以电子邮件方式反馈给评估专家。专家根据传输的结果依照矩阵元素标度表判断出各风险因素的相对重要程度,并分别构造出风险判断矩阵,后将所有专家判断矩阵中相对应数值取平均,构造出最终的判断矩阵(表 11-10)。这样一来能够较大程度上提高赋权的客观性。

表 11-10　判断矩阵元素 a_{ij} 标度表

标度	含义
1	i, j 两元素相比,具有同样重要性
3	i, j 两元素相比,i 比 j 稍微重要
5	i, j 两元素相比,i 比 j 明显重要
7	i, j 两元素相比,i 比 j 强烈重要
9	i, j 两元素相比,i 比 j 极端重要
2,4,6,8	上述两相邻判断的中间值
倒数	因素 i 与 j 比较的判断为 a_{ij},则 j 与 i 比较的判断为 $1/a_{ij}$

(二)转基因玉米技术商业化总体风险水平

在确定出技术商业化各风险因素的风险当量水平及各风险在指标体系中的权重后,本研究继续测算总体风险水平,以从全局视角更好地把控转基因玉米技术商业化的风险概况。本研究采用加权法进行测算,即将各风险因素风险等级的量化值与其相对应的风险权重相乘,然后逐一累加。设风险指标 X_{ij} 的风险权重为 W_{ij},其风险当量为 RR_{ij},则总体风险水平为

$$Z = \sum_{i,j=1}^{n} RR_{ij} \times W_{ij} \quad (i, j = 1, 2, \cdots, n)$$

第二节　转基因玉米技术商业化风险预判实证分析

一、评估数据来源

由于转基因玉米在我国尚未获得商业化种植许可,前期研究也大都专注于基础性研

究，对转基因玉米技术本身真正成熟性，市场适应性，与土地、气候等自然环境的契合性等属性，实质并无可供参考的价值性资料。而转基因玉米技术商业化过程涵盖技术研发、技术转移等环节，上述要素属性对技术商业化的成功转化显然会产生不可忽视的影响。鉴于此，本研究特邀请专家对转基因玉米技术商业化过程中的潜在风险情况进行评判。注意到，风险主要囊括风险概率和风险影响程度两大方面，不同风险要素之间的重要程度也有所差别，因此专家不仅需要对各风险要素的发生概率和影响程度情况给出评价，也需对风险要素的相对重要性进行判断。为保证问卷质量和调查结果的科学性，本研究所咨询的专家涉及转基因技术育种、技术推广、技术安全评价、技术经济等领域，且专家或多或少都在一些重要科研项目或在工作领域做出过较大贡献。具体咨询对象既包括中国农业大学国家玉米改良中心、浙江大学农业与生物技术学院、中国农业科学院作物科学研究所及生物技术研究所、北京大学现代农学院等从事转基因玉米研发工作的专家，也包括国家玉米新品种技术研究推广中心及国家部分地市的农业技术推广站等从事玉米新技术推广的专家。当然来自中国农业科学院农业经济与发展研究所、南京农业大学、华中农业大学等涉及转基因技术应用政策评价和社会学研究的专家也包含在内。另外，本研究还咨询了来自于国家农作物品种审定委员会等负责转基因生物试验、品种审定及标识工作的专家和山东登海种业股份有限公司、河南省太行玉米种业有限公司、吉林省军丰种业有限公司等隶属于技术转化经营主体的企业经理及负责生产、销售等工作的主要负责人。此次调查以问卷发放为主、座谈了解为辅的方式进行，最终发放问卷34 份，收回问卷30 份，有效问卷24 份，有效率达到70.6%。问卷涉及技术研发专家7人，技术推广专家4 人，来自转化经营主体类企业专家8 人，政策评论及社会学家5 人。问卷具体内容见附录。

二、同级风险重要性排序

(一)确定专家组评分成员的评分权重

由于各专家受专业水平、知识结构和经验的限制，专家无法对转基因玉米技术商业化整个过程的风险情况进行准确评价，亦即专家在自身不擅长领域内给出相关风险的发生概率和风险影响程度会有失偏颇，因此有必要对专家在评估风险时的相对重要程度进行赋权。通过大量文献资料查阅并结合相关专家(不涉及上述对风险实施评估的专家)的意见，本节拟选取学术水平、工龄、评价阅历和对问题的熟悉度四个指标对专家在影响转基因玉米技术商业化的七大风险中的权重进行求解，并据此建立层次结构模型(图11-2)，以使评估结果更具客观性和科学性，求解方法采用层次分析法(AHP)。

对于所选取的指标，学术水平意味着从学术研究水平和成果积累的角度考察专家的评判能力。考虑到不同领域专家工作性质的不同，其对学术成果的偏重也存在差异，因此在此以最高学历水平指标代替其学术水平；工龄代表的是专家所从事研究领域工作时间或是岗位任职时间。在工龄指标的评判标准上，本节拟将工龄每3 年划分为一个等级区间，如对于工龄分别为"1 年、2 年、3 年、4 年、5 年、6 年、7 年、8 年"的工作

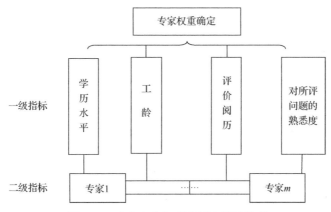

图 11-2 确定专家权重的层次结构模型

者来讲，工作 1 年的人员与工作 3 年的人员在判断结果上不会存在较明显的差异。即从工龄为 1 年的人员看，可将[1,2,3]视为一个区间，而从一个有 2 年工龄的工作者来看，可将[2,3,4]视为一个区间；评价阅历是指一个人在自己擅长领域内所评价活动的数量或是对技术商业化相关项目的评估数量。该指标区间划分方法类似于工龄，不过注意到评价数量的积累对人的评判影响较工龄更大一些，因此，无论是区间选择还是具体到区间与区间的等级选择上都将采用不同的标准；对所评问题的熟悉度指的是专家对七类风险的了解程度。最终通过专家情况汇总表(附录 A)中的数据，构造出判断矩阵，其中"对所评问题的熟悉度"判断矩阵以"对技术风险的熟悉度"为例。

$$
A_{\text{专家一级指标}} =
\begin{bmatrix}
1 & 0.5 & 0.33 & 0.2 \\
2 & 1 & 0.5 & 0.33 \\
3 & 2 & 1 & 0.5 \\
5 & 3 & 2 & 1
\end{bmatrix}
$$

$$
A_{\text{学术水平}} =
\begin{bmatrix}
1 & 1 & 1 & 1 & 1 & 1 & 3 & 5 & 8 & \cdots & 1 & 1 & 1 \\
1 & 1 & 1 & 1 & 1 & 1 & 3 & 5 & 8 & \cdots & 1 & 1 & 1 \\
1 & 1 & 1 & 1 & 1 & 1 & 3 & 5 & 8 & \cdots & 1 & 1 & 1 \\
1 & 1 & 1 & 1 & 1 & 1 & 3 & 5 & 8 & \cdots & 1 & 1 & 1 \\
1 & 1 & 1 & 1 & 1 & 1 & 3 & 5 & 8 & \cdots & 1 & 1 & 1 \\
1 & 1 & 1 & 1 & 1 & 1 & 3 & 5 & 8 & \cdots & 1 & 1 & 1 \\
0.33 & 0.33 & 0.33 & 0.33 & 0.33 & 0.33 & 1 & 2 & 3 & \cdots & 0.33 & 0.33 & 0.33 \\
0.2 & 0.2 & 0.2 & 0.2 & 0.2 & 0.2 & 0.5 & 1 & 2 & \cdots & 0.2 & 0.2 & 0.2 \\
0.13 & 0.13 & 0.13 & 0.13 & 0.13 & 0.13 & 0.33 & 0.5 & 1 & \cdots & 0.13 & 0.13 & 0.13 \\
\vdots & \vdots & \vdots & \vdots & \vdots & \vdots & \vdots & \vdots & \vdots & & \vdots & \vdots & \vdots \\
1 & 1 & 1 & 1 & 1 & 1 & 3 & 5 & 8 & \cdots & 1 & 1 & 1 \\
1 & 1 & 1 & 1 & 1 & 1 & 3 & 5 & 8 & \cdots & 1 & 1 & 1 \\
1 & 1 & 1 & 1 & 1 & 1 & 3 & 5 & 8 & \cdots & 1 & 1 & 1
\end{bmatrix}
$$

$$
A_{\text{工龄}} = \begin{bmatrix}
1 & 1 & 1 & 3 & 1 & 1 & 4 & 3 & 3 & \cdots & 1 & 4 & 3 \\
1 & 1 & 1 & 2 & 1 & 1 & 4 & 2 & 3 & \cdots & 1 & 4 & 1 \\
1 & 1 & 1 & 2 & 1 & 1 & 4 & 2 & 3 & \cdots & 1 & 4 & 3 \\
0.33 & 0.5 & 0.5 & 1 & 0.5 & 0.33 & 0.5 & 1 & 1 & \cdots & 0.5 & 0.5 & 1 \\
1 & 1 & 1 & 2 & 1 & 1 & 3 & 2 & 3 & \cdots & 1 & 3 & 3 \\
1 & 1 & 1 & 3 & 1 & 1 & 4 & 3 & 3 & \cdots & 1 & 4 & 3 \\
0.25 & 0.25 & 0.25 & 2 & 0.33 & 0.25 & 1 & 0.5 & 1 & \cdots & 0.33 & 1 & 1 \\
0.33 & 0.5 & 0.5 & 1 & 0.5 & 0.33 & 2 & 1 & 1 & \cdots & 0.5 & 2 & 1 \\
0.33 & 0.33 & 0.33 & 1 & 0.33 & 0.33 & 1 & 1 & 1 & \cdots & 0.33 & 1 & 1 \\
\vdots & \vdots & \vdots & \vdots & \vdots & \vdots & \vdots & \vdots & \vdots & & \vdots & \vdots & \vdots \\
1 & 1 & 1 & 2 & 1 & 1 & 3 & 2 & 3 & \cdots & 1 & 3 & 3 \\
0.25 & 0.25 & 0.25 & 2 & 0.33 & 0.25 & 1 & 0.5 & 1 & \cdots & 0.33 & 1 & 0.5 \\
0.33 & 0.33 & 0.33 & 1 & 0.33 & 0.33 & 1 & 1 & 1 & \cdots & 0.33 & 2 & 1
\end{bmatrix}
$$

$$
A_{\text{评价阅历}} = \begin{bmatrix}
1 & 3 & 5 & 1 & 7 & 1 & 7 & 5 & 7 & \cdots & 0.33 & 7 & 3 \\
0.33 & 1 & 1 & 0.33 & 3 & 0.33 & 5 & 1 & 3 & \cdots & 0.2 & 5 & 1 \\
0.2 & 1 & 1 & 0.33 & 3 & 0.2 & 3 & 1 & 3 & \cdots & 0.14 & 3 & 1 \\
1 & 3 & 3 & 1 & 5 & 1 & 7 & 3 & 5 & \cdots & 0.33 & 7 & 1 \\
0.14 & 0.33 & 0.33 & 0.2 & 1 & 0.14 & 1 & 0.33 & 1 & \cdots & 0.13 & 1 & 0.33 \\
1 & 3 & 5 & 1 & 7 & 1 & 1 & 5 & 7 & \cdots & 0.33 & 7 & 3 \\
0.14 & 0.2 & 0.33 & 0.14 & 1 & 1 & 1 & 0.33 & 1 & \cdots & 0.13 & 1 & 0.2 \\
0.2 & 1 & 1 & 0.33 & 3 & 0.2 & 3 & 1 & 3 & \cdots & 0.14 & 3 & 1 \\
0.14 & 0.33 & 0.33 & 0.2 & 1 & 0.14 & 1 & 0.33 & 1 & \cdots & 0.13 & 1 & 0.33 \\
\vdots & \vdots & \vdots & \vdots & \vdots & \vdots & \vdots & \vdots & \vdots & & \vdots & \vdots & \vdots \\
3 & 5 & 7 & 3 & 8 & 3 & 8 & 7 & 8 & \cdots & 1 & 8 & 5 \\
0.14 & 0.2 & 0.3 & 0.14 & 1 & 0.14 & 1 & 0.33 & 1 & \cdots & 0.13 & 1 & 0.2 \\
0.33 & 1 & 1 & 0.33 & 3 & 0.33 & 5 & 1 & 3 & \cdots & 0.2 & 5 & 1
\end{bmatrix}
$$

$$A_{对技术风险的熟悉度}=\begin{bmatrix} 1 & 1 & 1 & 1 & 1 & 1 & 3 & 5 & 5 & \cdots & 5 & 7 & 7 \\ 1 & 1 & 1 & 1 & 1 & 1 & 3 & 5 & 5 & \cdots & 5 & 7 & 7 \\ 1 & 1 & 1 & 1 & 1 & 1 & 3 & 5 & 5 & \cdots & 5 & 7 & 7 \\ 1 & 1 & 1 & 1 & 1 & 1 & 3 & 5 & 5 & \cdots & 5 & 7 & 7 \\ 1 & 1 & 1 & 1 & 1 & 1 & 3 & 5 & 5 & \cdots & 5 & 7 & 7 \\ 1 & 1 & 1 & 1 & 1 & 1 & 3 & 5 & 5 & \cdots & 5 & 7 & 7 \\ 0.33 & 0.33 & 0.33 & 0.33 & 0.33 & 0.33 & 1 & 3 & 3 & & 3 & 4 & 4 \\ 0.2 & 0.2 & 0.2 & 0.2 & 0.2 & 0.2 & 0.33 & 1 & 1 & \cdots & 1 & 2 & 2 \\ 0.2 & 0.2 & 0.2 & 0.2 & 0.2 & 0.2 & 0.33 & 1 & 1 & \cdots & 1 & 2 & 2 \\ \vdots & \vdots & \vdots & \vdots & \vdots & \vdots & \vdots & \vdots & \vdots & & \vdots & \vdots & \vdots \\ 0.2 & 0.2 & 0.2 & 0.2 & 0.2 & 0.2 & 0.33 & 1 & 1 & & 1 & 2 & 2 \\ 0.14 & 0.14 & 0.14 & 0.14 & 0.14 & 0.14 & 0.25 & 0.5 & 0.5 & \cdots & 0.5 & 1 & 1 \\ 0.14 & 0.14 & 0.14 & 0.14 & 0.14 & 0.14 & 0.25 & 0.5 & 0.5 & \cdots & 0.5 & 1 & 1 \end{bmatrix}$$

通过构造以上判断矩阵，分别计算得出专家在评估不同类别风险情况（包括风险发生概率和风险影响程度）的相对重要程度，即专家权重。后根据一致性比率 CR 值，发现所求权重均通过一致性检验，可继续进行实证测算。

专家权重值求解如下：

$W_{技术风险}=(W_1,W_2,W_3,\cdots,W_{24})=($0.0838,0.0708,0.0692,0.0703.0.0656,0.0808,0.0318,0.0204, 0.0167,0.0382,0.0621,0.0147,0.0210,0.0234,0.0319,0.0509,0.0390,0.0169,0.0343,0.0453,0.0208,0.0548,0.0163,0.0213$)$

$W_{交易风险}=(W_1,W_2,W_3,\cdots,W_{24})=($0.0788,0.0388,0.0642,0.0383,0.0607,0.0489,0.0524,0.0547, 0.0240,0.0501,0.0964,0.0160,0.0197,0.0201,0.0306,0.0476,0.0357,0.0182,0.0284,0.0389,0.0282,0.0622,0.0179,0.0294$)$

$W_{生产风险}=(W_1,W_2,W_3,\cdots,W_{24})=($0.0476,0.0285,0.0269,0.0280,0.0295,0.0385,0.0212,0.0174, 0.0198,0.0970,0.0844,0.0735,0.0798,0.0457,0.0397,0.0479,0.0422,0.0185,0.0313,0.0347,0.0240,0.0772,0.0180,0.0289$)$

$W_{市场风险}=(W_1,W_2,W_3,\cdots,W_{24})=($0.0490,0.0361,0.0257,0.0356,0.0222,0.0461,0.0460,0.0249, 0.0212,0.0473,0.0900,0.0238,0.0214,0.0513,0.0645,0.0467,0.0326,0.0173,0.0279,0.0596,0.0488,0.0828,0.0256,0.0537$)$

$W_{投入风险}=(W_1,W_2,W_3,\cdots,W_{24})=($0.0959,0.0471,0.0455,0.0467,0.0420,0.0572,0.0171,0.0159, 0.0157,0.0417,0.0777,0.0183,0.0211,0.0189,0.0320,0.0666,0.0547,0.0205,0.0500,0.0472,0.0365,0.0705,0.0200,0.0414$)$

$W_{管理风险}=(W_1,W_2,W_3,\cdots,W_{24})=($0.0625,0.0495,0.0300,0.0312,0.0265,0.0596,0.0361,0.0205, 0.0168,0.0936,0.1130,0.0194,0.0214,0.0192,0.0323,0.0511,0.0348,0.0216,0.0344,0.0497,0.0389,0.0729,0.0212,0.0439$)$

$W_{环境风险}=(W_1,W_2,W_3,\cdots,W_{24})=($0.0812,0.0415,0.0399,0.0410,0.0364,0.0390,0.0155,0.0179, 0.0141,0.0402,0.0595,0.0135,0.0231,0.0208,0.0307,0.0878,0.0759,0.0315,0.0712,0.0416,0.0309,0.0649,0.0580,0.0237$)$

(二)确定风险发生概率

通过收回的有效问卷,对专家给出的各种风险发生概率的模糊评估结果进行汇总,得到模糊评估矩阵 $\boldsymbol{P}$。

$$\boldsymbol{P}=\begin{bmatrix} 较小可能 & 较小可能 & 较小可能 & 较小可能 & 较小可能 & 较小可能 & 可能 & \cdots & 较小可能 & 可能 \\ 较小可能 & 较小可能 & 可能 & 较小可能 & 较小可能 & 较小可能 & 较大可能 & \cdots & 可能 & 较大可能 \\ 较小可能 & 较小可能 & 可能 & 较小可能 & 可能 & 可能 & 可能 & \cdots & 可能 & 较大可能 \\ \vdots & \vdots & \vdots & \vdots & \vdots & \vdots & \vdots & \cdots & \vdots & \vdots \\ 可能 & 可能 & 可能 & 较小可能 & 较小可能 & 可能 & 较小可能 & \cdots & 较小可能 & 较大可能 \\ 可能 & 可能 & 较小可能 & 较小可能 & 较大可能 & 可能 & \cdots & 可能 & 较大可能 \end{bmatrix}$$

将每位专家的模糊评语按照表 11-7 转化为相应的 α-截集,并依次乘以各专家在评估每类风险中所占的权重,加总得到该种风险的最终 α-截集。其中,技术成熟度风险的 α-截集为

$$P_{11}=[0.03+0.25\alpha,0.53-0.25\alpha]$$

其他风险的 α-截集依次为

$$P_{12}=[0.10+0.25\alpha,0.60-0.25\alpha]$$

$P_{13}=[0.18+0.25\alpha,0.68-0.25\alpha]\cdots,P_{72}=[0.46+0.25\alpha,0.93-0.22\alpha]$,后借助 α-截集运算求出 α-截集对应的三角模糊数:$P_{11}=(0.03,0.28,0.53)$;$P_{12}=(0.10,0.35,0.60)$;$P_{13}=(0.18,0.43,0.68)$;$\cdots$;$P_{72}=(0.46,0.71,0.93)$。对三角模糊数应用公式 $S(M)=l+2m+u/4$,进一步求取期望值并以此作为各风险发生概率的精确值,得到风险概率综合评估矩阵:

$[\boldsymbol{P}_{综合}]=[0.28,0.35,0.43,0.31,0.38,0.49,0.48,0.48,0.39,0.19,0.41,0.18,0.30,0.40,0.55,0.33,0.29,0.32,0.44,0.39,0.30,0.23,0.36,0.23,0.38,0.70]$。表 11-11 为风险发生概率的具体内容。

表 11-11　转基因玉米技术商业化风险发生概率表

概率	α-截集区间表示	三角模糊数	精确值
P_{11}	[0.03+0.25α, 0.53−0.25α]	(0.03, 0.28, 0.53)	0.28
P_{12}	[0.10+0.25α, 0.60−0.25α]	(0.10, 0.35, 0.60)	0.35
P_{13}	[0.18+0.25α, 0.68−0.25α]	(0.18, 0.43, 0.68)	0.43
P_{14}	[0.07+0.24α, 0.56−0.25α]	(0.07, 0.31, 0.56)	0.31
P_{15}	[0.13+0.25α, 0.63−0.25α]	(0.13, 0.38, 0.63)	0.38
P_{16}	[0.24+0.25α, 0.74−0.25α]	(0.24, 0.49, 0.74)	0.49
P_{21}	[0.23+0.25α, 0.73−0.25α]	(0.23, 0.48, 0.73)	0.48
P_{22}	[0.23+0.25α, 0.73−0.25α]	(0.23, 0.48, 0.73)	0.48
P_{31}	[0.14+0.25α, 0.64−0.25α]	(0.14, 0.39, 0.64)	0.39
P_{32}	[0.01+0.16α, 0.42−0.25α]	(0.01, 0.17, 0.42)	0.19
P_{33}	[0.16+0.25α, 0.66−0.25α]	(0.16, 0.41, 0.66)	0.41
P_{34}	[0.16α, 0.41−0.25α]	(0.00, 0.16, 0.41)	0.18
P_{41}	[0.06+0.23α, 0.54−0.25α]	(0.06, 0.29, 0.54)	0.30

续表

概率	α-截集区间表示	三角模糊数	精确值
P_{42}	[0.15+0.25α,0.65−0.25α]	(0.15, 0.40, 0.65)	0.40
P_{43}	[0.30+0.25α,0.80−0.25α]	(0.30, 0.55, 0.80)	0.55
P_{44}	[0.09+0.25α,0.59−0.25α]	(0.09, 0.34, 0.54)	0.33
P_{45}	[0.04+0.25α,0.54−0.25α]	(0.04, 0.29, 0.54)	0.29
P_{51}	[0.07+0.25α,0.57−0.25α]	(0.07, 0.32, 0.57)	0.32
P_{52}	[0.19+0.25α,0.69−0.25α]	(0.19, 0.44, 0.69)	0.44
P_{53}	[0.14+0.25α,0.64−0.25α]	(0.14, 0.39, 0.64)	0.39
P_{61}	[0.06+0.24α,0.55−0.25α]	(0.06, 0.30, 0.55)	0.30
P_{62}	[0.22α,0.47−0.25α]	(0.00, 0.22, 0.47)	0.23
P_{63}	[0.11+0.25α,0.61−0.25α]	(0.11, 0.36, 0.61)	0.36
P_{64}	[0.02+0.19α,0.46−0.25α]	(0.02, 0.21, 0.46)	0.23
P_{71}	[0.13+0.25α,0.63−0.25α]	(0.13, 0.38, 0.63)	0.38
P_{72}	[0.46+0.25α,0.93−0.22α]	(0.46, 0.71, 0.93)	0.70

　　根据语义距离公式计算风险概率模糊评语与预定的模糊评语集间的语义距离，取最小者作为风险概率等级的定性描述，如表 11-12 所示。

表 11-12　转基因玉米技术商业化风险发生概率语义还原表

风险因素	与模糊评语集间的语义距离	风险发生概率等级
技术成熟度	非常可能(1.333)；较大可能(0.940)；可能(0.440)；较小可能(0.060)；非常不可能(0.486)	较小可能
配套技术可获得性	非常可能(1.195)；较大可能(0.800)；可能(0.300)；较小可能(0.200)；非常不可能(0.614)	较小可能
技术适用性	非常可能(1.038)；较大可能(0.640)；可能(0.140)；较小可能(0.360)；非常不可能(0.766)	可能
技术替代性	非常可能(1.268)；较大可能(0.875)；可能(0.375)；较小可能(0.125)；非常不可能(0.541)	较小可能
技术先进性	非常可能(1.136)；较大可能(0.740)；可能(0.240)；较小可能(0.260)；非常不可能(0.671)	可能
知识产权	非常可能(0.921)；较大可能(0.520)；可能(0.020)；较小可能(0.480)；非常不可能(0.882)	可能
信息	非常可能(0.940)；较大可能(0.540)；可能(0.040)；较小可能(0.460)；非常不可能(0.863)	可能
中介服务	非常可能(0.940)；较大可能(0.540)；可能(0.040)；较小可能(0.460)；非常不可能(0.863)	可能
吸收能力	非常可能(1.116)；较大可能(0.720)；可能(0.220)；较小可能(0.280)；非常不可能(0.690)	可能
原材料供应	非常可能(1.504)；较大可能(1.118)；可能(0.620)；较小可能(0.139)；非常不可能(0.295)	较小可能
工艺、设备匹配性	非常可能(1.077)；较大可能(0.680)；可能(0.180)；较小可能(0.320)；非常不可能(0.728)	可能

风险因素	与模糊评语集间的语义距离	风险发生概率等级
协作	非常可能(1.524)；较大可能(1.138)；可能(0.640)；较小可能(0.156)；非常不可能(0.277)	较小可能
产品竞争力	非常可能(1.302)；较大可能(0.910)；可能(0.410)；较小可能(0.092)；非常不可能(0.506)	较小可能
市场接受容量	非常可能(1.097)；较大可能(0.700)；可能(0.240)；较小可能(0.300)；非常不可能(0.709)	可能
市场接受时间	非常可能(0.805)；较大可能(0.400)；可能(0.100)；较小可能(0.600)；非常不可能(0.999)	可能
进入市场时机	非常可能(1.232)；较大可能(0.846)；可能(0.348)；较小可能(0.161)；非常不可能(0.569)	较小可能
企业营销能力	非常可能(1.313)；较大可能(0.920)；可能(0.420)；较小可能(0.080)；非常不可能(0.504)	较小可能
投入数量	非常可能(1.254)；较大可能(0.860)；可能(0.360)；较小可能(0.140)；非常不可能(0.559)	较小可能
投入结构	非常可能(1.018)；较大可能(0.620)；可能(0.120)；较小可能(0.380)；非常不可能(0.785)	可能
投入可持续性	非常可能(1.116)；较大可能(0.720)；可能(0.220)；较小可能(0.280)；非常不可能(0.690)	可能
决策	非常可能(1.288)；较大可能(0.895)；可能(0.395)；较小可能(0.105)；非常不可能(0.523)	较小可能
组织	非常可能(1.435)；较大可能(1.045)；可能(0.546)；较小可能(0.052)；非常不可能(0.381)	较小可能
信用	非常可能(1.175)；较大可能(0.780)；可能(0.280)；较小可能(0.220)；非常不可能(0.633)	较小可能
人力资源	非常可能(1.440)；较大可能(1.051)；可能(0.552)；较小可能(0.072)；非常不可能(0.364)	较小可能
经济、文化	非常可能(1.136)；较大可能(0.740)；可能(0.240)；较小可能(0.260)；非常不可能(0.671)	可能
法律、政策	非常可能(0.507)；较大可能(0.098)；可能(0.406)；较小可能(0.905)；非常不可能(1.297)	较大可能

（三）确定风险影响程度

风险影响程度的确定与风险概率的确定相类似。首先通过收回的有效问卷，对专家给出的各种风险影响程度的模糊评估结果进行汇总，得到模糊评估矩阵 E。

$$
E = \begin{bmatrix}
关键 & 关键 & 严重 & 严重 & 中度 & 微小 & 微小 & \cdots & 微小 & 严重 \\
关键 & 严重 & 严重 & 严重 & 微小 & 微小 & 微小 & \cdots & 微小 & 关键 \\
关键 & 关键 & 严重 & 严重 & 中度 & 微小 & 微小 & \cdots & 可忽略 & 严重 \\
\vdots & \vdots & \vdots & \vdots & \vdots & \vdots & \vdots & \cdots & \vdots & \vdots \\
严重 & 关键 & 严重 & 严重 & 中度 & 中度 & 中度 & \cdots & 微小 & 严重 \\
严重 & 严重 & 严重 & 中度 & 严重 & 严重 & 微小 & \cdots & 可忽略 & 关键
\end{bmatrix}
$$

　　将每位专家的模糊评语按照表 11-7 转化为相应的 α-截集，并依次乘以各专家在评估每类风险中所占的权重，加总得到该种风险的最终 α-截集。后借助 α-截集运算求出 α-截集对应的三角模糊数，并进一步求取其期望值以此作为各风险影响程度的精确值，得到风险影响程度综合评估矩阵：

　　$[E_{综合}]$=[0.82,0.76,0.72,0.72,0.5,0.43,0.31,0.26,0.52,0.48,0.4,0.27,0.85,0.76,0.48,0.75,0.25, 0.75,0.4,0.54,0.73,0.29,0.54,0.43,0.20,0.83]。表 11-13 为风险影响程度的具体内容。

表 11-13　转基因玉米技术商业化风险影响程度表

影响程度	α-截集区间表示	三角模糊数	精确值
E_{11}	$[0.60+0.25\alpha, 0.97-0.12\alpha]$	(0.60, 0.85, 0.97)	0.82
E_{12}	$[0.52+0.25\alpha, 0.97-0.20\alpha]$	(0.52, 0.77, 0.97)	0.76
E_{13}	$[0.47+0.25\alpha, 0.95-0.23\alpha]$	(0.47, 0.72, 0.95)	0.72
E_{14}	$[0.47+0.25\alpha, 0.95-0.23\alpha]$	(0.47, 0.72, 0.95)	0.72
E_{15}	$[0.25+0.25\alpha, 0.75-0.25\alpha]$	(0.25, 0.50, 0.75)	0.50
E_{16}	$[0.19+0.24\alpha, 0.68-0.25\alpha]$	(0.19, 0.43, 0.68)	0.43
E_{21}	$[0.08+0.22\alpha, 0.55-0.25\alpha]$	(0.08, 0.30, 0.55)	0.31
E_{22}	$[0.04+0.21\alpha, 0.50-0.25\alpha]$	(0.04, 0.25, 0.50)	0.26
E_{31}	$[0.27+0.25\alpha, 0.77-0.25\alpha]$	(0.27, 0.52, 0.77)	0.52
E_{32}	$[0.23+0.16\alpha, 0.73-0.25\alpha]$	(0.23, 0.48, 0.73)	0.48
E_{33}	$[0.15+0.25\alpha, 0.65-0.25\alpha]$	(0.15, 0.40, 0.65)	0.40
E_{34}	$[0.06+0.20\alpha, 0.51-0.25\alpha]$	(0.06, 0.26, 0.51)	0.27
E_{41}	$[0.63+0.25\alpha, 0.99-0.11\alpha]$	(0.63, 0.88, 0.99)	0.85
E_{42}	$[0.51+0.25\alpha, 1-0.24\alpha]$	(0.51, 0.76, 1.00)	0.76
E_{43}	$[0.23+0.25\alpha, 0.73-0.25\alpha]$	(0.23, 0.48, 0.73)	0.48
E_{44}	$[0.51+0.25\alpha, 0.97-0.21\alpha]$	(0.51, 0.76, 0.97)	0.75
E_{45}	$[0.04+0.19\alpha, 0.48-0.25\alpha]$	(0.04, 0.23, 0.48)	0.25
E_{51}	$[0.51+0.25\alpha, 0.97-0.21\alpha]$	(0.51, 0.76, 0.97)	0.75
E_{52}	$[0.15+0.25\alpha, 0.65-0.25\alpha]$	(0.15, 0.40, 0.65)	0.40
E_{53}	$[0.29+0.25\alpha, 0.79-0.25\alpha]$	(0.29, 0.54, 0.79)	0.54
E_{61}	$[0.48+0.25\alpha, 0.98-0.25\alpha]$	(0.48, 0.73, 0.98)	0.73
E_{62}	$[0.07+0.21\alpha, 0.53-0.25\alpha]$	(0.07, 0.28, 0.53)	0.29
E_{63}	$[0.29+0.25\alpha, 0.79-0.25\alpha]$	(0.29, 0.54, 0.79)	0.54
E_{64}	$[0.18+0.25\alpha, 0.68-0.25\alpha]$	(0.18, 0.43, 0.68)	0.43
E_{71}	$[0.02+0.16\alpha, 0.43-0.25\alpha]$	(0.02, 0.18, 0.43)	0.20
E_{72}	$[0.60+0.25\alpha, 1.00-0.15\alpha]$	(0.60, 0.85, 1.00)	0.83

　　根据语义距离公式计算风险影响程度模糊评语与预定的模糊评语集间的语义距离，取最小者作为风险影响程度等级的定性描述，如表 11-14 所示。

表 11-14 转基因玉米技术商业化风险影响程度语义还原表

风险因素	与模糊评语集间的语义距离	风险影响程度等级
技术成熟度	关键(0.262)；严重(0.176)；一般(0.645)；较小(1.141)；可忽略(1.524)	严重
配套技术可获得性	关键(0.399)；严重(0.046)；一般(0.517)；较小(1.016)；可忽略(1.405)	严重
技术适用性	关键(0.488)；严重(0.072)；一般(0.430)；较小(0.930)；可忽略(1.322)	严重
技术替代性	关键(0.488)；严重(0.072)；一般(0.430)；较小(0.930)；可忽略(1.322)	严重
技术先进性	关键(0.901)；严重(0.500)；一般(0.000)；较小(0.500)；可忽略(0.901)	一般
知识产权	关键(1.032)；严重(0.635)；一般(0.135)；较小(0.365)；可忽略(0.769)	一般
信息	关键(1.277)；严重(0.885)；一般(0.386)；较小(0.118)；可忽略(0.526)	较小
中介服务	关键(1.371)；严重(0.981)；一般(0.481)；较小(0.040)；可忽略(0.435)	较小
吸收能力	关键(0.863)；严重(0.460)；一般(0.040)；较小(0.540)；可忽略(0.940)	一般
原材料供应	关键(0.940)；严重(0.540)；一般(0.040)；较小(0.460)；可忽略(0.863)	一般
工艺、设备匹配性	关键(1.097)；严重(0.700)；一般(0.200)；较小(0.300)；可忽略(0.709)	一般
协作	关键(1.346)；严重(0.956)；一般(0.457)；较小(0.062)；可忽略(0.454)	较小
产品竞争力	关键(0.208)；严重(0.225)；一般(0.701)；较小(1.196)；可忽略(1.579)	关键
市场接受容量	关键(0.416)；严重(0.017)；一般(0.515)；较小(1.015)；可忽略(1.406)	严重
市场接受时间	关键(0.940)；严重(0.540)；一般(0.040)；较小(0.460)；可忽略(0.863)	一般
进入市场时机	关键(0.417)；严重(0.035)；一般(0.501)；较小(1.001)；可忽略(1.391)	严重
企业营销能力	关键(1.400)；严重(1.011)；一般(0.513)；较小(0.053)；可忽略(0.400)	较小
投入数量	关键(0.417)；严重(0.035)；一般(0.501)；较小(1.001)；可忽略(1.391)	严重
投入结构	关键(1.097)；严重(0.700)；一般(0.200)；较小(0.300)；可忽略(0.709)	一般
投入可持续性	关键(0.824)；严重(0.420)；一般(0.080)；较小(0.580)；可忽略(0.979)	一般
决策	关键(0.468)；严重(0.040)；一般(0.460)；较小(0.960)；可忽略(1.352)	严重
组织	关键(1.312)；严重(0.921)；一般(0.421)；较小(0.087)；可忽略(0.490)	较小
信用	关键(0.824)；严重(0.420)；一般(0.080)；较小(0.580)；可忽略(0.979)	一般
人力资源	关键(1.038)；严重(0.640)；一般(0.140)；较小(0.360)；可忽略(0.766)	一般
经济、文化	关键(1.484)；严重(1.098)；一般(0.600)；较小(0.123)；可忽略(0.312)	较小
法律、政策	关键(0.260)；严重(0.173)；一般(0.656)；较小(1.153)；可忽略(1.539)	严重

(四)确定风险等级

1. 风险当量确定

在确定技术商业化风险等级前需先求解风险当量，即需求出风险事件潜在的或是可能产生的期望风险损失值下的名义风险值。作为决定风险当量值的风险概率与风险影响程度两个关键要素，本研究认为风险影响程度对风险当量的贡献水平较风险发生概率要高，转基因玉米技术商业化风险影响等级更多地取决于风险影响程度的大小。借鉴历史研究文献，本节将风险概率对风险当量的贡献水平亦即风险概率系数设定为 0.3，将风险影响程度系数设定为 0.7，从而转基因玉米技术商业化整个发展过程所涉及的各种风险因素的风险当量可表示为 $RR_j = \sqrt{0.3P_j^2 + 0.7E_j^2}$。相应地，由前文得出的转基因玉米技术商业化风险发生概率及风险影响程度的综合评估矩阵可得到风险当量的矩阵[$\boldsymbol{RR}$]。

[$\boldsymbol{RR}$]=[0.703，0.664，0.647，0.626，0.467，0.449，0.369，0.341，0.485，0.415，0.403，0.246，0.730，0.673，0.502，0.653，0.263，0.652，0.412，0.500，0.632，0.273，0.493，0.381，0.267，0.793]

按照风险当量值大小，转基因玉米技术商业化风险因素的排序情况为法律、政策风险，产品竞争力风险，技术成熟度风险，市场接受容量风险，配套技术可获得性风险，进入市场时机风险，投入数量风险，技术适用性风险，决策风险，技术替代性风险，市场接受时间风险，投入可持续性风险，信用风险，吸收能力风险，技术先进性风险，知识产权风险，原材料供应风险，投入结构风险，工艺、设备匹配性风险，人力资源风险，信息风险，中介服务风险，组织风险，经济、文化风险，企业营销能力风险，协作风险。

2. 风险等级定性描述

上文已对各风险发生概率和风险影响程度的三角模糊数进行了求解运算，通过语义距离公式可得到风险等级的定性描述。以技术成熟度风险 X_{11} 为例，其风险概率与影响程度的三角模糊数分别为 $P_{11}=(0.03,0.28,0.53)$ 、 $E_{11}=(0.60,0.85,0.97)$ ，则 $R_{11}=\sqrt{0.3P_{11}^2+0.7E_{11}^2}$，而通过表 11-6 得知风险等级模糊评语中"低"的三角模糊数为 $(0,0,0.25)$，于是 R_{11} 与评语"低"之间的距离

$$d_{低}=\sqrt{\left(\sqrt{0.3\times0.03^2+0.7\times0.60^2}\right)^2+2\left(\sqrt{0.3\times0.28^2+0.7\times0.85^2}\right)^2+\left(\sqrt{0.3\times0.53^2+0.7\times0.97^2}-0.25\right)^2}=1.298$$

同理可求出，其余模糊评语"较低""中等""较高""高"之间的语义距离分别为 $d_{较低}=0.916$，$d_{中等}=0.424$，$d_{较高}=0.142$，$d_{高}=0.478$，取最小者，得到技术成熟度的风险等级为较高。其他风险等级的定性描述类似求出，见表 11-15。

表 11-15　转基因玉米技术商业化风险等级语义还原表

风险因素	与模糊评语集间的语义距离	风险最终等级
技术成熟度	高(0.478)；较高(0.142)；中等(0.424)；较低(0.916)；低(1.298)	较高
配套技术可获得性	高(0.572)；较高(0.177)；中等(0.333)；较低(0.831)；低(1.220)	较高
技术适用性	高(0.619)；较高(0.213)；中等(0.289)；较低(0.789)；低(1.181)	较高
技术替代性	高(0.654)；较高(0.252)；中等(0.251)；较低(0.750)；低(1.141)	中等
技术先进性	高(0.963)；较高(0.564)；中等(0.064)；较低(0.436)；低(0.838)	中等
知识产权	高(0.997)；较高(0.599)；中等(0.099)；较低(0.401)；低(0.804)	中等
信息	高(1.154)；较高(0.761)；中等(0.262)；较低(0.241)；低(0.643)	较低
中介服务	高(1.201)；较高(0.811)；中等(0.312)；较低(0.195)；低(0.592)	较低
吸收能力	高(0.929)；较高(0.529)；中等(0.030)；较低(0.471)；低(0.872)	中等
原材料供应	高(1.059)；较高(0.666)；中等(0.168)；较低(0.336)；低(0.734)	中等
工艺、设备匹配性	高(1.091)；较高(0.694)；中等(0.194)；较低(0.306)；低(0.715)	中等
协作	高(1.389)；较高(1.001)；中等(0.503)；较低(0.058)；低(0.408)	较低
产品竞争力	高(0.431)；较高(0.124)；中等(0.472)；较低(0.964)；低(1.345)	较高

风险因素	与模糊评语集间的语义距离	风险最终等级
市场接受容量	高(0.568)；较高(0.157)；中等(0.345)；较低(0.845)；低(1.236)	较高
市场接受时间	高(0.897)；较高(0.496)；中等(0.005)；较低(0.504)；低(0.905)	中等
进入市场时机	高(0.591)；较高(0.197)；中等(0.313)；较低(0.811)；低(1.200)	较高
企业营销能力	高(1.372)；较高(0.982)；中等(0.482)；较低(0.040)；低(0.434)	较低
投入数量	高(0.593)；较高(0.196)；中等(0.312)；较低(0.810)；低(1.199)	较高
投入结构	高(1.072)；较高(0.675)；中等(0.175)；较低(0.325)；低(0.733)	中等
投入可持续性	高(0.900)；较高(0.499)；中等(0.005)；较低(0.501)；低(0.901)	中等
决策	高(0.638)；较高(0.230)；中等(0.272)；较低(0.771)；低(1.162)	较高
组织	高(1.342)；较高(0.952)；中等(0.453)；较低(0.063)；低(0.460)	较低
信用	高(0.912)；较高(0.512)；中等(0.014)；较低(0.488)；低(0.888)	中等
人力资源	高(1.130)；较高(0.736)；中等(0.237)；较低(0.265)；低(0.668)	中等
经济、文化	高(1.347)；较高(0.959)；中等(0.461)；较低(0.074)；低(0.446)	较低
法律、政策	高(0.328)；较高(0.107)；中等(0.585)；较低(1.083)；低(1.470)	较高

(五)确定 Borda 序值

在完成前面风险等级的确定工作后，会发现相同的风险等级下会存在不同的风险因素，即存在着风险结。例如，在"较高"风险等级中存在着技术成熟度风险 X_{11}、配套技术可获得性风险 X_{12}、技术适用性风险 X_{13}、产品竞争力风险 X_{41}、市场接受容量风险 X_{42}、进入市场时机风险 X_{44} 等 9 个风险因素，意味着存在 9 个风险结。风险结的存在使得对处于同一风险等级的风险因素难以继续细分，难以把握各个风险因素对整个技术商业化风险系统的重要性影响，因此本节采用 Borda 序值法对 26 个风险因素的重要性进行排序，以确定出各风险指标在风险指标体系中的位置。

以"技术成熟度风险"为例，比"技术成熟度风险"发生概率高的因素个数为 21，比该风险的风险影响程度高的因素个数为 2，因此通过前面公式可计算出"技术成熟度风险"的 Borda 值为 $b_{11}=(26-21)+(26-2)=29$。同理可计算出其他 25 个风险因素的 Borda 值，分别为："配套技术可获得性风险"为 35，"技术适用性风险"为 38，"技术替代性风险"为 27，"技术先进性风险"为 28，"知识产权风险"为 34，"信息风险"为 29，"中介服务风险"为 26，"吸收能力风险"为 31，"原材料供应风险"为 14，"工艺、设备匹配性风险"为 27，"协作风险"为 5，"产品竞争力风险"为 34，"市场接受容量风险"为 41，"市场接受时间风险"为 37，"进入市场时机风险"为 32，"企业营销能力风险"为 8，"投入数量风险"为 31，"投入结构风险"为 28，"投入可持续性风险"为 33，"决策风险"为 27，"组织风险"为 9，"信用风险"为 29，"人力资源风险"为 14，"经济、文化风险"为 16，"法律、政策风险"为 51。由 Borda 值的大小可得到转基因玉米技术商业化各风险的 Borda 序值，依次为 11、4、2、16、15、5、11、19、9、21、16、25、5、1、3、8、24、9、11、7、16、23、11、21、20、0，具体见表 11-16。

表 11-16　转基因玉米技术商业化风险因素 Borda 序值表

风险因素	Borda 值	Borda 序值
技术成熟度	29	11
配套技术可获得性	35	4
技术适用性	38	2
技术替代性	27	16
技术先进性	28	15
知识产权	34	5
信息	29	11
中介服务	26	19
吸收能力	31	9
原材料供应	14	21
工艺、设备匹配性	27	16
协作	5	25
产品竞争力	34	5
市场接受容量	41	1
市场接受时间	37	3
进入市场时机	32	8
企业营销能力	8	24
投入数量	31	9
投入结构	29	11
投入可持续性	33	7
决策	27	16
组织	9	23
信用	29	11
人力资源	14	21
经济、文化	16	20
法律、政策	51	0

三、转基因玉米技术商业化风险权重确定

由于缺乏历史资料与经验数据，在确定转基因玉米技术商业化各风险因素的权重时，依旧需要专家对风险因素间的关系做出评判。然而值得注意的是，上文求出的 Borda 序值结果对风险因素给出了较为明确的优劣排序，这为专家实际赋权提供了客观性参考，减少了专家因知识面不足而造成的判断盲目性。通过排序结果来看，准则层指标方面，市场风险、技术风险、环境风险与投入风险相比生产风险、交易风险与管理风险，对技术商业化的影响更大一些。从指标层指标来看，法律、政策风险，市场容量风险，技术适用性风险，市场接受时间风险，配套技术可获得性风险及知识、产权风险等风险要素更具有影响性。本研究继续采用层次分析法（AHP）来确定准则层指标的权重。专家组需对转基因玉米技术商业化的七个风险类进行两两比较打分，分别构造出判断矩阵，后对所有判断矩阵中相应风险因素的打分取算数平均值，即可得到最终的综合判断矩阵，再通过求解该矩阵的特征向量，以此作为各风险类的指标权重。经专家评判后，构造出最终判断矩阵如下所示：

$$X = \begin{bmatrix} 1 & 3.33 & 4.17 & 0.49 & 2.17 & 5.17 & 1.92 \\ 0.30 & 1 & 1.33 & 0.28 & 0.44 & 1.67 & 0.42 \\ 0.24 & 0.75 & 1 & 0.20 & 0.33 & 1.50 & 0.83 \\ 2.04 & 3.57 & 5.00 & 1 & 4.67 & 4.67 & 1.92 \\ 0.46 & 2.27 & 3.03 & 0.21 & 1 & 2.83 & 0.98 \\ 0.19 & 0.60 & 0.67 & 0.21 & 0.35 & 1 & 0.33 \\ 0.52 & 2.38 & 1.20 & 0.52 & 1.02 & 3.03 & 1 \end{bmatrix}$$

(一)计算准则层指标权重

本节采用和积法来计算准则层指标权重。

1)借助公式 $x_{ij}=x_{ij}\big/\sum_{i=1}^{n}x_{ij}$ $I,j=1,2,3,\cdots,n$ 将判断矩阵中的每一列元素做归一化处理，得到新的矩阵：

$$X' = \begin{bmatrix} 0.211 & 0.240 & 0.254 & 0.168 & 0.217 & 0.260 & 0.259 \\ 0.063 & 0.072 & 0.081 & 0.096 & 0.044 & 0.084 & 0.057 \\ 0.051 & 0.054 & 0.061 & 0.069 & 0.033 & 0.075 & 0.112 \\ 0.429 & 0.257 & 0.305 & 0.344 & 0.468 & 0.235 & 0.259 \\ 0.097 & 0.163 & 0.185 & 0.072 & 0.100 & 0.142 & 0.132 \\ 0.040 & 0.043 & 0.041 & 0.072 & 0.035 & 0.050 & 0.045 \\ 0.109 & 0.171 & 0.073 & 0.179 & 0.102 & 0.152 & 0.135 \end{bmatrix}$$

2)将新判断矩阵 X' 按行相加，再做归一化处理得到最大特征根的归一化向量：

$$W = (0.230, 0.071, 0.065, 0.328, 0.127, 0.047, 0.132)$$

3)计算新矩阵的最大特征值 $\lambda_{\max}$ 。计算公式为 $\lambda_{\max} = \sum_{i=1}^{n} \frac{(XW)_j}{nw_i}$

由此，可计算出准则层指标的最大特征值 $\lambda_{\max}=7.207$ 。

4)实施一致性检验。对于一致性指标 $CI = \frac{\lambda_{\max}-n}{n-1}$ ，得到 $CI = \frac{7.207-7}{7-1} = 0.035$ ，同时查表(表 11-17)知当 $n=7$ 时，RI 值为 1.32。由此可得一致性比率 $CR = \frac{CI}{RI} = \frac{0.035}{1.32} = 0.027 < 0.1$ ，并通过一致性检验。

表 11-17　随机一致性指标表

阶数 n	1	2	3	4	5	6	7	8	9	10
RI	0	0	0.58	0.90	1.12	1.24	1.32	1.41	1.45	1.49

最终准则层七类风险指标的权重如表 11-18 所示。

表 11-18 准则层指标风险权重

风险指标	技术风险 X_1	交易风险 X_2	生产风险 X_3	市场风险 X_4	投入风险 X_5	管理风险 X_6	环境风险 X_7
权重	0.230	0.071	0.065	0.328	0.127	0.047	0.132

(二)确定指标层的指标权重

根据上述指标层权重的计算方法和流程，依次对准则层指标下的二级指标进行风险权重求算，计算结果汇总为表 11-19。上文已求出准则层指标的权重，结合求出的指标层指标权重，通过加权计算便可得到 26 个风险指标的最终综合权重，见表 11-20。

表 11-19 指标层指标风险权重

指标维度	判断矩阵	最大特征值 λ_{max}	CI	CR	是否通过	指标权重
技术风险 X_1	$\begin{bmatrix} 1 & 0.35 & 0.22 & 2.00 & 1.83 & 0.44 \\ 2.86 & 1 & 0.39 & 3.83 & 3.33 & 1.50 \\ 5.00 & 2.56 & 1 & 5.17 & 4.33 & 2.67 \\ 0.50 & 0.26 & 0.19 & 1 & 0.75 & 0.28 \\ 0.55 & 0.30 & 0.23 & 1.33 & 1 & 0.30 \\ 2.27 & 0.67 & 0.37 & 3.57 & 3.33 & 1 \end{bmatrix}$	6.104	0.021	0.017	通过	$W_{11}=0.092$ $W_{12}=0.215$ $W_{13}=0.394$ $W_{14}=0.055$ $W_{15}=0.066$ $W_{16}=0.179$
交易风险 X_2	$\begin{bmatrix} 1 & 1.67 \\ 0.60 & 1 \end{bmatrix}$	2.000	—	—	无须进行一致性检验	$W_{21}=0.625$ $W_{22}=0.375$
生产风险 X_3	$\begin{bmatrix} 1 & 1.33 & 2.33 & 4.00 \\ 0.30 & 1 & 0.42 & 1.83 \\ 0.43 & 2.38 & 1 & 2.83 \\ 0.25 & 0.55 & 0.35 & 1 \end{bmatrix}$	4.054	0.018	0.020	通过	$W_{31}=0.487$ $W_{32}=0.145$ $W_{33}=0.270$ $W_{34}=0.098$
市场风险 X_4	$\begin{bmatrix} 1 & 0.27 & 0.50 & 2.33 & 4.67 \\ 3.70 & 1 & 2.33 & 4.17 & 6.50 \\ 2.00 & 0.43 & 1 & 2.67 & 5.67 \\ 0.43 & 0.24 & 0.37 & 1 & 3.83 \\ 0.21 & 0.15 & 0.18 & 0.26 & 1 \end{bmatrix}$	5.169	0.042	0.038	通过	$W_{41}=0.164$ $W_{42}=0.443$ $W_{43}=0.245$ $W_{44}=0.106$ $W_{45}=0.043$
投入风险 X_5	$\begin{bmatrix} 1 & 2.67 & 0.64 \\ 0.37 & 1 & 0.30 \\ 1.56 & 3.33 & 1 \end{bmatrix}$	3.001	0.001	0.002	通过	$W_{51}=0.351$ $W_{52}=0.141$ $W_{53}=0.508$
管理风险 X_6	$\begin{bmatrix} 1 & 2.67 & 0.50 & 2.25 \\ 0.37 & 1 & 0.40 & 0.75 \\ 2.00 & 2.50 & 1 & 2.50 \\ 0.44 & 1.33 & 0.40 & 1 \\ 3.81 & 7.50 & 2.30 & 6.50 \end{bmatrix}$	4.059	0.020	0.022	通过	$W_{61}=0.296$ $W_{62}=0.130$ $W_{63}=0.419$ $W_{64}=0.155$
环境风险 X_7	$\begin{bmatrix} 1 & 5.67 \\ 0.18 & 1 \end{bmatrix}$	2.00	—	—	无须进行一致性检验	$W_{71}=0.849$ $W_{72}=0.151$

表 11-20 风险综合权重表

目标层	准则层	权重	指标层	权重	综合权重
	技术风险 X_1	0.230	技术成熟度 X_{11}	0.092	0.021
			配套技术可获得性 X_{12}	0.215	0.049
			技术适用性 X_{13}	0.394	0.091
			技术替代性 X_{14}	0.055	0.013
			技术先进性 X_{15}	0.066	0.015
			知识产权 X_{16}	0.179	0.041
	交易风险 X_2	0.071	信息风险 X_{21}	0.625	0.044
			中介服务 X_{22}	0.375	0.027
	生产风险 X_3	0.065	吸收能力 X_{31}	0.487	0.032
			原材料供应 X_{32}	0.145	0.009
			工艺、设备匹配性 X_{33}	0.270	0.018
			协作风险 X_{34}	0.098	0.006
转基因玉米技术商业化风险测度	市场风险 X_4	0.328	产品竞争力 X_{41}	0.164	0.054
			市场接受容量 X_{42}	0.443	0.145
			市场接受时间 X_{43}	0.245	0.080
			进入市场时机 X_{44}	0.106	0.035
			企业营销能力 X_{45}	0.043	0.014
	投入风险 X_5	0.127	投入数量 X_{51}	0.351	0.045
			投入结构 X_{52}	0.141	0.018
			投入可持续性 X_{53}	0.508	0.065
	管理风险 X_6	0.047	决策风险 X_{61}	0.296	0.014
			组织风险 X_{62}	0.130	0.006
			信用风险 X_{63}	0.419	0.020
			人力资源 X_{64}	0.155	0.007
	环境风险 X_7	0.132	经济、文化 X_{71}	0.849	0.112
			法律、政策 X_{72}	0.151	0.020

四、结果分析

(一) 转基因玉米技术商业化总体风险水平

转基因玉米技术商业化总体风险水平 $Z = \sum_{i,j=1}^{n} \mathrm{RR}_{ij} \times w_{ij}(i, j = 1, 2, \cdots, n)$，式中，$\mathrm{RR}_{ij}$ 为风险当量水平，w_{ij} 为各风险权重，通过该公式可计算出转基因玉米技术商业化总体风险水平为 0.535。转基因玉米技术商业化的总体风险等级可通过求解总体风险的三角模糊数与模糊评语集之间的语义距离得到，而总体风险的三角模糊数需先求出各风险等级的三角模糊数，然后乘以对应的风险权重。最终求得总体风险的三角模糊数为 (0.31, 0.54, 0.76)，其与模糊评语集的语义距离为 $d_低=1.106, d_{较低}=1.046, d_{中等}=0.083, d_{较高}=0.426, d_高=0.821$，取最小者，转基因玉米技术商业化总体风险等级最终确定为"中等"。

(二)转基因玉米技术商业化风险因素的重要性分析

本节借助风险矩阵方法，首先确定出转基因玉米技术商业化所有风险发生的概率、影响程度大小及其各自风险等级情况；其次相继计算出各风险当量水平和最终风险等级；最后通过 Borda 序值法对各风险重要性进行排序，并以此求解各风险权重，确定出转基因玉米技术商业化风险总体风险等级为"中等"（各部分结果见表 11-21）。对于这一"中等"风险等级，整体上说明我国将来实施转基因玉米技术商业化还是较为乐观的，但仍需要对该过程中具体的重要风险加以防范。

表 11-21　转基因玉米技术商业化风险矩阵表

风险因素(X)	风险影响程度(E)		风险发生概率(P)		风险等级(RE)		Borda序值	风险权重(RW)	综合风险水平	
	量化值	等级	量化值	等级	量化值	等级			量化值	等级
技术成熟度风险 X_{11}	0.82	严重	0.28	较小可能	0.703	较高	11	0.021		
配套技术可获得性风险 X_{12}	0.76	严重	0.35	较小可能	0.664	较高	4	0.049		
技术适用性风险 X_{13}	0.72	严重	0.43	可能	0.647	较高	2	0.091		
技术替代性风险 X_{14}	0.72	严重	0.31	较小可能	0.626	中等	16	0.013		
技术先进性风险 X_{15}	0.50	一般	0.38	可能	0.467	中等	15	0.015		
知识产权风险 X_{16}	0.43	一般	0.49	可能	0.449	中等	5	0.041	0.535	中等
信息风险 X_{21}	0.31	较小	0.48	可能	0.369	较低	11	0.044		
中介服务风险 X_{22}	0.26	较小	0.48	可能	0.341	较低	19	0.027		
吸收能力风险 X_{31}	0.52	一般	0.39	可能	0.485	中等	9	0.032		
原材料供应风险 X_{32}	0.48	一般	0.19	较小可能	0.415	中等	21	0.009		
工艺、设备匹配性风险 X_{33}	0.40	一般	0.41	可能	0.403	中等	16	0.018		

风险因素(X)	风险影响程度(E)		风险发生概率(P)		风险等级(RE)		Borda序值	风险权重(RW)	综合风险水平	
	量化值	等级	量化值	等级	量化值	等级			量化值	等级
协作风险 X_{34}	0.27	较小	0.18	较小可能	0.246	较低	25	0.006		
产品竞争力风险 X_{41}	0.85	关键	0.30	较小可能	0.730	较高	5	0.054		
市场接受容量风险 X_{42}	0.76	严重	0.40	可能	0.673	较高	1	0.145		
市场接受时间风险 X_{43}	0.48	一般	0.55	可能	0.502	中等	3	0.080		
进入市场时机风险 X_{44}	0.75	严重	0.33	较小可能	0.653	较高	8	0.035		
企业营销能力风险 X_{45}	0.25	较小	0.29	较小可能	0.263	较低	24	0.014		
投入数量风险 X_{51}	0.75	严重	0.32	较小可能	0.652	较高	9	0.045		
投入结构风险 X_{52}	0.40	一般	0.44	可能	0.412	中等	11	0.018	0.535	中等
投入可持续性风险 X_{53}	0.54	一般	0.39	可能	0.500	中等	7	0.065		
决策风险 X_{61}	0.73	严重	0.30	较小可能	0.632	较高	16	0.014		
组织风险 X_{62}	0.29	较小	0.23	较小可能	0.273	较低	23	0.006		
信用风险 X_{63}	0.54	一般	0.36	较小可能	0.493	中等	11	0.020		
人力资源风险 X_{64}	0.43	一般	0.23	较小可能	0.381	中等	21	0.007		
经济、文化风险 X_{71}	0.20	较小	0.38	可能	0.267	较低	20	0.112		
法律、政策风险 X_{72}	0.83	严重	0.70	较大可能	0.793	较高	0	0.020		

通过表 11-21，从风险等级的评判结果来看，法律、政策风险，市场接受容量风险，技术适用性风险，配套技术可获得性风险，产品竞争力风险，进入市场时机风险，技术成熟度风险，投入数量风险及决策风险等级为"较高"，其风险等级量化值均高于总体风险。因此，在技术商业化过程中对上述风险应给予重点关注。

从 Borda 序值的排序结果来看，法律、政策风险，市场接受容量风险，技术适用性风险为关键性影响因素，紧随其后的是市场接受时间风险、配套技术可获得性风险、知识产权风险、产品竞争力风险、投入可持续性风险、进入市场时机风险、投入数量风险等重要性次一些的风险因素。由此可见，Borda 序值法的应用对转基因玉米技术商业化风险因素的排序有更好的区分度。

第三节　转基因玉米技术商业化的风险防范措施

一、加大技术研发投入力度

技术的适用性是转基因玉米技术商业化的关键影响因素，而技术的适用性与技术的创新水平关联紧密。因此，国家可加大技术研发投入力度，通过提高技术创新性来更大程度地提高技术的适用性，以降低适用性风险。

在转基因技术研发上，我国一直秉持"占领技术制高点"的坚定态度，并积累了较为丰富的研究成果，但高水平的研发团队还不多，科技投入的规模效益和集聚效应还没有凸显等问题依旧存在。首先在品种培育方面，国家虽给予了较大的资金支持，然而相对于发达国家，我国用于转基因技术的研发专项经费还很低，而且投入规模也不大，没有形成转基因技术的模块集聚创新，致使我国转基因作物技术的原始创新水平不高。因此，我国应该继续加大转基因作物的科技投入，尽快提升转基因作物技术创新能力和水平。其次，注意到技术创新的主体是科技人员，从目前的状况来看，我国还缺乏大量转基因作物技术创新的人才，从研发、试验、示范到技术转移等整个转基因作物技术商业化过程也都缺乏系统的人才队伍支撑体系。作为技术研发主体，一方面在充分利用国际转基因作物研发成果的同时，要积极对外开展技术交流和人才交流；另一方面要建立完善的人才考核机制和管理机制，以此选拔出高素质的精尖人才。另外，在条件允许的情况下，可尝试多地区建立转基因试验基地，并有效地与国家自然灾害管理系统对接，全面了解市场环境，以进一步提高技术的适用性。

二、改革转基因技术研发体系

改革转基因技术研发体系，有效率地研发高性能技术产品并及时投入市场，是提高产品竞争力、防范市场时机风险的重要措施。在我国，转基因技术在研发时，众多研究单位以课题申请方式"一锅式"参与研究，经费资源无法得到充分利用，研究工作存在"兼业化"。因此，迫切需要改革当下转基因技术研发机制，建立上、中、下游一体化发展的技术研发体系。国家相关部门应严格把控科教单位的项目申请，专家更要从市场价值角度认真评审，使各单位间的转基因技术研发真正实现合理分工，提高工作效率。体系上游要做好基因的挖掘与克隆，特别是国外失去专利保护的基因，如以 Mon810 为基础的 *Cry1Ab* 系列；中游单位负责提供种质材料并完成基因转化工作；下游负责专业育种。研发单位要谨遵项目研究方向，对随意填补、扭曲研究内容的单位要予以问责。以此，通过技术研发体系一体化的建立快速生产出高性能的技术产品，并能及时与种子企业对接。种子企业则对资源进行优化配置，降低生产成本，并及时生产出市场需要的玉米品种，从而做到既提高种子产品竞争力，又能降低进入市场时机风险。

三、强化转基因玉米技术自主知识产权

转基因技术的知识产权风险会对转基因玉米技术的商业化产生重要影响。因此，一方面技术研发人员应充分了解国外对转基因植物的专利保护方式、保护范围等情况及国外对转基因技术的知识产权授权机制与内容；另一方面，我国要尽快出台完善的转基因知识产权侵权判定标准，并由国家植物新品种保护办公室、复审委员会等部门对技术研发单位的转基因产品从基因序列、基因功能、技术转化手段等方面进行严格审核。同时，在转基因研发与育种上努力实现技术上的自主创新，挖掘出一批具有重要实用价值和自主知识产权的功能基因，培育并实验一批抗病抗虫抗逆、优质高产高效、具有替代性和满足市场需求的转基因玉米新品种。另外，我国应积极借鉴国外转基因专利保护形式，完善有关转基因生物知识产权保护的法律体系，并尝试构建转基因生物知识产权信息发布平台，拓展专利保护的客体范围，减少主观上的侵权事件。

四、重视转基因配套技术研究

配套技术的可获得性是培育转基因玉米品种的重要技术支撑，也是影响转基因玉米技术商业化的重要内容。转基因玉米品种的培育是一个综合性的系统工程，要培育出满足市场需求的优质性状玉米品种，需充分结合常规育种、单倍体育种、分子标记辅助选择等技术。因此，转基因技术研发时要加强配套技术的同步跟进，并提高配套技术的可靠性和适用性，以获得更加优秀的玉米受体材料。另外，转基因技术在有效提高玉米的抗性、品质等水平的同时，也会带来相应的耕作、栽培和管理等一系列措施上的改变。而这些措施也恰恰会关系到农户的实际种植效益。例如，对于抗虫转基因玉米，农户在种植管理过程中若继续原来喷洒农药的习惯，无疑会增加来自劳动力和用药等多方面的支出，从而使农户种植收益有所降低。农户收益降低后，会进一步影响周围抱有观望态度农户的种植意愿，减少市场接受容量。因此，要保证转基因玉米技术商业化顺利进行，除了依靠转基因技术获得优良的玉米品种资源外，还需要杂交育种、耕作栽培、土肥植保等各种综合措施的配套。目前，我国在转基因作物新品种的应用环节还没有建立起与之相配套的耕种制度(如作物布局、种植模式等)，管理措施(包括整地、播种、农药及肥水投入等)也不完善，转基因玉米品种的优势将难以发挥。因此，在加大转基因玉米品种培育的同时，注意加强耕种与管理技术的深度研究，尝试建立适合转基因玉米生产的农作制度。这样一来，良种与良法相互补充，将进一步促进转基因玉米技术的商业化应用。

五、强化转基因科普工作

转基因玉米不同于转基因大豆，商业化应用后主要用作饲用产品。近些年，我国也不断从国外大量进口转基因玉米进行饲料加工，而且转基因玉米在国外已有较长的种植与饲用历史，安全性有保障，理论上易被农户所接受，但考虑到市场接受程度，尤其是市场接受容量对转基因玉米技术商业化的影响很是关键，为此，科普工作仍需强化与推

广。首先，有关部门要对转基因知识多形式、多渠道地宣传，借助网络平台、专家答疑、会议讲座、刊物印发等方式引导大众更加理性、科学地看待转基因；其次，转基因生物安全管理部门要加大转基因生物安全评价等方面信息的公开透明力度，建立公众参与机制；最后，国家要加大科普经费投入，吸引高素质、高专业水平的人才加入科普队伍。

参 考 文 献

冯伟. 2017. 纳税服务风险评价研究——基于因子分析和风险矩阵分析方法. 经济研究参考, (11): 60-64.

高昕欣, 叶惠, 康永博. 2014. 基于风险矩阵的企业技术创新风险管理研究. 科技管理研究, 34(16): 8-11, 17.

肖琴. 2015. 转基因作物生态风险测度及控制责任机制研究. 中国农业科学院博士学位论文.

Dubois D, Prade H. 1990. Rough fuzzy sets and fuzzy Rough sets. International Journal of General Systems, 17(2-3): 191-209.

Garvey P R, Lansdowne Z F. 1998. Risk matrix: an approach for identifying, assessing, and ranking program risks. Air Force Journal of Logistics, 22(1): 18-21.

Rumelhart D E, McClelland J L. 1986. Parallel Distributed Processing: Explorations in the Microstructure of Cognition. Cambridge: MIT Press: 194-281.

Van Laarhoven P J M, Pedrycz W. 1983. A fuzzy extension of Saaty's priority theory. Fuzzy Sets & Systems, 11(1): 199-227.

附录 A

表 A1　专家情况汇总表

	学历水平	工龄	评价阅历	对各类风险的了解程度						
				技术风险	交易风险	生产风险	市场风险	投入风险	管理风险	环境风险
专家一										
专家二										
专家三										
专家四										
⋮										

注：学历水平填写为博士、硕士、本科、专科等；工龄代表专家所从事研究领域工作时间或是岗位任职时间；评价阅历是指专家在自己擅长领域内所评价活动的数量或是对技术商业化相关项目的评估数量；对风险的了解程度，用"很了解"、"基本了解"、"了解一点"和"不了解"加以区分，为方便起见，分别标注数字"4"、"3"、"2"和"1"